先进能源发展报告

——科技引领能源

中国科学院武汉文献情报中心
先进能源战略情报中心 /组织

张 军 陈 伟 李桂菊 /编著

ADVANCED ENERGY REPORT

科 学 出 版 社

北 京

内 容 简 介

能源是现代文明的血液。科技进步既是先进能源发展的驱动力，又是先进能源的基本要素。本书以能源科技创新为主题，讨论能源科技创新规律以及国家能源科技创新体系的组成要素，并对世界主要能源强国如美国、日本、德国、法国等的能源科技创新体系进行分析。本书深入讨论洁净煤发电、核裂变发电和太阳能热发电这三种需要人们密切关注的能源技术，阐述这些技术的国内外发展态势和研究方向。本书还通过详细解读洁净煤技术、核裂变发电技术和太阳能技术领域内的国际路线图研究成果，阐明能源技术科学决策的重要性。

本书可供各级能源领域决策部门和管理部门、高校和科研机构、能源行业从业人员以及关心能源问题的各界读者阅读参考。

图书在版编目（CIP）数据

先进能源发展报告：科技引领能源 / 张军，陈伟，李桂菊编著. —北京：科学出版社，2014

ISBN 978-7-03-041076-4

Ⅰ. ①先… Ⅱ. ①张… ②陈… ③李… Ⅲ. ①新能源–研究报告 Ⅳ. ①TK01

中国版本图书馆 CIP 数据核字（2014）第 127754 号

责任编辑：石 卉 路红磊 / 责任校对：朱光兰
责任印制：徐晓晨 / 封面设计：无极书装

科 学 出 版 社出版
北京东黄城根北街 16 号
邮政编码：100717
http://www.sciencep.com

北京厚诚则铭印刷科技有限公司 印刷
科学出版社发行 各地新华书店经销

*

2014 年 8 月第 一 版 开本：720 × 1000 1/16
2016 年 3 月第三次印刷 印张：14 1/2
字数：292 000

定价：78.00 元

（如有印装质量问题，我社负责调换）

前言

先进能源是人类文明从旧时代向新时代迈进过程中，在能源获取和利用方式的调整、升级、转型时所产生的一系列变革性成果的总和。钻木取火是人类在创世期对自然力的使用，不但从根本上改变了自身的生存环境，还创造了文明发展的条件。燃料也逐渐不限于随处可得的生物质资源。19世纪中叶，工业革命的到来奠定了近现代社会能源结构的基础，尽管公元前1000年中国人就开始用煤炭熔炼金属，但煤炭只是到这时候才真正成为工业文明的第一代先进能源。20世纪初期，船舶、汽车、飞机的出现对新一代高效燃料提出了需求，英国海军大臣丘吉尔力促海军以石油替代煤炭为动力，从而使石油摇身变为先进能源的新代表。20世纪50年代，核能开始用于民用发电，这是人类首次以自己的智慧发明创造出来的“新能源”。因此，先进能源是高度承继的，是发现一代、改变一代、创造一代。下一代先进能源又是什么？有人认为是以太阳能和风能为代表的可再生能源，有人看好核聚变，还有人寄希望于氢能。所有这些都可能变成现实，但所有这些候选项都体现了同一个前提，即必须满足文明进步和人类生活不断提高的能源需求，即清洁、可持续和高效率。

科技进步既是先进能源发展的驱动力，又是先进能源的基本要素。工业革命带来了科学技术的跨越式发展。热力学、电磁学、核科学、化学化工、材料、先进制造、生物转化、信息技术等相继进入能源视野，为能源科技打下了深深的交叉科学印迹。人类从此不再是简单地将燃料点燃，而是通过发现新原理、发明新工艺、制造新装备，将种种自然能源资源加以改造利用，最终以电、热、光等形态生产出社会需要的一切物质。可以说，没有科学技术的应用，先进能源就失去了根基。未来人类从开发地球深部到探索外层空间，都将需要全新一代能源动力作为保障。

《先进能源发展报告——科技引领能源》即以能源科技创新为主题。本书首先讨论能源科技创新的规律。不同科学领域因其内涵的不同和应用的差异而具有不同的发展特征，这使得决策者在判断和布局科技发展规划时，不论是在基础研究或应用研究、投资力度或平台建设，还是人才培养方面，都应当遵循并服从各门学科的发展规律，能源科技亦是如此。中国是能源大国，但还远远没有成为能源强国。成为能源强国，不在于是否拥有丰富的能源资源，而在于是否拥有足以在世界上立足的能源科技研究实力。使国家具备充分的潜力利用科技进步获取能源安全，这是一国能源科技创新体系需要完成的任务。本书对美国、德国、法国的能源科技创新体系进行分析，并以经济上依靠油气资源出口的俄罗斯作为参照。

21 世纪的前 30 年里，可以预见以煤炭、石油和天然气为代表的化石燃料和核能将继续为全世界提供最主要的能源，以太阳能和风能为代表的可再生能源则正处于作为下一代先进能源的上升期和成熟期。本书深入讨论洁净煤发电、核裂变发电和太阳能热发电这三种需要人们密切关注的能源技术。燃煤火力发电一直以来与肮脏、污染、疾病联系在一起，然而它也为全球大部分人口提供着不可或缺的电力。“十面霾伏”的中国无法也不能简单地摒弃燃煤发电，而是需要下大力气研发煤炭清洁高效利用技术。福岛核事故对核电产生的影响迄今仍在激烈争论之中，对于中国来说，建立在安全可靠基础之上的核电是能源供应安全的重要屏障。与煤电、核电不同，太阳能毫无疑问被认为是干净、可再生的电力来源，除光伏发电外，在日照充足的沙漠地区，大容量高效率的聚光太阳能热发电是提供高质量电力的理想选择。

无论是何种能源技术，无论这些技术看起来有多么美妙，都必然伴随着自身的某些缺陷，且在其发展过程中会面临种种困难与阻碍。这些缺陷常见的有使用成本较高、技术成熟度不足、生产过程耗水耗能、环境适应性差等，发展障碍则包括投资风险、技术转移机会、政策和法律配套缺失等。解决这些问题需要深入研究、理性思考、科学前瞻、筹划长远，通过科技发展规划和产业发展规划及相关政策措施、法律法规来确定先进能源技术发展路线。路线图是近 20 年来主要国家和国际组织在能源领域经常采用的研究方法，是科学预见和超前布局的有效体现。中国在 2009 年首次系统地开展了面向 2050 年的能源科技发展路线图研究。本书详细解读洁净煤技术（CCTs）、核裂变发电技术和太阳能技术领域内的重要路线图研究成果，分析各国路线图采用的制定方法、技术路径和发展目标。

中国科学院武汉文献情报中心/先进能源战略情报研究中心在近 10 年来的研究工作中得到了中国科学院、国家能源局、科学技术部、国家发展和改革委员会等有关部门、领导和广大能源领域专家的支持与帮助，参与了“低阶煤清洁高效梯级利用关键技术”战略性科技先导专项、“国家能源材料发展指南”等多个项目，相继撰写了《世界能源观察》（2005 年）、《国际能源展望》（科学出版社，2006

年）、《国际能源战略与新能源技术进展》（科学出版社，2008 年）等著作。本书旨在为能源领域决策层和管理层以及关心能源问题的各界读者提供全方位、多视角观察全球重大能源技术发展态势的参考，并提出了相关技术发展对策建议。

因作者知识和经验的局限，书中难免会有疏漏和不足之处，敬请广大读者批评指正。

张　军

2014 年 1 月

目 录

下篇　能源科技路线图解析

图目录

表目录

上　　篇

能源科技创新概论

第一章

能源科技创新的基本规律与趋势

能源科技创新是能源可持续发展的关键要素。一国能源科技的进步，既要尊重能源科技创新规律，也要重视能源科技创新体系的建立和完善，提高能源科技创新能力，促进能源产业的健康发展，实现能源结构的合理调整。

第一节　能源科技创新的基本规律

一、能源科技是面向应用的阶段性发展过程

任何能源技术或能源系统，从最初开发到最终完全融入经济发展往往需要长达数十年甚至更长的时间。现代能源科技的发展通常需要经过以下阶段：①知识发现。基础科学水平的提升为能源科学的进步开启了无限的可能，是能源应用研究的源泉，涉及分子水平上设计和装配物质结构、精确预测和控制化学反应到理解复杂系统行为等；②技术能力发展，即对技术概念的验证，以及能源产品和工艺的创造过程，是能源科技创新的最重要的组成部分；③原型或中试运行，即示范，通过规模放大检验能源技术、产品和工艺的成熟性；④应用部署和商业化，是能源科技创新成功的最终评判标准。现代能源技术的发展难以轻易超越其中任何一个环节，但通过增加研发投入、运用政策工具等手段能够在一定程度上加快端到端的技术创新过程。

二、能源科技是多学科交叉的前瞻性、系统性发展过程

能源科技是一个高度综合、具有很强学科交叉特点的研究领域。不同学科的交叉综合不仅能带来科学上的重大突破，还能不断培育出新的技术生长点和产业制高点。工业革命以来，材料科学、化学、地球科学、生物科学、核科学技术等领域产生的研究成果不断推动着能源生产力的提高、能源使用效率的优化和新能源的发展。未来先进计算技术、纳米科学、基因组学、暗能量等前沿科技的进步，将对新的能

量转换、输配、利用和储存方式以及无碳-低碳能源系统的形成带来新的契机。

三、能源科技是在国家需求导向和战略引领下的发展过程

由于能源资源分布不均衡以及气候变化问题，需要从环境、经济竞争力、国家安全、区域差异等方面探索能源问题的解决方案。此外，能源科技创新具有战略性、公共性、前瞻性和系统性等特点，需要持续高水平投入以及超前部署。但在其发展过程中面临着技术障碍和成本障碍，研究体制、公众意识、市场准入、投资渠道、信息沟通、激励措施等也会阻碍能源科技的进步与推广应用。因此，国家意志在能源科技的发展中起到关键作用，主要表现在：选择与本国未来能源体系相适应的能源科技优先发展领域和方向；组织利用公共资源攻克关键技术；建立和完善能源科技创新体系。

第二节　能源科技创新的主要趋势

通过对美国、德国、法国、日本、俄罗斯等能源强国和能源大国的研究可以发现，其能源科技创新存在以下显著特征：一是重视能源科技发展战略的引领作用；二是系统配套的能源科技创新体系；三是长期、稳定、持续的高额科技投入；四是科学完备的科技创新评价模式。

一、制定中长期能源科技战略发挥国家引领作用

能源科技战略是国家能源战略的有机组成部分，是国家基于自身能源资源禀赋和科技发展水平，从保障能源供应、维护能源安全出发而采取的一系列政策措施的集合。能源科技战略提出，必须服务于国家需求与经济社会发展的长期需要。因此，世界能源科技强国均重视制定和不断调整中长期能源科技战略，提出优先研究领域和方向，引导能源科技向适合本国能源战略需求的方向发展。美国 2011 年发布的《未来能源安全蓝图》报告正式提出了美国未来 20 年的能源发展目标，强调通过安全有序地扩大国内油气资源生产、充分发挥清洁能源潜力和大力推动科技创新等工作来保障能源安全；日本面向 2030 年制定了能源环境创新政策，并持续将能源与环境作为国家五年度基本科技计划的研究主题；欧盟制订了面向 2030 年和 2050 年的战略能源技术计划和技术路线图，德国、法国等均根据本国实际在此框架下提出了中长期能源研究战略；能源科技相对落后的俄罗斯希望通过《2030 能源战略》的实施打

造能源科技创新体系，实现从资源大国向能源强国的转型。

二、不断优化调整能源科技创新体系适应创新需要

能源科技战略目标的实现需要与之相适应的科技创新体系支撑，世界能源科技发展水平较高的国家均建立起了较为先进和完善的组织管理模式，通过明确相关主要政府部门的职能，建立有效沟通协调机制，对能源科技创新活动实施宏观管理，通过制订科技计划和研究平台，调动企业、大学和国立科研机构等创新单元的力量，鼓励联合攻关，并综合利用财政、税收、金融等工具促进和激励能源科技创新。美国通过建立能源创新中心、能源前沿研究中心以实现产学研相关资源更有效的整合。法国、德国、英国、日本等国纷纷通过组建公共资助机构、建立产学研联合体、设立创新集群等方式推动能源科技的发展。

三、通过高强度多渠道投入促进能源科技发展和转化

能源科技研发通常具有高成本、高投入、高风险的特点。历史经验证明，并非每项技术都能够顺利通过研究与示范阶段，有的即使技术上已证明可行并初步具备商业化条件，也可能由于社会经济环境的变化或其他非技术因素而不再适应市场需要。因此，企业往往缺乏投入研发面向未来的尖端前沿技术的动力，这就需要国家能够立足于世界能源科技前沿，做出前瞻部署，在研发早期阶段即加强投入，通过有计划、有目标地布局，指导国立科研机构、高校开展先导性研究，引导、聚集产业资本和社会资本的投入，促进能源科技成果的转移转化，最终激励企业主动投入，走上由企业主导研发的良性轨道。

21 世纪以来，世界各大能源强国对能源科技的直接投入较 20 世纪都有较大幅度提高并保持稳定上升趋势，特别是基础研究和应用研究投入始终保持在较高的水平，如表 1-1 所示。日本能源科技投入占 GDP 比例最高，一直在 0.07%～0.11%，美国、德国、法国、韩国等国均保持在 0.02%～0.07%的水平，如表 1-2 所示。

表 1-1　各国政府能源研发示范经费　（单位：百万美元[a]）

国家	年份											
	2000	2001	2002	2003	2004	2005	2006	2007	2008	2009	2010	2011
美国	2901.23	3522.68	3501.94	3314.08	3383.88	3745.56	3459.87	4314.20	4579.16	10141.91[b]	4871.09	6371.08
德国	373.85	402.47	358.71	506.88	490.67	516.99	520.56	536.64	613.20	758.17	780.29	895.06

续表

国家	年份											
	2000	2001	2002	2003	2004	2005	2006	2007	2008	2009	2010	2011
法国	823.56	607.80	1081.37	1050.04	981.08	1014.31	1037.30	1054.59	1094.07	1209.97	1153.68	—
日本	3547.73	3571.28	4322.20	3948.92	3682.14	3687.40	3700.29	3573.70	3594.43	3337.07	3242.15	3135.09
韩国	—	—	165.30	—	514.14	473.06	622.65	742.03	600.56	712.19	768.88	732.64

a 表示 IEA 数据按购买力平价 2011 年美元计；b 表示计入美国经济复苏法案拨款，因此数额增幅较大

资料来源：IEA RD&D Statistics Database，2013 年 5 月 22 日检索

表 1-2 各国政府能源研发示范经费占 GDP 比例 （单位：%）

国家	年份											
	2000	2001	2002	2003	2004	2005	2006	2007	2008	2009	2010	2011
美国	0.02	0.03	0.03	0.02	0.02	0.03	0.02	0.03	0.03	0.07[a]	0.03	0.04
德国	0.01	0.01	0.01	0.02	0.02	0.02	0.02	0.02	0.02	0.03	0.03	0.03
法国	0.04	0.03	0.05	0.05	0.05	0.05	0.05	0.05	0.05	0.05	0.05	—
日本	0.09	0.09	0.11	0.09	0.09	0.08	0.08	0.08	0.08	0.08	0.07	0.07
韩国	—	—	0.02	—	0.04	0.04	0.05	0.06	0.04	0.05	0.05	0.05

a 表示计入美国经济复苏法案拨款，因此数额增幅较大

资料来源：IEA RD&D Statistics Database，2013 年 5 月 22 日检索

四、利用科学绩效评估保障能源科技取得实效

世界主要国家不断加大对能源科技的投入，使得能源科技的公共品属性日益显著。对于政府直接或间接投资的能源科技研发、示范和工程项目，应当采取科学有效的监测、监督和评估措施，保证项目的顺利实施、公共资金得到合理使用，并取得预期的成果。美国能源部（DOE）采取了一整套绩效评估制度和工具，以项目评估为中心，采用效益分析模式对资助的各个研发项目的投入与产出进行量化的绩效分析评估。日本通过设立专门评价委员会从项目定位与策略、项目管理、R&D 成效、实践应用与其他影响等四个方面进行评价。德国则由政府组织并委托科学委员会对重大科研项目、大规模的科研投资、科学组织及其科研成果等进行评估审核。法国通过目标责任合同考核科研机构的任务执行情况。

第二章

主要国家能源科技创新体系

第一节 美 国

美国是世界上科技最发达的国家，经过长期积累和逐步发展形成了富有生机和活力的能源科技创新体系。美国政府将推动能源科技创新、促进科学技术为国家利益服务视为自身的责任和义务，并充分利用市场机制，引导私人资本参与科技创新活动，推动科技的产业化；以美国能源部国家实验室为代表的国立科研机构以满足国家需求为主；高校主要从事基础研究；企业主要从事应用研究和试验开发；非营利科研机构是其他三类科研机构的有益补充。现任总统奥巴马将新能源战略作为恢复美国经济的支柱，强调通过安全有序地扩大国内油气资源生产、充分发挥清洁能源潜力和大力推动科技创新等工作来保障美国能源安全。在此战略指导下，美国能源部牵头实施了百万辆电动汽车计划、太阳能 Sunshot 计划、海上风电联合发展计划、电网现代化计划、清洁能源制造业计划等多项创新计划。

一、组织管理模式

美国的能源科技创新体系包括决策、管理、执行三个层次。在行政系统中总统具有最高决策权，白宫科技政策办公室、管理和预算办公室等内阁机构辅助总统进行能源科技战略决策和相关预算编制。国会通过立法推动能源科技政策的制定和实施，政府的科技计划和预算须经国会审议通过，经总统签署后才能生效。

美国能源部作为归口单位，负责统筹协调管理能源科技创新工作，负责能源科技规划、计划的制订和实施以及多部门之间的战略合作，整合基础与应用研究。美国能源部以面向不同领域的项目和计划管理为主要运行形式，设置了相应的项目管理部门，资助技术研究、开发和示范活动；下属国家实验室系统定位于满足国家需求，承担具体的服务国家战略的重要科研任务；同时还建造和开放运行大科学装置平台，与大学、企业联合开展综合交叉前沿研究。

二、产学研组织模式

美国以往通常采用建立合作伙伴关系（partnership）计划的方式，将产学研各利益相关方联合起来开展信息共享、成本共担的竞争前研发项目。奥巴马政府上台之后，通过不断强化政府的战略主导作用，强调以目标为导向和多学科融合，更好地连接基础研究和应用工作，注重对全国范围内的科学和技术力量进行大规模的集中管理或协调，从体制上将产、学、研各方资源有效整合，组建了以下三种侧重点各有不同的能源创新机构类型作为技术创新平台。

（1）先进能源研究计划署（ARPA-E），仿效国防部先进研究计划署（DARPA）的模式而设立，通常由能源部确定主题研究计划，采用指向性的资助模式支持能源创新者来开发高风险、高回报的具有破坏性创新潜力的技术，这些工作由于风险太高，企业界不愿投资。

（2）能源前沿研究中心（EFRCs），主要依托大学、国家实验室建立的小型基础研究机构，支持多年期、多研究人员的科学合作，关注克服有碍于革命性发现的基础科学问题。

（3）能源创新中心（Energy Innovation Hubs），任务导向型的产学研高度集中创新机构，拥有物理实体，将不同学科或工程背景的研究人员聚集在同一个地点工作，致力于解决同一个重大能源科技主题下从基础研究到工程开发以至预备投入商业化过程中遇到的科技、工程挑战。

三、投入模式

美国是世界上对能源研发投资最多的国家，政府非常重视加大科技投入，并积极引导民间资本投资。进入21世纪以来美国政府对能源研发的投入总体呈现稳步上升趋势，特别是对基础研究和应用研究的投入始终保持在较高的水平。根据哈佛大学的统计，2014财年美国能源部能源技术研发与示范（RD&D）申请预算达到了43.04亿美元，基础能源科学研究申请预算17.41亿美元。从1985～2014年美国能源部能源技术研发示范投入总额来看，28%投向化石能源、27%投向核能（包括核裂变和核聚变）、20%投向能效、19%投向可再生能源。近年来，美国政府又加大了对可再生

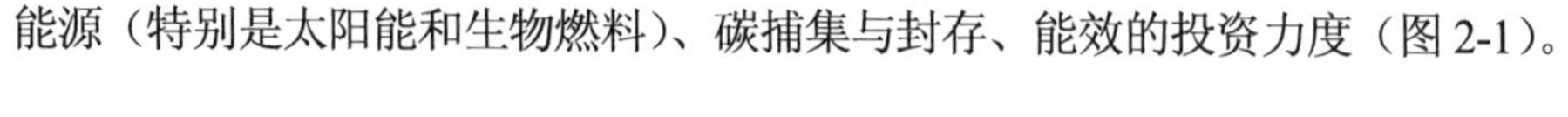
能源（特别是太阳能和生物燃料）、碳捕集与封存、能效的投资力度（图 2-1）。

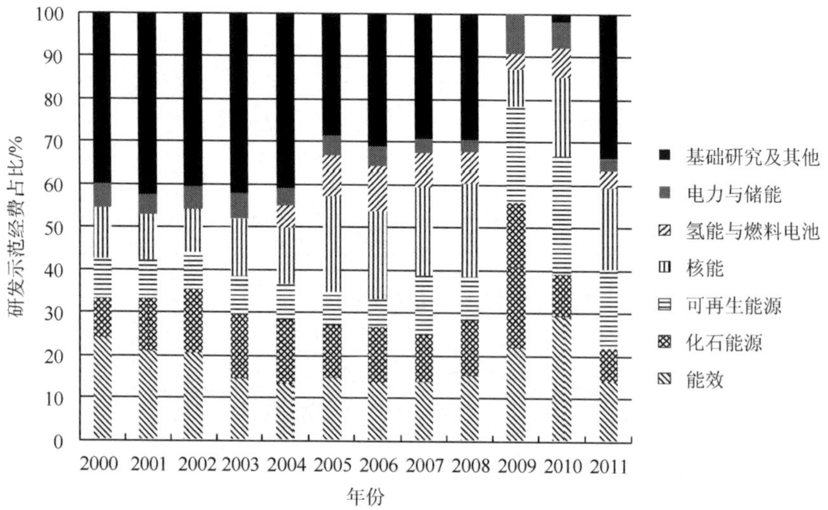

图 2-1　美国政府能源各领域研发示范经费占比

2009 年计入美国经济复苏法案拨款

资料来源：IEA RD&D Statistics Database，2013 年 5 月 22 日检索

美国能源部通过资源配置的方式，特别是经费的调控作用凝聚全国乃至全世界特定领域的优质科研力量，向大学、企业提供竞争性项目经费，发挥整体优势以服务国家目标。美国能源部还通过贷款担保计划、小企业创新研究计划/小企业技术转移计划（SBIR/STTR）对创新型中小企业给予扶持，激发其创新活力，推进创新技术实现产业化。

美国能源部在 2011 年发布的《四年度能源技术评估报告》中提出了未来中长期能源技术六大优先资助方向：提高车辆效率、轻型车辆电动化、部署替代燃料、提高建筑和工业能效、电网现代化以及部署清洁电力。其中，美国能源部将更多关注于能源交通运输应用领域，给予车辆电动化最大的支持力度；在热力和电力固定应用领域，加大对提高能效和电网现代化的支持力度。这一技术评估不同于单一年度预算，而是为美国能源部的项目规划建立了一个多年度框架，以能够向有前景的能源技术提供长期持续、可预见的支持，反映了其未来资源投入的战略方向。

四、评估模式

美国已经初步形成了以《政府绩效与成果法案》（GPRA）为联邦机构绩效评

价的框架和制度基础，以《总统管理议程》（PMA）和 R&D 投资标准为总体评估标准，以项目评估评级工具（PART）评估具体项目的评估体系。该体系的建立，反映了美国联邦研究机构绩效评估的特点，即以项目评估为中心，机构的绩效则通过其项目的评估结果来反映。以能源部为例，上至部门层面下至国家实验室必须编制未来五年的战略规划报告，并每三年修订一次；每年提供将战略规划分解为定量化实施目标的年度绩效规划报告，并根据完成情况形成年度绩效评估报告。国会及白宫管理和预算办公室把对这三份报告的审议与预算的审批结合起来。

在自评估方面，能源部采用效益分析模式对资助的各个研发项目的投入与产出进行量化的绩效分析评估，每个研发项目按季度报告绩效目标进展情况，每年度提交项目进展报告，能源部以经济效益、环境效益和能源安全利益等评估标准来测算能源技术对未来经济和社会发展的作用作为绩效评估的依据。

此外，通常受国会委托，美国国家科学院和审计总署等第三方评价机构发挥着重要作用，对能源科技政策、学科领域发展和科研项目开展独立的评估工作。

第二节　日　　本

日本是世界科技强国之一，以科学技术创新作为立国之本。政府制定和实施能源科技发展规划，确保研发经费投入，并在人才、信息、基础设施等方面营造良好的环境，支持和引导各创新单元开展科技创新活动。由于本国资源匮乏，日本在能源技术研发上主要从提高能源使用效率和大力研发新能源技术入手，调整能源结构，重点发展节能技术和核能、可再生能源、氢能与燃料电池等替代能源技术。其策略侧重于放在开发产业链上游的高端技术，依靠对产业链的掌控和影响使日本的能源产品和能源企业在世界市场上占据最大份额。政府鼓励国内企业向海外扩张，进行技术输出，实现从能源进口大国向能源技术出口大国的转变。

一、组织管理模式

日本设置于内阁的综合科学技术会议在科技创新体系中发挥着核心作用，由首相领导，以抓宏观科技政策为工作重点，研究和决策科技发展的大政方针，制订五年期科学技术基本计划确定国家重点研究领域和投资重点，调查和审议科技基本政策、预算以及人才分配方针，并对各相关省厅进行全面协调。

日本经济产业省具体负责能源行业战略政策制定及科技研发管理，设在其下的独立行政法人新能源与产业技术综合开发机构（NEDO）是日本最大的公共研发管理机构。NEDO利用弹性预算与管理体系，为实现政府中期科技计划和目标而设立研发项目。其使命一方面是通过支持先进工业技术研究与产业化，增强日本的经济竞争力，另一方面是发展和扩大利用新能源与节能技术，实现能源稳定供应。NEDO通过项目公开招标、中长期高风险研发项目以及协作与商业化项目来开展研发活动。文部科学省是日本另一重要的能源科技研发管理机构，其重点是推动核能领域的研究。

二、产学研组织模式

日本在《新能源法》中对政府、企业和相关机构在发展新能源方面应承担的责任和义务均做了较为详细的规定。在法律框架下，政府、企业、大学和研究机构在新能源产业发展目标、技术开发、生产和推广等方面通力合作，形成了政府提目标、定项目、出政策，非营利法人机构具体操作，企业和科研院所积极参与的新能源产业发展模式。在战略目标框架下，经济产业省每年根据情况，负责组织相关机构和团体确定技术研发、实证试验、推广普及等方面的项目及费用，并将其列入财政年度预算。在具体项目和预算确定后，通过公开招标、企业和研究机构及地方政府团体投标、专家委员会评审、决定支付补助金等程序，由新能源财团、新能源导入促进协会、太阳能发电普及推广中心、燃料电池普及促进协会等机构具体组织实施。

随着科技与经济一体化发展的趋势日益明显，日本的产学研合作逐步由点对点的线性联系发展为网络式合作结构。经济产业省和文部科学省分别于2001年和2002年实施了为期20年的产业集群计划和为期15年的知识集群计划，将官产学研的网络建设作为核心。两个主管部门根据国家战略的需要成立专门委员会负责制订集群计划的标准和审批各地区提出的集群计划，并成立协调机构进行政策协调。各地区设立推进机构来负责集群计划的实施，推进机构一般是公益法人和财团法人，下设专门的集群管理部门。该部门成员由当地产业、大学、研究机构和政府机构人员构成。国家资金通过推进机构拨给相关大学、科研机构和企业。集群管理部门的主要职能是构筑官产学研合作网络、支持合作研究开发、支持创业等。集群计划通过官产学研网络建设，提高大学和科研机构的成果转化率、企业的创新能力、政府的政策效果，形成三者之间的良性互动，推动协同创新。

三、投入模式

日本是世界上能源科技投入力度最高的国家之一，根据 IEA 的统计，2011 年日本公共资助能源研发示范经费达到 31.35 亿美元，仅次于美国；占 GDP 比例超过 0.07%，高于其他发达国家。核能是日本能源研发投入最大的领域，有超过一半的研发示范经费投入；其次是能效和化石能源领域。近年来以太阳能为代表的可再生能源投入增长迅速（图 2-2）。

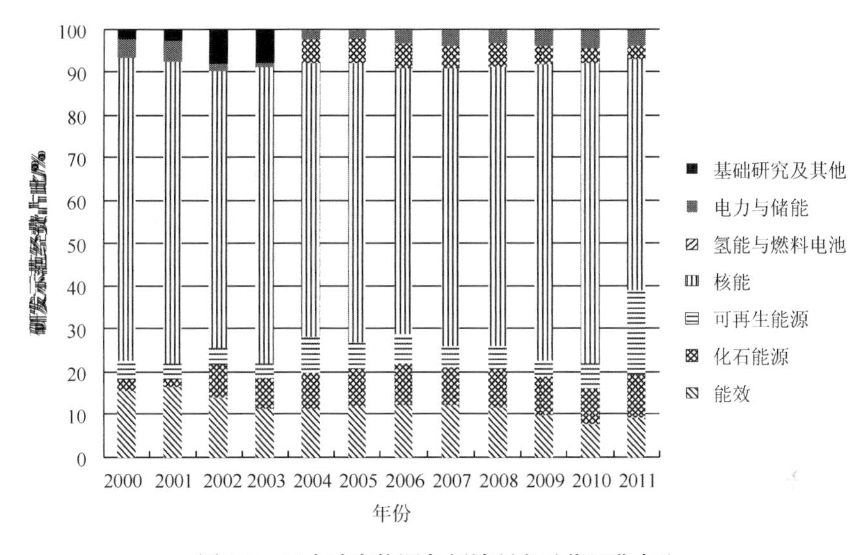

图 2-2　日本政府能源各领域研发示范经费占比

资料来源：IEA RD&D Statistics Database，2013 年 5 月 22 日检索

日本进行能源研发投入的主要政府机构是经济产业省和文部科学省，主要通过两种方式提供研究经费：一是运营费补助金，相当于事业费；二是竞争性研究资金，包括科学研究费补助金、科学技术振兴调整费、战略性创造研究推进计划等，其中科学研究费补助金的资金规模最大，约占整个竞争性研究资金的 50%。

日本在《第四期科学技术基本计划（2011～2015）》提出未来五年政府研发投资总额将达 25 万亿日元。该计划把能源和环境领域的“绿色创新”作为两大增长支柱之一，提出了能源供给的低碳化（包括可再生能源战略性推进、能源基础设施改造、零排放火电）、能源利用的高效化与智能化、社会系统结构的绿色改造等主要课题，将其作为未来投入的重点。

四、评估模式

日本政府在1996年开始实施的《第一期科学技术基本计划》中明确指出公正的评价是创新研发体系的重要组成部分。日本综合科学技术会议提出的《政府资助的研发活动评价国家指南》作为正式的评价指导性文件，涵盖了由政府资助的所有研究与发展活动，包括政府部门以及国立研究机构、国立大学和特定企业集团。在此文件指导下，日本各科技管理部门建立了自己的专业评价机构和评价制度。

以NEDO为例说明针对能源科技创新的评价模式，NEDO设立了专门的研究评价委员会，之下针对每个研究计划都设有分委员会，由同行外部专家和权威人士组成，从项目定位与策略、项目管理、R&D 成效以及实践应用与其他影响四个方面进行评价。在项目实施的各个阶段开展不同类型的评价：①立项评价，一般由实施部门负责，目的是为重大计划的立项和选择提供必要的信息；②中期评价，一般针对五年或更长的计划，通常在计划开始后第三年进行，中期评价结果得出后，NEDO将采取相应的措施，主要有加快计划进度，照原计划进行，重新检验、修改或终止计划中的某个部分，终止整个计划；③结题评价，在计划完成后一年内进行，将获得的经验教训反映在未来的项目规划和实施中；④跟踪调查评价，计划完成后5年内进行跟踪调查，根据调查结果决定是否需要再评价，确定实现商业化案例的成功因素。

第三节　德　　国

德国可再生能源技术和能源装备制造位居世界前列，能源科技创新方面坚持以自由探索和科研自治为基本原则，同时利用国家重点干预和市场竞争机制相结合的方式，实现国家重点科技发展战略目标。2011年德国联邦政府通过了第六个能源研究计划——“环境友好、可持续、可负担的能源供应研究”，确定了德国能源创新技术的指导原则和配套政策，提出加强对前瞻性能源技术研究的支持，将能源效率、储能、电网技术以及可再生能源纳入能源供应体系并作为优先领域。

一、组织管理模式

德国的科研活动始终贯彻以“经济界和科技界为主，国家为辅”和“联邦政府与州政府分权管理”的方针，以联邦和州政府财政支持为手段，充分调动和依靠科学界和经济界自身的力量，政府对科研的管理职能原则上仅限于宏观调控范围，调控手段包括制定科技政策、科研规划与发展重点、对科研计划、项目和人员进行资助等，政府通过严格、透明、公开的操作引导科研活动朝政府的既定方向与目标前进。

德国联邦政府形成了多部门分工负责、以项目为牵引的能源科技组织管理体系。其中，经济与技术部（BMWi）负责制定联邦能源研究政策和相关研究计划，并负责资助除核能和可再生能源以外的能源研发、高效能源转换、核安全与核废料处置；环境、自然保护与核安全部（BMU）负责与可再生能源相关的项目资助；食品、农业与消费者保护部负责生物能源项目资助；教育与研究部（BMBF）负责对联邦政府所属研究机构的常规资助管理，范围包括高效能源转换、可再生能源、核聚变研究，并与 BMWi 密切合作开展核安全管理，能源基础研究也由该部门资助。

二、产学研组织模式

德国采用多种措施推动能源科技研究中产学研的密切配合。

（1）鼓励联合申请研究项目。德国联邦政府和州政府的能源研究资助项目均对大学、公共和私营研究机构和企业开放。政府鼓励企业和研究机构联合开展研究，以此作为优先资助的重要标准。德国政府认为这是将有限的资金发挥最大效益的最佳方式，有助于加快能源技术的市场化。

（2）建立联合研究组织。德国建立了多个能源领域的专门研究协会，集合各大研究机构的力量，以加强在该领域的科研实力。例如，可再生能源协会（FVEE）集中了德国 80%可再生能源研究力量，开展太阳能、风能、海洋能、地热能、生物质能等方面的研究，研究人员达 1600 余人。

（3）建立尖端集群。德国政府通过建立针对特定高技术的尖端集群并给予专项资助，聚集某个区域内的企业、大学和科研机构研发力量，分享公共基础设施，形成从创意、研发、示范到产品的完整价值链。目前已建立了太阳能硅谷、生物能源等多个能源领域尖端集群。

（4）强调协同研究。对国家提出的重点研究领域建立严格的标准化审查程序，成立专门咨询委员会进行评审。例如，国家氢能与燃料电池战略理事会负责就该领域的研究工作和问题提出建议；燃煤电厂减碳技术咨询委员会（COORETEC）负责监测新型发电技术的推进状况。

三、投入模式

根据国际能源署（IEA）的统计，德国2011年公共资助能源研发示范经费为8.95亿美元，较2010年增长14.7%，其中核能占33%、可再生能源占31%（图2-3）。德国第六个能源研究计划在2011～2014年投入34亿欧元，较2006～2009年增加了75%，并成立“能源与气候基金”对这笔经费进行管理。

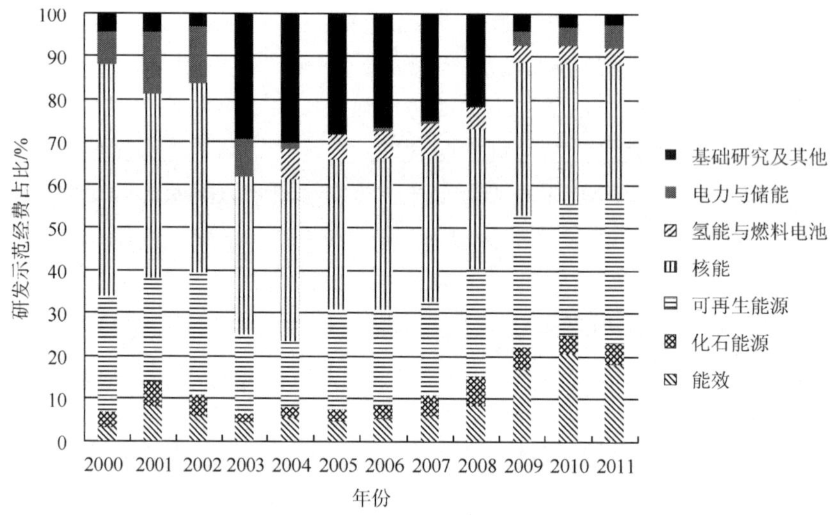

图2-3　德国政府能源各领域研发示范经费占比

资料来源：IEA RD&D Statistics Database，2013年5月22日检索

德国公共能源研发经费一般采用常规资助和项目资助两种方式。常规资助是政府以一般性资金而不是特定研究项目的形式拨付给科研机构的经费，主要由联邦教育与研究部提供。这种资金是长期性的，目的在于保持德国研究系统的卓越地位和战略方向。

项目资助主要是来自联邦政府各相关部门，分为直接项目资助和非直接项目资助。直接项目资助通常提供给那些具体的研究领域，其目的是协助该领域的研究达到国际先进水平。非直接项目资助则用于支持企业或其他科研机构。大部分项目资金由国家委托设于特定科研机构的专门项目管理机构来管理，并由这些项目管理机构组织开展对项目资金的评估。这些机构包括德国能源署、德国研究基金会、Jülich项目管理署（隶属于弗朗霍夫协会）和联邦辐射防护署等。

除联邦政府外，德国各联邦州根据自身情况有选择地资助能源技术研究。国家级和州级研究基金也会资助公益性能源与气候变化研究项目。

四、评估模式

德国科研评估主要由科学委员会（Wissenschaftsrat）负责。科学委员会由联邦政府与州政府共同组建和出资运行，分为科学委员组和管理委员组，其中科学委员组成员是由德国科学基金会、马普学会、德国大学校长会议和亥姆霍兹联合会联合提名的科学家，以及由联邦政府和州政府联合提名的知名人士共同组成；管理委员组则由联邦和各州代表组成。科学委员会的主要职责是：针对科研机构的结构与发展、总体科学系统与科学研究发展方向等，为联邦政府和州政府提供科技政策建议与报告；根据政府的委托，对重大科研项目、大规模的科研投资、科学组织及其科研成果等进行评估、审核，并提交评审报告；为政府职能部门编制国家科研预算提供咨询意见。

德国国立科研机构都要按时接受评估，包括国家系统评估和机构内部的评估。国家系统评估通常五年一次，由教育与研究部委托德国科学委员会具体执行，对国立科研机构的整体科研情况以及各专业领域内研究工作的状况进行评估并提出相应的改革建议。德国科学委员会根据研究计划和课题的情况，聘请相应的专家组成评估工作小组或评估委员会，开展专门的调查研究与科学评估活动。评估委员会每年都要深入科研机构乃至科研课题小组，了解它们的基本情况，对被调查单位的科研方向、科研水平、工作质量、人员编制及其在国际上的地位等做出全方位的评价，并公开发表评估报告和改革建议。

在科研机构内部的评估方面，各国立科研机构主要使用同行评议对科学家个人、项目和研究单元进行评估。以对下属研究单元评估为例，各科研机构的基本评估方法是同行专家评议。评议专家首先阅读被评估研究单元提供的状态报告，该报告主要以定量数据为主。此后，评议专家到研究所实地考察了解情况，并通过集体讨论形成最终的评价报告。

第四节　法　　国

法国是能源科技发达国家之一，尤其是在核能研究方面居世界领先地位。法国对能源科技创新活动实行在战略性领域——核能的国家主导，在其他领域以自由研究为主、国家引导为辅、强化创新能力为总体策略。2007年法国制定了国家能源研究战略（SNRE），将研发重点放在可再生能源、储能、燃料电池、碳捕集与封存、建筑能效、低碳交通运输、第二代生物燃料、新型核能等方向。

一、组织管理模式

法国能源科技创新决策与组织管理由总统、议会、相关政府部门以及部际决策协调组织组成。法国总统通过决策咨询机构国家科学与技术高等理事会制定国家科学议程。议会负责审议、批准、监督和评估政府提出的重大科技政策和科技计划。

在政府层面，由总理主持的科学与技术研究部际委员会（CIRST）负责确定能源科技发展的重大方针、政策，遴选优先发展领域，并在有关科技立法的审议和重大专项计划和行动的制定以及经费预算与分配等方面参与决策。法国经济与金融部、高等教育与研究部以及生态、可持续发展与能源部均根据各自的职能参与制订与能源相关的科技促进政策和科技计划。

二、产学研组织模式

法国能源科技创新体系的执行主体包括国立和私营科研机构、企业和高校。其中国立科研机构占有显著地位，政府根据国民经济建设需要，建立和完善了涵盖基础研究和应用开发等领域的各类国立能源科研机构，包括原子能与替代能源委员会（CEA）、国家科研中心（CNRS）、国家太阳能研究所、国家核防护与安全研究所等。企业是法国研发活动的主体，研发力量高度集中于法国电力公司、阿海珐集团等少数大型企业。高校以能源基础研究为主。

为了支持能源科技领域的创新活动，促进公共与私营科技部门之间的合作，推动科研成果的转移转化，法国采取了多种举措推动产学研联合创新。

（1）根据国家创新战略确定的优先领域成立研发联盟。2009 年法国组建了国家能源研究协调联盟（ANCRE），协调能源研究领域内的主要研究和创新机构，消除研究机构、大学和企业等创新主体之间的隔阂，加强合作伙伴关系。

（2）建立产学研联合体。以卡诺研究所为代表的产学研联合体是由公共科研机构、私营公司和地方政府联合组成的研发集团，可在开展基础研究的同时根据企业合作伙伴的需要开展应用开发活动。目前已建立了 33 个卡诺研究所，其中的未来能源卡诺研究所集合了来自多所研究机构和大学实验室的研究人员 1500 人。

（3）建立“竞争力集群”。这种集群是在特定的地理范围内，将企业、培训中心和研究机构以合作伙伴的方式组合起来，以本地区优势产业为先导发挥优势互补的协同作用，共同开发以创新为特点的项目。2009 年法国第二期“竞争力集群”计划设立了 71 个集群，其中包括可再生能源、生物质能、电能系统与科学、核集群、建筑可再生能源开发等。

三、投入模式

根据 IEA 的统计，法国公共资助能源研发示范经费自 2002 年突破 10 亿美元，较上年度增长 40%，在此之后基本保持稳定增长，2010 年为 11.54 亿美元（图 2-4）。

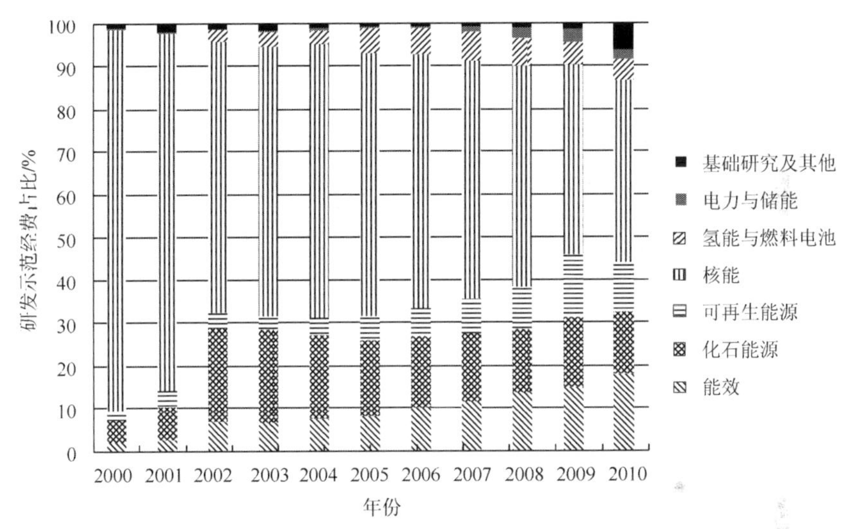

图 2-4　法国政府能源各领域研发示范经费占比

资料来源：IEA RD&D Statistics Database，2013 年 5 月 22 日检索

法国公共能源科研经费是按照《财政组织法》编制，执行以绩效为导向的政府绩效预算。预算结构的第一层是实现国家目标的若干项任务，每项任务分解为若干个以其为导向的计划，每个计划继续再细分为若干个行动方案。每个政府部门分别负责其中的几项任务或以其为导向的计划。科研经费主要通过“研究与高等教育任务”纳入政府预算，共分为 12 个计划，由各相关政府部门分别主导，其中“能源领域研究”由生态、可持续发展与能源部负责，2009～2011 年预算经费分别为 6.68 亿欧元、6.81 亿欧元和 6.94 亿欧元。

法国能源科技公共研发经费的分配主要通过公共资助机构，包括国家研究署（ANR）、工业创新署（AII）、环境与能源管理署（ADEME）和创新署（OSEO）等。分配方式上基本采取竞争性招标与直接拨款两种方式，并注意两者之间的大体平衡。法国政府大力促进技术研究，促进科研机构与创新企业以及能源等新兴领域中小企业间的成果转移转化，因此研发经费大部分流向国立研究机构和高校，只有少部分流向企业。

法国通过由政府规划若干优先研究领域、实施重大科技创新计划的战略部署，保障对这些优先研究领域的投入。2009 年法国公布了“投资未来”大型国债计划，拟向高等教育、科研、中小企业及工业、可持续发展、数码产业五大重点领域投资 350 亿欧元，以确保法国未来发展的战略性投资。计划中纳入了“先进核能研究”（预算 15 亿欧元）和“脱碳能源主题卓越研究中心”（预算 10 亿欧元）。

根据 2010 年中期制订的“竞争力集群”计划，法国将陆续投入 6300 万欧元重点扶持能源、建筑、交通等领域的研究，如高效锂电池、新型建筑隔热层、轻型节能汽车零部件等。

四、评估模式

法国能源科技评估主要包括科技战略评估和科研机构评估两种模式。在科技战略评估方面，法国议会科学技术选择评估局（OPCEST）负责对政府拟采取的重大科技政策与科技战略进行评估，为政府科技决策提供支撑。

在科研机构评估方面，法国科研与高等教育评估署[①]负责全面评估法国的科研和高等教育。评估署在完全独立于科研机构主管部门和评审对象的前提下开展同行评议，以科研机构与主管部门签订的四年目标责任合同为基础。合同中包括了科研机构当期战略规划中的战略目标、政策措施和经费支持以及定量定性监测指标。评估署每两年进行一次外部专家评估，合同中期为诊断性评估，主要目的是对科研机构的中期发展情况进行总结并对未来两年的发展提供诊断性意见；合同期满时进行验收评估，对本期合同执行和落实情况进行验收性评估，并公开提交评估报告，评估报告包括目标实现度、因果分析、进一步发展方向。主管部门根据评估结果决定是否续签下一期合同。

第五节 韩 国

韩国是典型的后发赶超型国家，在经济发展过程中，韩国政府一直将科学技

① 2012 年法国宣布将成立研究与高等教育评估高级理事会取代研究与高等教育评估署。

术视为经济发展的主要动力，重视科技发展规划，不断加大科技投入，大力培养人才，积极引进国外资金和技术，使国家整体科技水平迅速提高，取得了令人瞩目的成就。韩国已经建成了以企业为研发主体，国立科研机构承担基础、先导、公益研究和战略储备技术开发，大学从事基础研究，产学研结合并有健全法制保障的科技创新体系。

一、组织管理模式

在韩国科技管理体系中，由总统挂帅的国家科学技术委员会是韩国科技创新政策的最高决策机构，负责组织制订和审批中长期科技发展规划和五年期科技发展计划等重大科技战略和规划，协调政府各部门的科技政策，评估国家研发计划，提出国家研发预算调整和分配的指导方针等。在部委层面，教育部和产业通商资源部分别是韩国主管基础科学和产业技术两大类科技创新事务的管理部门，教育部负责管理基础研究计划，而产业通商资源部负责管理能源技术研发计划。为进行集中管理，韩国 2009 年成立了韩国能源技术评价规划院（KETEP），负责全国能源技术研发项目的规划、评估与经费管理、国际合作以及能源技术领域人才培养事宜。

二、产学研组织模式

为促进技术创新，韩国政府强调产、学、研的协调合作。通过修订《合作研究开发促进法》和《科学技术革新特别法》，进一步把发展产、学、研合作纳入法制化轨道。韩国产学研结合体制最大特点是以企业生产为归属，即无论企业、大学还是专业研究机构，其课题除基础研究外，都必须是企业生产急需解决的问题，其成果都必须能迅速转化为市场开拓能力，这样就使技术研发能够与产业发展紧密结合。在韩国的产学研结合中，无论是政府主导还是民间自发，都充分尊重并发挥企业需求的主导作用，从而使产学研结合能够从一开始就瞄准企业的需求。韩国产学研合作的主要组织方式包括以下两种。

（1）产学研共同研究体。具体做法是政府提供稳定的研究经费，以公开招标的方式通过产业界、大学和研究所的合作，以产学研共同研究的形式进行。这种共同研究的成功之处主要体现在成果的商业化成功率较高。产学研共同研究体是韩国产学研合作的主要模式，占总体比例的 80%以上。

（2）大学科技园。企业能够利用大学的研究力量、信息、技术和设备，加强大学研究成果向企业转让。大学科技园承担着大学研究成果向企业转让和对新建企业的支持、加强人才培养和交流的职能。建立科技园区成为实现产学研结合、推动成果转化的有效途径。

此外，还存在以下几种方式：委托开发研究、产业技术研究组合、产学研合作研究中心以及参与国外产学研合作等。

三、投入模式

进入 21 世纪以来，随着经济实力的增强和发展高科技的需要，韩国科技研发投入经费大幅增加，根据 IEA 的统计，2011 年韩国公共资助能源研发示范经费达到 7.33 亿美元，近几年投入水平与德国相当；占 GDP 比例约为 0.05%，仅次于日本，高于美、德、法等主要发达国家。核能在 2007 年之前是韩国能源研发示范投入的主要领域，占比超过一半；自 2008 年开始以太阳能为代表的可再生能源投入超过核能，能效技术的投入也在稳步增加（图 2-5）。

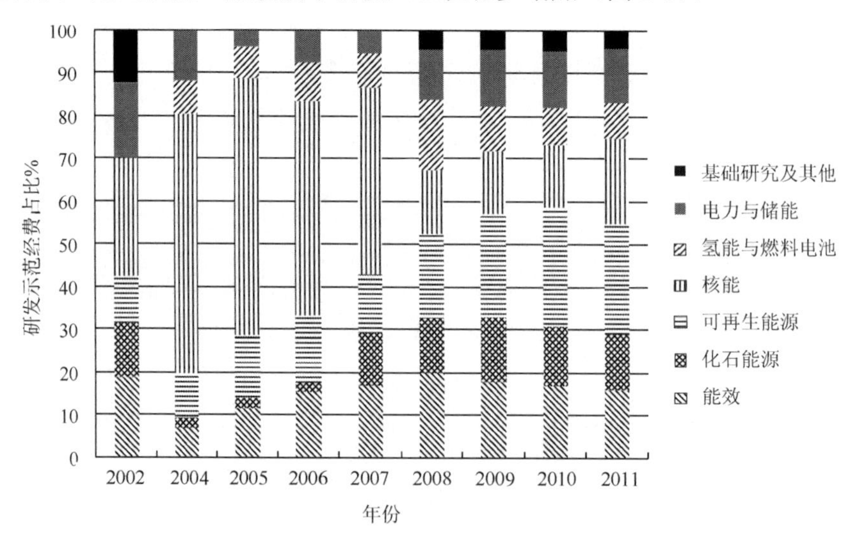

图 2-5　韩国政府能源各领域研发示范经费占比

资料来源：IEA RD&D Statistics Database，2013 年 5 月 22 日检索

韩国于 2009 年组织政府和 70 多家企业联合制定了面向 2030 年“绿色能源技术开发战略路线图”，作为能源研发示范投入方向的指南，路线图遴选了 15 个重点研发投入领域：光伏、风电、燃料电池、生物燃料、清洁燃料、整体燃气化联合循环发电（IGCC）、碳捕集与封存（CCS）、清洁火力发电、核电、智能电网、储能、绿色汽车、高效照明、能效建筑和热泵。根据该路线图，

2012 年前韩国政府与企业向绿色能源技术研发投资 6 万亿韩元，其中政府投入 1.8 万亿韩元，引导企业投入 4.2 万亿韩元。韩国政府在该路线图的制定过程中注重与企业的密切结合。除政府经费投入外，该路线图明确标示了在哪个能源领域由哪个企业参与研发、投入多少经费，以保证从研发到技术转移转化再到产品和市场的紧密结合。

四、评估模式

韩国自 2005 年相继颁布了《国家研究开发事业成果评价及成果管理法》和《国家研发事业成果评价标准》，使国家研发事业评价体系从以研究的必要性及研究能力等过程评价为导向向以成果目标的合适性及实现目标的可能性（包括研究能力）等结果为导向转变。

为有效开展研发项目，韩国对能源研发评价体系进行了重组，知识经济部下属的韩国能源技术评价规划院（KETEP）具体负责开展能源研发项目评估，全面实施以结果为导向的科技项目评价模式，分为事前评价、中间评价、终评价和事后评价。在遴选研发项目的事前评价中，重视项目与国家能源政策的关联，将能源经济学家纳入到评价团队，并在评价中设定更多的经济性标准，极大地扩展了研发项目的经济性评价机制。在研发项目执行过程中，KETEP 通过执行技术性评价和经济可行性评价，审查项目是否按照其目标实施，最终提供追加经费、项目变更及终止等评价结果。当研发项目完成时，开展终评价鉴定项目的成败与否。在项目完成后的五年时间内，KETEP 还将实施研发成果的推广应用事后评价。

第六节　俄　罗　斯

俄罗斯拥有世界一流的科技实力和人才队伍，但能源科技与世界先进水平相比还比较落后，基础设施陈旧老化，先进能源技术和装备依赖进口，能源科技创新体系尚处于探索和发展时期。俄罗斯 2009 年制定的《能源战略 2030》中明确提出建立国家可持续发展能源创新体系，恢复和发展科学技术能力，广泛开展基础研究、应用研究与开发，发展先进能源技术和装备，建立研发中心，建立公共-私营合作伙伴关系，以期实现自能源强国的转型。

一、组织管理模式

目前，俄罗斯总统、总统办公厅以及联邦议会是国家能源科技管理的领导核心，决定相关重大方针。科学、技术与教育委员会直接向总统负责，就科技问题提供咨询和建议。联邦议会上院（联邦委员会）下设教育与科学委员会，下院（国家杜马）下设科学与高技术委员会，两者均参与提议和审核有关能源科技政策的立法。

俄罗斯能源科技政策的制定和执行主要由能源部负责组织和实施。能源部是在 2008 年从工业与能源部中分离并合并联邦能源署成立，作为俄罗斯联邦权力执行机构，其职责是履行制定和落实燃料和能源综合领域的国家政策和规范性调控职权，以及提供燃料和能源的生产和利用领域的服务。

俄罗斯的核电管理独立于能源部，由国家原子能集团（ROSATOM）负责，除核武器工业管理等政府职能外，还承担核能科学技术研发工作。集团设有科学技术委员会，就国家核能科技和创新政策提供咨询。

二、产学研组织模式

俄罗斯从事能源科技研究与开发的机构主要是企业与国立科研机构，其显著特点是国有战略型企业集团在能源科技研发活动中占绝对主体地位。

2000 年以来，俄罗斯通过司法和市场手段，对能源领域的大型企业逐步实施合并重组和国有化，逐步形成了俄罗斯石油公司、俄罗斯天然气工业股份公司、国家原子能集团等占据支配地位的垄断性国有或国家控股企业，这些大型国有集团公司均由专门的联邦立法确定其章程和任务，并被赋予振兴俄罗斯经济、实施国家重大建设工程以及发展高新技术产业的重任，也是俄罗斯政府控制战略性经济领域的重要组织形式。这些企业合并了大量相关领域的科研机构，根据企业战略需求开展科技创新活动。相比之下，俄罗斯创新型中小企业的发展程度及其对经济的贡献率均较低，对此俄罗斯政府也出台了一些政策予以扶持，如国家风险投资基金、小型创新企业发展基金（FASIE）、“起点计划”等。

俄罗斯的国立科研机构主要包括科学院系统以及部委所属研究机构等。俄罗斯科学院是俄罗斯联邦的最高学术机构和最大的科研实体，是主导全国自然科学基础研究的中心，也是全国的科研协调中心，同时还参与制定国家政策。部委下属的科研院所也是重要的研发力量，如俄罗斯联邦科学与创新署（FASI）下属的核电与纳米研究所、库尔恰托夫研究所等。

三、投入模式

俄罗斯能源科技公共研发开支以及企业研发投入与其他科技领先国家相比水平较低，根据哈佛大学的统计，2008 年公共研发开支为 1.26 亿美元，其中化石能源与能源效率方面投入占较大比例（表 2-1）。

表 2-1　俄罗斯能源研发示范投入　（单位：百万美元）

项目	年份								
	2000	2001	2002	2003	2004	2005	2006	2007	2008
化石能源									
—政府投入	—	—	—	—	—	—	—	23	20
—其他部门投入	339		263	256	280	399	152	261	411
核能									
—政府投入	—	—	—	—	—	—	—	—	—
—其他部门投入	—	—	—	—	—	—	—	—	—
可再生能源									
—政府投入	—	—	—	—	—	—	—	16	14
—其他部门投入	—	—	—	—	—	—	—	—	—
能效									
—政府投入	—	—	—	—	—	—	—	29	25
—其他部门投入	—	—	—	—	—	—	—	—	—
电力与储能									
—政府投入	—	—	—	—	—	1	1	26	22
—其他部门投入	34	64	—	—	—	—	—	—	—
其他									
—政府投入	—	—	28	25	20	16	14	52	45
—其他部门投入	183	—	378	—	398	—	587	—	508
总计	555	—	670	280	698	417	754	406	1045
—政府投入	—	—	28	25	20	17	15	145	126
—其他部门投入	555	64	642	256	677	399	739	261	918

注：按购买力平价 2008 年美元计

资料来源：Harvard Kennedy School Energy Technology Innovation Policy Research aroup，2011

俄罗斯通过由联邦政府确定优先发展领域、提出关键技术清单以及制订中长期科技计划的方式，向全社会公布科技优先发展方向，保障对这些方向的经费投入，并根据发展需要不断予以调整。

俄罗斯总统梅德韦杰夫 2011 年 7 月 7 日签署总统令，确定了今后一段时期俄罗斯科技优先发展的 8 大领域以及 27 项关键技术清单。其中将“能效、节能、核技术”作为 8 大科技领域之一，在关键技术清单中包括：动力电工设备技术；原子能、核燃料循环技术，放射性核废料及乏燃料的安全处理；新能源和再生能源（包括氢能）；矿产资源勘探与开采；能源运输、分配、利用过程中的节能系统；有机燃料高效能量转化技术。

俄罗斯最大的应用科学发展计划“俄罗斯科学与技术研究与发展优先领域 2007～2012”设立了五个优先领域，其中之一为“能源与能源效率”，其预算从 2004 年的 69.6 亿卢布（2.38 亿美元）增加到 2008 年的 235.67 亿卢布（8.05 亿美元），其中 80%投入到政府确定的“联邦导向项目”。研究经费通过招标方式拨给科研机构和企业。

2010 年，俄罗斯启动了“2010～2015 年新一代核能技术和直至 2020 年未来趋势”的联邦目标计划，目的是开发一座先进钠冷快堆（BN-1200）和两座创新型重液态金属冷却快堆（铅冷却 BREST-OD-300 和液态铅铋合金冷却 SVBR-100）及其相关燃料循环和一座新型钠冷多用途研究用快堆（MBIR）。

俄罗斯公共能源科技研发经费由政府科技主管部门直接分配至研发机构或通过专门的资助机构间接分配。俄罗斯联邦科学与创新署负责管理大部分联邦研发预算，其他竞争性研发经费的分配主要由俄罗斯联邦基础研究基金会（RFFI）、俄罗斯技术发展基金会（RFTD）等机构负责。

俄罗斯能源科技投入的另一个主要渠道是国有企业集团。俄罗斯天然气工业公司 Gazprom 的研发投入 2007 年达到 22 亿卢布（约合 7500 万美元）。由俄罗斯纳米技术集团负责的“纳米系统和材料”计划包括了天然气燃烧、膜技术和材料学等相关研究项目。

中　　篇

重大能源科技发展态势

第三章

洁净煤发电

第一节　概　　况

毋庸置疑，煤炭仍然是人类社会当前最重要的能源品种。在世界范围内，有超过 30%的能源需求总量和超过 40%的发电量来自煤炭。由于未来全球能源需求预计仍将大幅增加，国际能源署煤炭产业咨询委员会强调指出，煤炭将继续作为 21 世纪的全球能源解决方案的主要能源，为实现全球经济持续发展、能源安全和近零排放目标做出贡献。因此，在今后较长的一段时期内，继续保持煤炭发电能力对于（保障能源供给）改善人类生活条件是必不可少的，特别是对于发展中国家和贫困国家尤为重要。对于煤炭利用带来的环境污染、CO_2 排放等主要负面作用，应当通过技术进步、排放控制和法律监管予以解决。

从技术研发来看，目前已出现了多种类型的低排放高效率煤炭发电技术，每种技术都有自身的潜在优势和问题且正在继续改进。超临界（SC）和超超临界（USC）发电、循环流化床燃烧、增压循环流化床联合循环、整体煤气化联合循环、富氧燃烧等煤炭发电技术均已不同程度地趋于成熟，有的已经成功实现了商业化运行。目前的燃煤发电厂能够实现约 40%的净热效率和低污染物排放，材料的改进将提高蒸汽和气体燃烧温度，相应效率更高、CO_2 排放量更低。而且，随着先进燃料电池、化学链燃烧、闭式布雷顿循环、增压富氧燃烧等面向未来的技术研发，预期到 2025～2030 年，煤炭利用将迎来新的重大进步，发电效率有望达到 60%，近零排放的目标将能实现。

从排放控制来看，欧盟和美国近年来针对燃煤电厂的 NO_x、SO_2 和颗粒物（PM）的排放制定了更加严格的监管标准，设定了温室气体 CO_2 总量减排目标，并开始对重金属元素提出限制指标。

美国国家环境保护局于2011年12月签署了一项电厂减排有毒空气污染物的法令，包括燃煤燃油电厂锅炉有毒空气污染物排放国家标准（NESHAP）和新排放源性能标准（NSPS），2012年4月16日生效。根据新标准，自2016年起，发电厂必须采用目前广泛使用并得到认证的污染控制技术，大幅度削减可吸入颗粒物、汞、砷、镍、硒、酸性气体、氰化物等有毒物质的排放，针对的对象是2011年5月3日以后建设、改造或重建的电站锅炉。2013年6月，奥巴马提出“气候变化国家行动计划”，要求环境保护局对未来新建发电厂制定更严格的二氧化碳排放标准。

欧盟2010年年底出台了《工业排放指令》（2010/75/EU），对燃煤电厂的污染物排放提出了更高的限制指标。标准划分了2个时段，第1时段是针对2013年1月7日以前通过政府建设批准并且在2014年1月7日前投运的火电机组，第2时段是指所有不满足第1时段要求的火电机组（可视为新建电厂标准）。30万千瓦以上的新建电厂 SO_2 和 NO_x 排放限值均由200mg/m^{3}降至150mg/m^3，降幅达25%；颗粒物由30mg/m^{3}降至10mg/m^3，降幅接近70%。为了控制温室气体的排放，欧盟计划在2013年后全面实行碳交易体系（ETS），目标是 CO_2 排放量到2020年达到比1990年减少20%，相当于比2005年减少14%。

第二节　关键技术与研究进展

洁净煤发电技术是尽可能清洁、高效地利用煤炭资源进行发电的相关技术，主要特点是提高煤的转化效率、降低燃煤污染物的排放。目前，在提高机组发电效率上主要有两个方向，一个是在传统粉煤锅炉的基础上通过采用高蒸汽参数来提高发电效率，如超超临界发电技术；另一个是利用联合循环来提高发电效率，如增压流化床燃烧（PFBC）、整体煤气化联合循环等。表3-1列出了几种高参数洁净煤发电技术的性能比较。

表3-1　典型洁净煤发电技术对比分析

洁净煤技术	主要技术特点	目前进展	发展趋势与方向
超超临界煤粉燃烧发电技术（USC-PC）	以煤粉燃烧方式为主；容量大、参数高、负荷变化灵活、系统较稳定；需额外的烟气净化措施	机组效率超过44%；欧美日开展超700℃技术研发	进一步提高蒸汽参数；耐热合金钢的研制；尾部烟气净化装置的研制

续表

洁净煤技术	主要技术特点	目前进展	发展趋势与方向
循环流化床燃烧（CFBC）技术大型化与超临界技术	燃料适应范围广；环保性能较好；适合超临界蒸汽参数	300MW 亚临界 CFB 技术成熟；460MW 超临界 CFB 已投运；600MW 超临界 CFB 锅炉已经开始调试	提高蒸汽参数和锅炉容量；适应未来更加多变的燃料特点；尾部烟气净化装置研制
整体煤气化联合循环技术	发电效率高；清洁绿色环保，高效的 CO_2 分离；技术拓展性好	第一代整体煤气化联合循环技术的示范电厂已运行多年；先进的具备二氧化碳捕集和封存的整体煤气化联合循环技术正在建设	整体煤气化联合循环技术结合二氧化碳捕集与封存技术；降低成本和提高可用率
富氧燃烧（oxy-fuel）及其相关转型技术	CO_2 分离和捕集成本低；燃烧效率高，结构紧凑；环保特性好	常规富氧燃烧技术已建立多套中试及示范工程；新一代富氧燃烧技术正在研发	加压富氧燃烧技术；富氧燃烧转型技术

这些高参数洁净煤发电技术处在不同的发展或部署阶段，同时在提高效率和减排污染物排放方面的潜力也各不相同（表 3-2）。粉煤（PC）和循环流化床燃烧技术成熟：发展先进超超临界（A-USC）技术的目标是进一步提高效率和将 CO_2 排放降至 700g/kW·h 以下。采用 1500℃级燃气轮机的 IGCC 效率可以达到 A-USC 的水平。结合燃料电池的煤气化燃料电池燃气蒸汽联合循环系统（IGFC）可以进一步提高热效率，降低碳排放到 500～550g/kW·h。这几种高参数洁净煤发电技术结合二氧化碳捕集与封存均会导致 7%～10%的能量损失。

表 3-2　几种高参数洁净煤发电技术排放性能比较

发电技术	排放				机组最大容量/MW	容量系数/%	CCS 能量损失
	CO_2 /（g/kW·h）	NO_x /（mg/m^3）	SO_2 /（mg/m^3）	PM /（mg/m^3）			
PC（USC）	740	<50 ~ 100（SCR）	<20 ~ 100（FGD）	<10	1100	80	7% ~ 10%（燃烧后和富氧）
PC（A-USC）	670（700℃）	<50 ~ 100（SCR）	<20 ~ 100（FGD）	<10	<1000	—	
CFBC	880 ~ 900	<200	<50 ~ 100	<50	460	80	
IGCC	670 ~ 740	<30	<20	<1	335	70	7%
IGFC	500 ~ 550	<30	<20	<1	<500	—	

资料来源：IEA，2013a

一、超超临界发电技术

超超临界发电具有技术成熟性，因此是几种高参数洁净煤发电技术中最易实现的技术。从国内外的发展情况来看，大容量高参数超临界和超超临界机组是目前世界火电发展的重要趋势。随着材料工业的发展，目前高效超超临界机组在国际上处于快速发展的阶段，即在保证机组高可靠性、高可用率的前提下采用更高的蒸汽温度和压力。

在日本、韩国、德国、意大利、美国和中国已有商业运行的超超临界发电厂（图3-1），不过它们占全球的发电量不到1%。截至2011年，中国在运的600MW超超临界机组装机总量为116GW，1000MW USC机组装机总量为39GW。

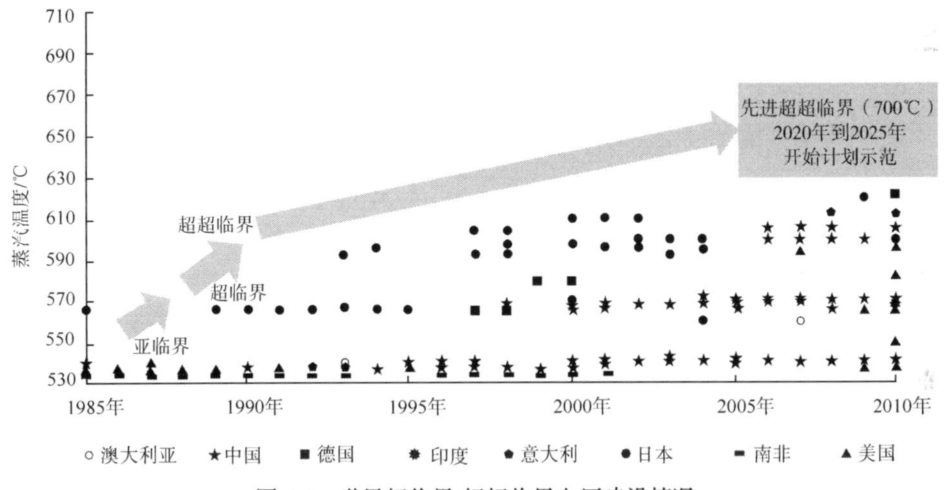

图3-1　世界超临界/超超临界电厂建设情况

统计仅包括600MW及以上容量的机组

资料来源：IEA，2013a

目前，国际上参数级别更高的超超临界发电技术为A-USC。目前发展A-USC技术的主要国家和地区包括美国、欧洲、印度、日本以及中国，示范项目一般计划在2020年以后开展。A-USC技术的蒸汽温度大约为700～760℃，压力为30～35MPa，热效率可达到50%（LHV）或更高。A-USC技术与亚临界燃烧技术相比，至少可以减少15%的CO_2排放，排放水平降至670g/kW·h。例如，美国AD760发展目标是37.9MPa/732℃/760℃，机组净热效率为45%～47%；欧盟AD700发展目标是37.5MPa/705℃/700℃，机组净热效率为50%（LHV）；日本A-USC发展目标是35MPa/700℃/720℃，机组净热效率达46%。

如果这些计划能够如期完成，利用烟煤发电的超超临界发电厂效率可超过

50%（LHV）；利用高湿度的褐煤通过预干燥处理和集成，电厂效率也可以超过50%（LHV）。

超超临界发电技术发展的主要障碍是技术问题，如冶金和材料制造问题。随着材料、制造方法以及材料的长期测试的持续发展，可加快 USC 技术的全规模示范与部署。

二、循环流化床燃烧技术

大容量的循环流化床燃煤锅炉由于其煤种适应性广、燃烧效率高以及炉内脱硫脱氮等特点，近 20 年来取得了迅速的发展，按照技术特点分为以下几个技术流派：以德国 Lurgi 公司为首开发的热灰循环、绝热旋风筒、外置换热器为特色的技术；美国 Foster Wheeler 公司开发的 FW 型循环流化床锅炉，采用水冷或气冷高温旋风筒、整体化再循环换热器（INTREX^{TM}）、炉膛内不布置对流受热面；芬兰 Alstom 公司开发的不带外置换热器的 Pyroflow 技术，采用热灰循环、绝热旋风筒、炉内布置受热面；B&W 公司采用的 Circufluid 技术，采用中温旋风筒，炉膛上部布置受热面、半塔式布置。目前全球循环流化床电站总的发电容量大约为 20GW。

发达国家从 20 世纪末开始进行超临界循环流化床锅炉研究。美国 Foster Wheeler 公司是世界上第一个获得超临界循环流化床锅炉订货合同的公司，在 2002 年即与波兰 Lagisza 电厂签约建设一台 460MW 超临界循环流化床锅炉，设计容量为 460MW，最大连续主蒸汽流量为 361kg/s，汽轮机入口处蒸汽压力 27.5MPa，温度 560℃；再热蒸汽流量 306kg/s，锅炉进口再热蒸汽压力 5.48MPa，温度 315℃，汽轮机入口再热蒸汽温度 580℃，机组设计发电效率为 43.3%，锅炉的设计担保排放值（6%O_2，干烟气）为 SO_2 200mg/m^3（标准状态），NO_x 200mg/m^3（标准状态），PM 30mg/m^3（标准状态）。工程项目于 2006 年启动，已于 2009 年 6 月正式投入商业运行。根据现场反馈资料，该锅炉全面达到了设计指标。供电效率达到 43.3%，锅炉效率超过93%，运行平稳，负荷调节特性满足电网调度要求。Foster Wheeler 公司的第二个超临界循环流化床锅炉建在俄罗斯的 GRES 电站，发电容量为 330MW，预计将于 2014 年投入商业运行。Foster Wheeler 公司还与韩国南方电力公司于 2011 年 7 月签订了供货合约，为其绿色电厂项目提供 4 台 550MW 超临界循环流化床锅炉，将于 2015 年投入商业运行。目前，Foster Wheeler 公司已完成 800MW 超临界循环流化床电站锅炉的设计，蒸汽参数为 600/620℃、30MPa，净效率可达 45%（LHV），排放值（6%O_2，干烟气）为 SO_2 200mg/m^3（标准状态），NO_x 150mg/m^3（标准状态），PM 30mg/m^3（标准状态）。我国建设的世界首台 600MW 超临界循环流化床锅炉已于 2013 年 3 月

27日投入运营。

由于燃烧温度较低，循环流化床系统的 NO_x 排放很低。通过加入石灰石来控制 SO_2 的排放，通常可以实现95%的减排。对于粉煤燃烧，燃烧后和富氧燃烧都需要进行 CO_2 捕集。

从全球20GW的装机容量来看，循环流化床技术已经比较成熟，新的发展目标为满足日趋严格的环保法规和进一步提高能源利用效率。循环流化床可以采用不同的煤种，从褐煤到无烟煤、废煤渣和生物质。循环流化床电站的排放物和常规污染物排放低，而且有潜力结合富氧燃烧技术。同时，需要开展研发和示范来提高蒸汽条件，包括研发耐高温高压材料，提高先进材料提高制造技术，加快大规模超临界机组的示范等。

三、增压流化床联合循环技术

流化床燃烧技术有很多种类型，包括常压流化床燃烧（FBC）、循环流化床燃烧、增压流化床燃烧和增压循环流化床燃烧（P-CFBC）。流化床锅炉无论从燃料适应性还是从环保性能上都是粉煤锅炉无法比拟的，而增压流化床锅炉则是在普通流化床锅炉的基础上发展的一种新技术。增压流化床燃烧通过燃气/蒸汽联合循环发电，发电效率得到提高，目前可比相同蒸汽参数的单蒸汽循环发电提高3%～4%，效率可以达到44%左右。增压流化床燃烧联合循环根据燃烧室的类型不同，分为增压鼓泡流化床和增压循环流化床联合循环。目前得到商业应用的第一代增压流化床燃烧联合循环电站采用的是增压鼓泡流化床技术；第二代增压流化床燃烧联合循环（A-PFBC）是指将部分煤在气化炉气化后送入辅助燃烧室燃烧，产生的高温燃气再与PFBC的850℃左右燃气混合，送入燃气轮机，把燃机进气温度提高到1150～1200℃，使热效率从现有PFBC的42%提高到45%～48%。体积更小，排放更清洁，其发电成本比常规的粉煤电厂加烟气脱硫工艺低20%。目前，第一代为增压流化床燃烧联合循环实际应用的主流，而第二代已成为未来流化床联合循环的发展方向。

四、整体煤气化联合循环技术

整体煤气化联合循环是一种将煤气化技术、煤气净化技术与高效联合循环发电技术相结合的先进动力系统，它在获得高循环发电效率的同时，又解决了燃煤污染排放控制的问题，是极具潜力的洁净煤发电技术。整体煤气化联合循环技术经过20世纪70年代研究开发、80年代试验验证、90年代商业示范和21世纪初应用与发展后，现已发展到第二代，其特点为：采用水煤浆或干煤粉纯氧气化技术，全热回收，常温湿法+部分高温净化，F级燃机，双压/三压蒸汽系统，部分/整体化空分，功率在250MW级。第三代整体煤气化联合循环目前正处于研发中，其技术特点是：将常温净化改为高温净化，采用G/H级燃气轮机，并对整体系统进行优化，从而使全场热效率进一步提高1～2个百分点。

IGCC技术的排放很低，部分是因为燃料在联合循环燃气轮机中燃烧之前进行了处理。到2050年，随着1700℃级燃气轮机的引入，CO_2排放将低于670g/kW·h。

煤气化后的燃料气主要成分是氢气和一氧化碳，可以用于发电，也可以用于制氢、交通燃料和合成天然气（SNG）以及化工产品。因此，IGCC相当于提供了一个多联产基地，产品的输出可以根据市场的需求来灵活转换。这种灵活性可以潜在地弥补这种系统的高资金需求。IGCC的另外一个发展方向是集成燃料电池形成三段式联合发电系统。IGFC技术与IGCC技术有所不同，部分合成气用于高温燃料电池，如固体氧化物或熔融碳酸盐燃料电池。IGFC在大幅提高转换效率方面潜力巨大。

IGCC技术目前需要开展的主要研究内容包括：提高各类煤种可用性和可靠性的示范；低阶煤激冷气化炉示范；优化现有的和/或开发新的干法给料系统，以及高湿度低阶煤的可靠给料系统；示范低能量损失的可靠的多种污染物气体净化系统；燃煤IGCC电站中示范燃用高氢浓度燃料气的大型燃气轮机；耐火砖磨损、合成气组分、温度和炉渣性能的在线监测；集成CO_2捕集的IGCC电站示范。

五、富氧燃烧及相关转型技术

富氧燃烧是在现有电站锅炉系统基础上，用高纯度的氧代替助燃空气。同时采用烟气循环调节炉膛内的介质流量和传热特性，可获得高达90%～95%体积浓度（干基）的富含CO_2的烟气，从而以较小的代价压缩纯化后实现CO_2的永久封存，是实现大规模CO_2富集和减排新型燃煤发电技术的主要研究方向之一。

目前，美、加、日、澳、德、英、韩等10多个国家的大学、大型发电企业、大型设备供应商都在开展富氧燃烧技术相关基础研究和中试研究，并制订了中等规模富氧燃烧项目的研究和示范计划。目前国际上相关的10kW～5MW的试验台架不少于20台套。富氧燃烧技术在一些国家已经进入工程示范阶段，商业规模（300～600MW）的富氧燃烧工业示范也已提上日程。根据国际能源署富氧燃烧路线图显示，

2014～2018 年国外将建设 50～300MW 不等规模的富氧燃烧示范电站，2020 年计划实现商业化运行。

富氧燃烧技术目前需要开展的主要研究内容包括：确定最佳的过剩氧量和氧浓度；在 CO_2、H_2O 和 O_2 构成的大气中煤的燃尽行为；污染物（如 NO_x、SO_2 和 CO_2）的形成机制；氧气与回收烟道气的混合；烟道气成分对传热的影响，特别是通过辐射；在锅炉出口低温烟道气余热利用以提高整体效率的潜力；烟气再循环的最佳温度水平；富氧环境中的结垢和腐蚀问题；通过集成关键要素尽量减少辅助电源。

第三节 国际研究现状与发展

从 20 世纪末开始，世界上许多国家根据其能源结构特点、技术发展水平和经济发展阶段，从能源战略发展的长远利益考虑，为提高效率、减少环境污染，提出了各自的洁净煤技术发展计划。这些计划目标明确，统一组织和管理，政府部门、科研单位、高等院校和企业紧密结合，推动了煤燃烧技术的研究开发和商业示范应用。

一、美国

美国将洁净煤发电技术列为国家能源可持续发展战略和国家能源安全战略的重要组成部分。从美国洁净煤发电技术近 20 多年的发展来看，主要分为三个阶段。

第一个阶段为 1985～2000 年，美国先后部署了 5 轮“洁净煤发展计划”（CCT），开展了先进的燃煤发电技术、环境保护设备、煤炭加工成洁净能源技术和工业化应用等关键技术研究与开发。

第二个阶段为 2001～2004 年，美国主要启动超超临界技术和整体煤气化联合循环项目。2001 年启动 700℃超超临界机组研究项目（AD760），计划采取的起步参数定为 37.9MPa/732℃/760℃，热效率将达到 47%左右。其设定的蒸汽参数目标显著高于欧洲的 700℃，其原因是该参数更适合美国的高硫煤种。AD760 研究内容包括：概念设计与经济型分析、先进合金的力学性能、蒸汽侧氧化腐蚀性能、焊接性能、制造工艺性能、涂层、设计数据和方法等。2003 年提出“未来发电”（FutureGen）项目，计划投资 10 亿美元建造一座燃煤发电和制氢的近零排放示范发电厂原型，发电装机容量为 275MW，发电厂利用整体煤气化联合循环并结合碳捕集与封存技术。

第三个阶段为 2005 年以后，美国主要加强洁净煤创新型技术的研发与示范，包括加快燃煤电厂碳捕集与封存技术的应用以及发展 IGFC-CC 等新技术。例如，2008 年由于成本和政治等各方面的压力，美国能源部提出“未来发电”项目调整方案，计划将项目调整为在多个电站示范碳捕集与封存技术（不包括制氢），加速技术进步，使 300MW 等级的 IGCC 在 2015～2016 年能开始商业运作。此外，美国能源部 2005 年在固态节能联盟（SECA）计划之下启动 IGFC 研究项目，研究开发 100MW 级的固体氧化物燃烧电池（SOFC）。

二、欧盟

欧盟一直致力于洁净煤技术的开发，内容包括整体煤气化联合循环发电，煤与生物质及废弃物共气化/燃烧，固体燃料气化-燃料电池联合循环，循环流化床燃烧技术等。从洁净煤发电技术的整个发展过程来看，大致和美国保持一致。

欧洲 20 世纪 80 年代开始实施“COST 501 计划”，由电站设备和钢铁制造商合作分工开发采用奥氏体钢的超超临界机组，其目标是研制可与燃气蒸汽联合循环相竞争的新一代化石燃料电站新材料和超超临界机组。其研究成果已应用于高参数化石燃料电站，应用温度高达 610～625℃。

到 20 世纪末，欧洲开展“AD700 计划”（1998～2014 年），目的是论证和准备发展具有先进蒸汽参数的未来燃煤电厂形式，欧洲各国约有 40 个单位参加了这个项目，其中有 26 家是设备制造商（包括汽轮机、锅炉、主要辅机和材料等制造商），其他则分别是有关的研究机构、大学、电力公司等部门。这是目前世界上进展最快并唯一有示范电厂的 700℃超超临界发电计划，AD700 计划分六个阶段实施：第一阶段是可行性研究和材料基本性能研究（1998～2002 年）；第二阶段是材料验证和初步设计（2002～2004 年）；第三阶段是建造试验装置（2004～2009 年）；第四阶段、第五阶段和第六阶段是全规模电厂示范（E.ON 电力公司，2009～2014 年）。

到 2004 年，欧盟在其“第六框架计划”（FP6）中启动“氢电联产”计划（Hypogen），目标是开发以煤气化为基础的发电、制氢，以及二氧化碳捕集与封存的煤基发电系统，实现煤炭发电的近零排放。该项目就和“未来发电”项目一样计划建造一座理想的 IGCC 示范电厂，其中包含二氧化碳的捕集和封存以及制氢

（用于化学原料和可能用于运输）。电力和氢气输出预计分别为400MW和50MW。计划到2015年完成建设和示范运行，总投资达13亿欧元。到2006年，欧盟又启动了为期3年的“DYNAMIS”预研项目，目的是为氢电联产项目做准备，涉及来自12个国家的31个合作伙伴。

三、日本

日本于1993年提出“新阳光计划”，这是由过去实施的“阳光计划”“月光计划”“地球环境技术的研究开发计划”组合而成的。1998年，在该计划下提出“气液电煤基能源应用”（EAGLE）项目，以煤气化为核心，以煤气净化、燃气轮机和燃料电池发电、交通用液体燃料为主要内容，目的是实现煤洁净高效地转化为电力及液体和气体燃料的技术和工艺。计划周期为1995～2006年，最终目标是IGFC碳转化率大于98%，煤气化效率大于78%。

2000年，日本的“21世纪煤炭计划”提出在2030年前分三个阶段研究开发洁净煤技术，其主要项目包括先进的发电、高效燃烧、脱硫脱氮和降低烟尘、利用煤气的燃料电池、煤炭制造二甲醚和甲醇、水煤浆、煤炭液化和煤炭气化等。2004年，日本在“煤炭清洁能源循环体系”（C3）中，提出以煤炭气化为核心、同时生产电力、氢和液体燃料等多种产品并对二氧化碳进行分离和封存的煤基能源系统。

2008年G8会议之后，针对2050年CO_2减排50%的目标，日本提出“清凉地球计划”，其中洁净燃煤发电技术发展重点是超超临界、IGCC以及更先进的IGFC和碳捕集与封存技术。接着，又推出700℃超超临界发电技术和装备的九年发展计划“先进的超超临界压力发电”（2008～2016年）项目，明确在2015年达到35MPa/700℃/720℃以及2020年实现750℃/700℃超超临界产品的开发目标。项目内容包括系统设计，锅炉、汽轮机、阀门技术开发、材料长时性能试验和部件的验证等。计划分工及进度情况：主要部件及工艺实验（2008～2012年）；锅炉部套及小汽轮机制造及实验（2012～2016年）。

四、澳大利亚

澳大利亚发电量中煤电所占的比例超过80%。可见煤炭的清洁利用对于澳大利亚提高电力供应竞争力的重要性。澳大利亚政府联合本国煤炭、电力工业和研究机构于2003年年底形成COAL21合作团队，2004年启动“COAL21”行动计划，将基于煤气化的发电、制氢、合成气生产及二氧化碳分离和处理系统作为未来近零排放的发展方向。具体的行动计划分为两个阶段：第一个阶段是到 2015 年的研发与示范；第二个阶段是 2015 年之后至 2030 年的部署阶段。

2006 年，澳大利亚政府启动了名为“ZeroGen”的结合 IGCC 和碳捕集与封存的近零排放集成项目。项目旨在将煤转化成富氢气体和高压 CO_2，燃烧这种气体来发电并将 CO_2 埋存于地下含水层中。项目原计划于 2015 年开始实行，但由于发展成本和商业可行性等问题，澳大利亚政府与 2010 年对该计划进行调整，将 ZeroGen 转变成一个独立的部门，由企业自主经营和管理，以促进碳捕集与封存技术的发展和应用。

五、加拿大

加拿大政府早在 2000 年就启动了加拿大清洁发电联合计划（CCPC），具体安排是 2003 年之前进行技术研究，此后经过成果评估后在 2006 之前对技术进行优化研究，2007 年到 2014 年主要进行电厂的设计与建设，以及后期的运行。

到 2008 年，加拿大制定 2020 年洁净煤技术路线图，针对上游选煤、燃烧、富氧燃烧、气化和化学合成这四个技术的研发重点，制定了短期（到 2010 年）、中期（到 2015 年）和长期（2020 年以后）的实施目标，并确定了上游选煤、燃烧路径以及气化路径各阶段的实施目标。接着，此外，加拿大和美国还在“煤炭零排放联盟”（ZECA）框架下合作开发先进的煤制氢和二氧化碳分离和储存技术。

第四节　我国洁净煤发电技术发展现状与方向

一、研究现状

我国不仅是世界最大的煤炭生产国，同时也是最大的煤炭消费国，其中用于发电的煤炭约占煤炭总产量的 50%，燃煤发电在电力供应中占的比例在 80%以上，以煤为主体的能源消费结构在中长期内不会改变。对我国而言，燃煤发电技术进步始终是先进能源技术的重点。目前和今后若干年，国内煤电装机增量仍将处于较高发展速度，采用高参数洁净煤发电技术，尽可能高效、清洁地利用煤炭资源进行发电，这将是解决我国煤炭清洁高效利用的根本途径，是保障我国能源安全、促进我国经济可持续发展、治理雾霾等大气污染、积极参与全球应对气候变化行动的一项重大而长远的战略性任务。

根据科学技术部颁布的《洁净煤技术科技发展“十二五”专项规划》，我国洁净煤发电技术有如下发展现状。

在“超超临界发电”方面，国内具备了制造 1000MW、25MPa、600℃等级发电机组的基础和能力，预测到 2020 年，新建机组市场容量达 500GW。但是，在高参数大容量机组的设计及制造、系统优化、高温部件材料等方面与发达国家仍有较大差距，建设超 600℃大容量等级超临界发电机组系统集成示范、研发超 700℃关键材料和技术是今后几年的重要任务。

在“大型循环流化床”方面，“十一五”科技支撑计划项目“600MW 超临界循环流化床”已完成设计、制造技术研究、调试，并于 2013 年 3 月 27 日投入运营；另外针对燃用劣质燃料、大型超临界 CFB 锅炉系列、节能型 CFB 锅炉也在开展大量新技术研发。

在 IGCC 技术方面，“十一五”863 计划重大项目“以煤气化为基础的多联产示范工程”所依托的华能天津 265MW 级 IGCC 示范电站历时三年多的建设，已于 2012 年 12 月 12 日正式投产发电，采用具有华能自主知识产权的世界首台两段式干煤粉加压纯氧燃烧气化炉以及多项新技术新工艺，成为我国最环保高效的燃煤电站。根据工程设计，华能天津 IGCC 电站示范工程发电效率为 48%，发电标准煤耗达 255.19g/kW·h，气化炉热效率达 95%，冷煤气效率达 84%，碳转化率达 99.2%，与常规 300MW 等级燃煤电站相比，IGCC 电站年耗煤量减少约 7 万吨。污染物脱除方面，IGCC 采取燃烧前捕集二氧化碳方式，在合成气燃烧前进行污染物脱除，更易于实现包括二氧化碳在内的燃煤污染物的近零排放。华能天津 IGCC 电站示范工程烟气烟尘浓度小于 $1mg/m^3$、二氧化硫排放浓度约为 $1.4mg/m^3$、氮氧化物排放浓度约为 $52mg/m^3$，污染物排放接近天然气电站排放水平。

二、发展方向

未来十年是我国洁净煤发电关键技术研究开发的重要时期。超超临界发电和 IGCC 将是主要选择。

在超超临界发电技术方面，将完成 700℃超超临界燃煤发电机组总体方案设计研究；耐热合金材料筛选、开发、优化及性能评定研究，高温大型锻件、铸件加工制造技术研究，锅炉水冷壁、过热器、再热器、集箱等关键部件加工制造技术研究，汽轮机高中压转子、汽缸、阀壳、高温叶片、紧固件、阀芯耐磨件等关键部件加工制造技术研究，大口径高温管道及管件的设计、制造技术研究，锅炉关键部件及阀门验证平台建设并展开试验研究，工程可行性研究等；并组织实施一批 700℃超超临界燃煤发电示范工程，通过工程的运行来总结经验、完善优化、推广应用。

在 IGCC 技术方面，旨在掌握大规模 IGCC 关键技术，进一步提高发电效率，具备自主设计、制造和建设 500MW 级 IGCC 电站的能力；研发 IGCC 多联产系统，提高经济性；研发和示范富氢气体燃烧联合循环技术，为近零排放煤基发电技术的发展奠定基础。具体包括：开发大容量、高性能气化炉，气化炉容量达到 3000～4000 吨/天，能够满足 300～400MW 容量等级 IGCC 电站的要求；发展新型空分或空分节能新技术，采用更高参数（F 级或 G 级）的燃气轮机，IGCC 系统供电效率进一步提高，达到 45%以上。

第四章

核裂变发电

第一节 概 况

与石油、天然气相比，核电在世界能源结构中具有独特的优势：铀的储量丰富，可为现有的核电系统供应燃料上百年，如采用新的燃料循环技术，供应期可长达几千年；此外，核电还不排放温室气体。但另一方面，现有核电系统在竞争激烈的电力市场上显得初始投资太高、建设周期太长，还面临着棘手的核废料处置问题。从总体上看，核电在中期和远期市场中都具有竞争潜力。但要使这种潜力变为现实，还要在提高安全性、资源利用率和公众接受度以及处理核废料和降低成本等方面付出极大的努力。

核能发电始于20世纪50年代，70～80年代急速发展，1971～1990年产能平均年增长率接近17%（图4-1）。然而，在20世纪90年代，除了日本和韩国，核电的发展停滞不前，1990～2003年核电产能年增长率已降至2.1%（IEA，2011a）。原因包括：在三哩岛事故和切尔诺贝利事故之后对核安全的关注增加，一些核电站的建设延期、建设成本超过预期，化石燃料回归到较低的价格。进入21世纪后，由于发展中国家和新兴经济体经济快速增长带来强劲的能源需求，核电在这些地区的发展势头开始加快，而经济合作与发展组织国家由于需求趋缓，核电建设停滞不前，2011年3月日本福岛核事故的发生进一步遏制了发达国家的核电复兴势头。从全球来看，福岛核事故预计将放缓但不会逆转核电的增长趋势。在正在引进核电的国家中，对核电的兴趣依然高涨。在福岛第一核电站事故前曾坚定地表示打算着手发展核电计划的无核电国家中，有几个国家在事故后取消或修订了计划，其他国家则采取了“等等看”的态度，但大多数国家继续实施其计划（IAEA，2013a）。国际原子能机构（IAEA）2013年发布的全球核电增长预测表明，到2030年，核电装机容量较目前最

低增长 17%，达到 435GW；而最高增长可达 94%，达到 722GW（IAEA，2013b）。

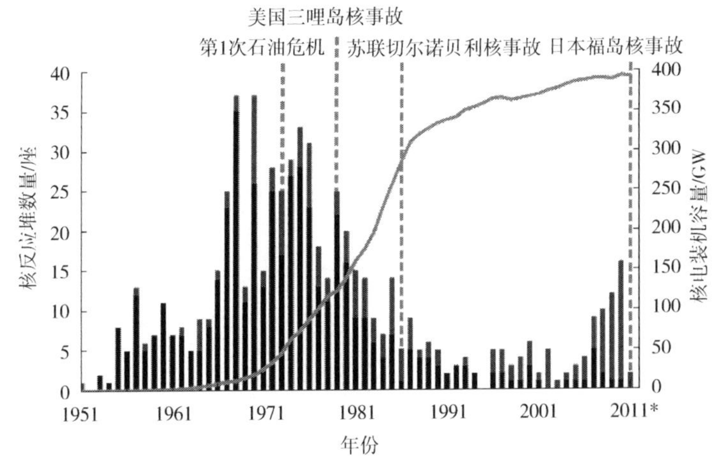

图 4-1　1951～2011 年核电发展情况

*数据截至 2011 年 8 月 31 日

资料来源：IEA，2011a

截至 2012 年年底，在 31 个国家和地区共运行有 437 座核电反应堆，总装机容量为 372GW（表 4-1）。从在建反应堆分布来看，核电中长期的发展均由亚洲引领：截至 2012 年年底，全世界 67 座在建反应堆中，有 47 座位于亚洲；截至 2012 年年底在新并网的 48 座反应堆中，有 38 座在亚洲。但这并不是说西方国家在核电利用上已停步不前。事实上它们在大力发展核电新技术、积极开发新一代核电站方面是非常活跃的，其中尤以美国为代表，不仅开发了第三代核电技术，而且还领导了第四代核能的研发。全世界拥有核电站的国家只有 30 个，而美国、法国和日本三国的核电站数量就接近全世界核电站总数的二分之一。这一方面是由于核电站建设需要巨额的资金投入，另一方面也说明核电技术是掌握在少数人手里的高新技术，从一个侧面说明了西方发达国家的经济和技术能力。

表 4-1　世界运行和在建的核反应堆（截至 2012 年 12 月 31 日）

国家	运行中的反应堆		在建反应堆		2012 年核电发电量		截至 2012 年的总运行经验	
	机组数	总装机容量/MW	机组数	总装机容量/MW	发电量/TW·h	占总发电量的份额/%	年	月
美国	104	102 136	1	1 165	770.7	19.0	3 834	8
法国	58	63 130	1	1 600	407.4	74.8	1 874	4

续表

国家	运行中的反应堆		在建反应堆		2012年核电发电量		截至2012年的总运行经验	
	机组数	总装机容量/MW	机组数	总装机容量/MW	发电量/TW·h	占总发电量的份额/%	年	月
日本	50	44 215	2	2 650	17.2	2.1	1 596	4
俄罗斯	33	23 643	11	9 297	166.3	17.8	1 091	4
韩国	23	20 739	4	4 980	143.5	30.4	404	1
印度	20	4 391	7	4 824	29.7	3.6	377	3
加拿大	19	13 500			89.1	15.3	634	5
中国	17	12 860	29	28 844	92.7	2.0	141	7
英国	16	9 231			64.0	18.1	1 511	8
乌克兰	15	13 107	2	1 900	84.9	46.2	413	6
瑞典	10	9 395			61.5	38.1	402	6
德国	9	12 068			94.1	16.1	792	2
西班牙	8	7 560			58.7	20.5	293	6
比利时	7	5 927			38.5	51.0	254	7
捷克	6	3 804			28.6	35.3	128	10
瑞士	5	3 278			24.4	35.9	189	11
匈牙利	4	1 889			14.8	45.9	110	2
斯洛伐克	4	1 816	2	880	14.4	53.8	144	7
芬兰	4	2 752	1	1 600	22.1	32.6	135	4
巴基斯坦	3	725	2	630	5.3	5.3	55	8
南非	2	1 860			12.4	5.1	56	3
墨西哥	2	1 530			8.4	4.7	41	11
罗马尼亚	2	1 300			10.6	19.4	21	11
保加利亚	2	1 906			14.9	31.6	153	3
巴西	2	1 884	1	1 245	15.2	3.1	43	3
阿根廷	2	935	1	692	5.9	4.7	68	7
伊朗	1	915			1.3	0.6	1	4
亚美尼亚	1	375			2.1	26.6	38	4
斯洛文尼亚	1	688			5.2	36.0	31	3
立陶宛	1	1 185			7.9	72.3	40	6
荷兰	1	482			3.7	4.4	68	0

续表

国家	运行中的反应堆		在建反应堆		2012 年核电发电量		截至 2012 年的总运行经验	
	机组数	总装机容量/MW	机组数	总装机容量/MW	发电量/TW·h	占总发电量的份额/%	年	月
阿联酋			1	1 345				
总计	437	372 069	67	64 252	2 346.2	15	15 246	9

注：①数据来源于 IAEA 动力堆信息系统，http：//www.iaea.org/PRIS/。②总计中包括中国台湾的下列数据：6 台机组在运，5028MW；2 台机组在建，2600MW；2012 年核发电量为 40.4TW·h，占到 19.0%；到 2006 年年底总运行经验 152 年零 1 个月。③总运行经验还包括意大利（81 年）、哈萨克斯坦（25 年零 10 个月）、立陶宛（43 年零 6 个月）和中国台湾（188 年零 1 个月）的已关闭核电站

各国核电在电力结构中的占比差距很大，从不到 2%到近 75%不等（图 4-2），核电在法国、斯洛伐克和比利时均占到超过一半的发电份额，法国核能发电所占比例最高，占到了全国发电量的 3/4。除伊朗外，在所有拥有核电站的国家中，中国核

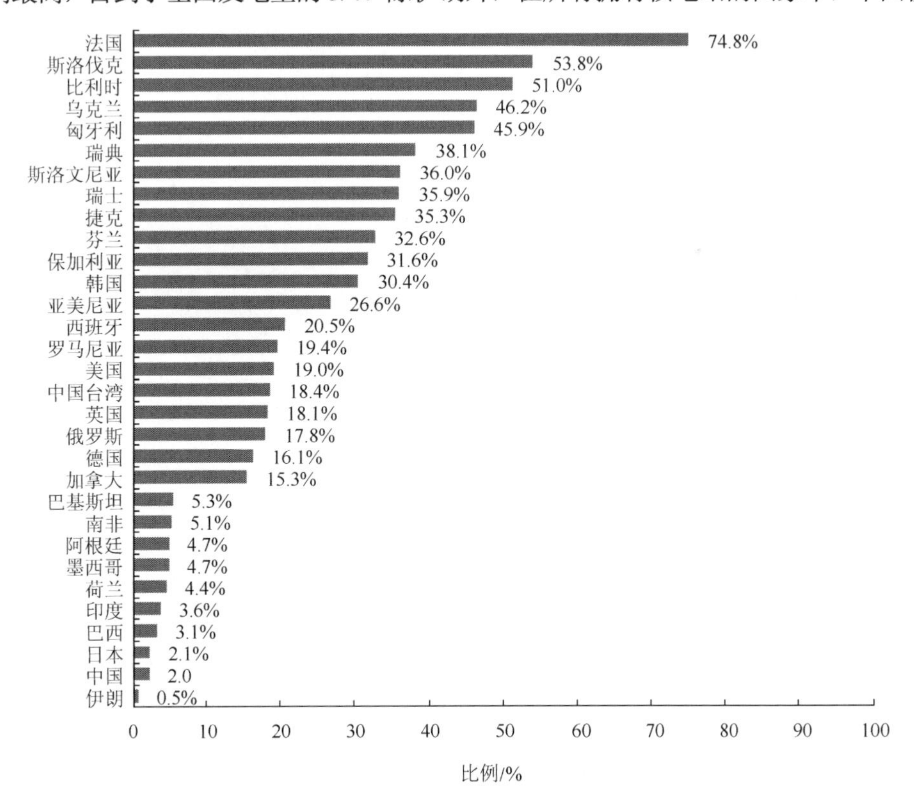

图 4-2　2012 年核电在各国和地区电力结构中占比

资料来源：IAEA，2013b

电所占比例最低，只有2%，这也表明核电在我国拥有很大的发展潜力。总体来说，核电为全球供应了约 11%的电力，为经济合作与发展组织（简称经合组织）国家供应了 19%的电力（图 4-3）。与燃煤发电相比，现有核电每年可避免产生 29 亿吨的 CO_2 排放，或约 24%的电力行业年排放量。

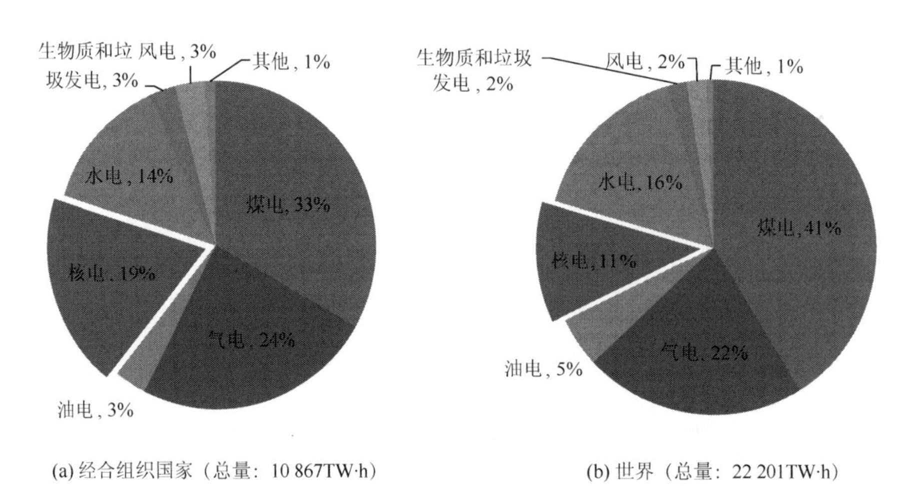

(a) 经合组织国家（总量：10 867TW·h）　　(b) 世界（总量：22 201TW·h）

图 4-3　2011 年世界范围内和经合组织国家电力生产结构

“其他”包括地热、太阳能、潮汐能和波浪能发电等

资料来源：IEA，2013b

第二节　关键技术与研究进展

自 1954 年全世界第一个核电站在苏联投入运行以来，人们为利用核能发电开展了大量的研发工作，特别是 20 世纪 60～70 年代开发了多种堆型。经过多年的发展与竞争，较成熟的核反应堆型大体已定型：正在运行的核反应堆中有 90%是水冷型。其中压水堆约占 63%，沸水堆约占 19%，重水堆占 11%，剩下 7%是气冷堆、轻水冷却石墨慢化堆以及快堆（图 4-4）。

按照目前的共识，将核电技术的发展分为四个阶段（又称四代），发展历程如图 4-5 所示。第一代早期堆（Gen I）是从 1950～1960 年前期开始运行的早期原型堆，有希平港压水堆、德累斯顿沸水堆以及镁合金石墨气冷堆等，现均已退役。第二代商用堆（Gen II）是指自 20 世纪 60 年代后期到 90 年代前期建造的反应堆，目前世界上正在商业运行的四百多座核电机组大部分是在这段时期建成的，发挥着世界核

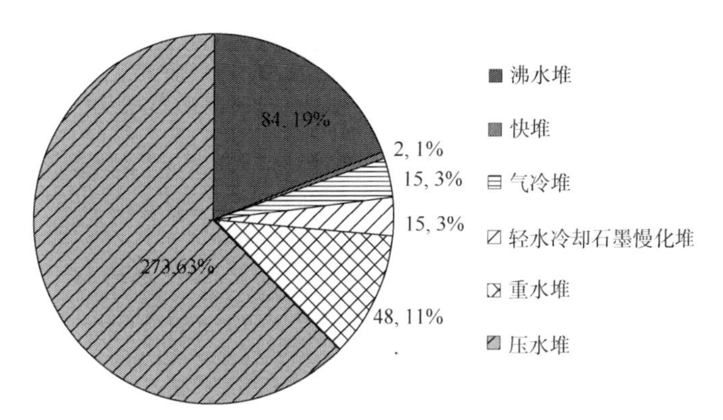

图 4-4　当前全球核能反应堆类型分布情况

资料来源：IAEA，2013a

电发电中坚力量的作用，有压水堆、沸水堆、重水堆等。第三代核电机组（Gen Ⅲ）是 90 年代发展的先进反应堆，这类机组有在第二代堆型的基础上改进的 CANDU6、System 80+、AP 600 等；另外，美国能源部为了达到在短期内实现实用化的目的，在 Gen Ⅲ基础上，还将经济性有更进一步提高的改进堆型作为三代加技术（Gen Ⅲ+），包括先进沸水堆（advanced boiling water reactor，ABWR）、先进压水堆（APWR）、欧洲压水堆（EPR）和美国西屋公司开发的 AP 1000 等。

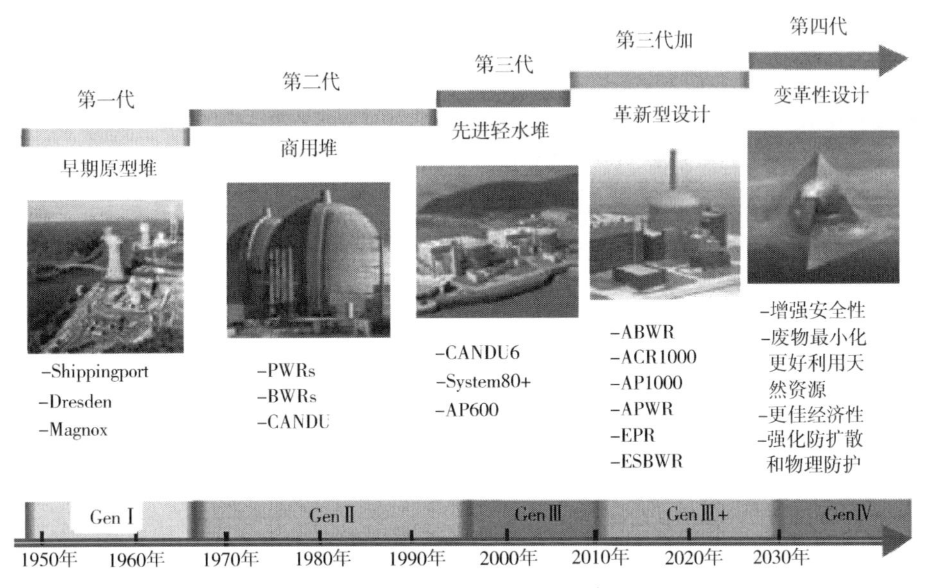

图 4-5　核电技术发展历程示意图

资料来源：OECD Nuclear Energy Agency，2008

第四代核能系统（Gen Ⅳ）是指 2030 年之后可以投放市场的新一代核能系统。它在可持续性、经济性、安全可靠性以及防扩散和物理防护等方面具有重大进展，包括：大幅提高燃料利用率；完善解决废物管理和最终处置问题；具有竞争力的全寿期成本和低融资风险，能与天然气火力发电竞争；系统高安全可靠运行，无需厂外应急；最大限度减少核材料的偷窃和转移以及增加对恐怖活动的物理抵抗。

一、第二代核电

20 世纪八九十年代以来，各国对现在正运行的第二代核电站为提高安全性和经济性而进行的技术改进取得了显著成效。以美国为例，在研究开发新型核电机组的同时，毫不放松对现在正在运行的第二代核电机组进行改进和提高效益。对这些机组的改进主要是从提高安全性，改善经济性、发挥机组设计裕量，提高额定功率、延长机组寿期三方面着手进行的。通过这些改进，核电机组的可利用率从 70 年代初的 60%左右提高到了现在的约 90%，寿命由 40 年延长到了 60 年，延寿后的发电成本降低至 1.88 美分/kW·h（陈勇，2007）。

二、第三代核电

第三代核电机组是目前新建核电的主流，以压水堆和沸水堆为主。

1. 压水堆

就压水堆而言，国际上比较成熟的第三代大型核电机组有 AP1000、EPR 和 System 80+三个型号。System 80+虽已通过美国核监管委员会（NRC）批准，但由于安全系统应用非能动太少，美国已放弃使用。美国西屋公司的 AP1000 和法国阿海珐公司的 EPR 虽都满足第三代核电机组的设计要求，但各有优缺点：EPR 的单机功率（约 1600MW）大于 AP1000 的单机功率（约 1100MW），但它的能动安全系统比传统的能动安全系统更加复杂，而 AP1000 采用的是非能动安全系统。两者具体设计参数如表 4-2 所示。

表 4-2　AP 1000 与 EPR 主要设计参数

主要性能	AP1000	EPR
热功率/MWth	3400	4250/4500
电功率/MWe	1117	1500/1600
堆芯冷却剂压力/MPa	15.5	15.5
堆芯冷却剂温度/℃	321	292.5/330
活性区长度/m	4.27	4.2
压力壳内径/m	3.99	4.87
燃料组件数/个	157	241
控制棒数/根	53	89
设计寿期/年	60	60

美国西屋公司设计的 AP1000 属于第三代革新型先进压水反应堆。AP1000 通过独特的非能动安全系统设计，使反应堆设计更加简单，堆芯熔化概率较第二代反应堆提高了两个数量级，提高了核电站的安全性和可靠性；实行模块化设计与建造，有利于提高核电站建造质量和标准化程度；配备行业最先进的全数字化仪表和控制系统，使核电站的运营更加简便。美国于 2012 年 2 月正式恢复中断了 30 年的核反应堆建设，将在佐治亚州和南卡罗来纳州建设 4 座 AP1000 核反应堆。中国也已引入 AP1000 技术，在浙江三门、山东海阳各建 2 台机组，作为实现第三代核电自主化的依托项目，预计首台机组将于 2014 年并网发电。

法国阿海珐公司开发的 EPR 在 1995 年年中确定作为法国新的标准设计。EPR 拥有革新性的设计并且有着所有轻水反应堆中最高的热效率，达到了 36%。它有望提供比现有轻水反应堆更低的发电成本，在 60 年服役年限中核电站可用率可达到 92%，属于第三代改进型先进压水反应堆。目前第国际上有两座 EPR 核反应堆正在芬兰和法国建设。中国已引入 EPR 技术，将在广东台山核电站建设 2 台机组，预计 1 号机组于 2014 年左右建成投入商业运行。

2. 先进沸水堆

第三代沸水反应堆主要有先进沸水堆和经济简化型沸水堆（economic simplified boiling water reactor，ESBWR）两种。ABWR 由美国通用电气公司（GE）与日本东芝公司和日立联合开发，是在世界范围内沸水堆设计和多年运行经验的基础上发展起来的第三代先进堆型，它基本符合国际上通行的核安全管理规定，基本满足美国用户要求文件（URD）对第三代先进轻水堆安全性、先进性、可靠性和经济性的要求。ABWR 也是一个完成了全部工程设计、并且有实际建造和运行经验的反应堆，目前已有四台机组在日本投入运行。中国台湾目前正在建造两台 ABWR 机组。ABWR Ⅱ型的开发计划于 1991 年开始实施，其目的是部分地通过增加功率和规模经济大幅度减少发电成本。

1992 年，美国通用电气公司开始设计自然循环的沸水堆，其特点是采用非能动的安全系统，电功率 670MW，称简化型沸水堆（SBWR）。这一开发计划后来转向设计一个大功率、经济规模的，采用成熟技术和 ABWR 设备的 ESBWR。ESBWR 是一种 1380MW、采用自然循环方式和非能动安全的沸水反应堆，由美国通用电气公司和几个国际电力公司、设计机构和研究组织共同开发。ESBWR 的设计基于自然循环和非能动安全特性，以提高核电厂的性能和简化设计。目前，ESBWR 还在接受美国核监管委员会（NRC）的评估。

三、第四代核电

2002 年 5 月，第四代核能系统国际论坛（GIF）在巴黎举行的研讨会上，选定了超临界水冷堆（SCWR）、超高温气冷堆（VHTR）、熔盐堆（MSR）、带有先进燃料循环的钠冷快堆（SFR）、铅冷快堆（LFR）和气冷快堆（GFR）等 6 种反应堆型的概念设计，作为第四代核能系统的优先研究开发对象。第四代核能系统开发的目标是要在 2030 年或更早一些时间创新地开发出新一代核能系统，使其在安全性、经济性、可持续发展性、防核扩散、防恐怖袭击等方面都有显著的先进性和竞争能力；它不仅要考虑用于发电或制氢等的核反应堆装置，还应把核燃料循环也包括在内，组成完整的核能利用系统。表 4-3 列出了 6 种第四代核能系统研究开发的主要时间节点及其研究开发所需的经费初步预算（DOE and GIF，2002）。

表 4-3　第四代核能系统

第四代核能系统	主要阶段的时间节点/年			研发预算/百万美元
	完成可行性论证	完成性能研究	完成实际验证	
气冷快堆	2013	2020	2025	940
钠冷快堆	2006	2016	2021	610
铅冷快堆	2015	2020	2025	990
超临界水冷堆	2015	2020	2025	870
熔盐堆	2014	2020	2025	1000
超高温气冷堆	2012	2016	2021	670

1. 钠冷快堆

SFR是用金属钠作冷却剂的快中子能谱反应堆，采用闭式燃料循环方式，能有效地管理锕系元素和U-238的转换。这种燃料循环采用完全锕系再循环，所用的燃料有两种：中等容量以下（150～500MWe）的SFR，使用铀-钚-次锕元素-锆金属合金燃料；中等到大容量（500～1500MWe）的SFR，使用混合氧化物（MOX）燃料。前者由在设施上与反应堆集成为一体的基于高温冶炼工艺的燃料循环所支持，后者由在堆芯中心位置设置的基于先进湿法工艺的燃料循环所支持，两者的出口温度都近550℃。一个燃料循环系统可为多个反应堆提供服务。

在所有第四代反应堆概念中，SFR具有最广泛的开发基础，因为美国、法国、俄罗斯、日本等国家已做了大量研究工作。1951年以来，SFR已在8个国家取得了390堆·年以上的运行经验。目前在役的SFR有俄罗斯的BN-600快堆和中国20MW实验快堆（CEFR），在建的包括俄罗斯的BN-800和印度470MW原型快中子增殖反应堆（PFBR）。

当前世界上SFR快堆发展得最好的是俄罗斯。俄罗斯商用快堆BN-600于1980年建成，成功运行30余年，截至2012年年底发电量已超过116TW·h，平均负荷因子达到74%，其电价可与当地煤电竞争。更大容量的BN-800计划于2014年年底开始运行，已于2014年3月完成燃料装载并还在设计1200MW的BN-1200。

GIF成员国从2007年开始相继签署了4个项目安排协议，包括先进燃料协议（欧、法、日、韩、美）、全球锕系元素循环国际示范协议（法、日、美）、组件设计与系统平衡部件协议（法、日、韩、美）和安全性与运行协议（法、日、韩、美、中、欧、俄），旨在通过使用先进再处理和快堆技术研究闭合燃料循环（GIF，2012a）。

2. 铅冷快堆

第四代核能系统的LFR概念是采用铅或铅-铋共熔低熔点液态金属冷却的快堆。燃料循环为闭式，可实现铀-238的有效转换和锕系元素的有效管理。LFR采用完全锕系再循环燃料循环，设置地区燃料循环支持中心负责燃料供应和后处理。可以选择一系列不同的电站容量：50～150MW级、300～400MW级和1200MW级。燃料是包含增殖铀或超铀在内的金属或氮化物。LFR采用自然循环冷却，反应堆出口冷却剂温度为550℃，采用先进材料则可达800℃。在这种高温下，可用热化学过程来制氢。

基于8艘核潜艇和2个地面设施80堆·年的运行经验，俄罗斯研制出一种小型池式多功能铅-铋冷却75/100MW的SVBR反应堆设计。冷却剂的自然循环足以保证反应堆排除衰变热，不会使堆芯过热。该设计适用不同类型的燃料（氧化铀 MOX 燃料、氮化物燃料）。该反应堆可在工厂整体制造，运抵现场后就处于待机状态。它可运行 8～10 年，然后在堆芯置于冻结冷却剂的情况下返还供货国。

作为大型 LFR，俄罗斯正在开发中的 Brest 型反应堆概念可作为参考概念。已开发出使用一氮化合物燃料的 300MW 和 1200MW 设计。俄罗斯计划在别洛雅尔斯克（Beloyarsk）建造一座 Brest 300 示范厂。这些反应堆的现有问题主要与冷却技术和结构材料腐蚀有关。

美国提出了两种长寿期、防扩散的 LFR 设计概念：①50MW 铅－铋冷却密封核热源（ENHS）；②10～100MW 铅合金冷却小型安全可移动独立反应堆（SSTAR）。

3. 气冷快堆

第四代核能系统的 GFR 概念为氦气冷却、闭式燃料循环快中子堆，设计热功率为 600MWth，电功率为 288MWe，冷却剂入口温度约为 490℃，出口温度约为 850℃，压力约为 9MPa，采用氦气布雷顿（Brayton）循环，热效率达 48%以上。由于冷却剂出口温度较高，也可为热化学制氢等提供工艺热能。GFR 采用棱柱型或球床布置的快中子堆芯，可使用多种燃料，如复合陶瓷燃料或陶瓷包裹的锕系元素混合物燃料，可在高温下运行并长期保持裂变产物，所有锕系元素都进行再循环，以有效利用裂变和增殖材料，并将长寿命高放射性废物降至最低，具有可持续发展能力。

法国计划开发一座用气体作载热体的快中子燃料全循环反应堆（GFR 系统），在 2030 年前后开发出一种能够优化利用核燃料潜能、减少生产长寿命放射性废物的技术。这种废物毒性会明显降低，几百年后可降到铀矿石的毒性水平，这是 GFR 系统希望达到的目标。为了验证 GFR 的关键技术问题，法国计划在 2017 年前后开始运行一座热功率为 50MWth 的试验堆。

4. 超临界水冷堆

SCWR 是运行在水的临界点（374℃，22.1MPa 以上）的高温、高压水冷堆。SCWR 核电机组的汽轮机工作介质是超临界水，直接来自反应堆，它同时也就是反应堆的堆芯冷却剂。SCWR 的参考堆热功率 1700MWth，其反应堆出口（汽轮机进口）处的压力约 25MPa，温度约 510～550℃。机组热效率可高达 44%～45%，因其水介质不改变相位，故无压水堆、沸水堆之分。SCWR 不需要蒸汽发生器、汽水分离器等设备，从而使配套系统和设施明显简化。据估算，由于 SCWR 系统显著简化和热效率的提高，电站造价和发电成本将显著降低，每千瓦造价约 900 美元，每 kW·h 电价约 2.9 美分。SCWR 堆芯核燃料为氧化铀芯块，包壳采用耐高温的高强度镍合金或不锈钢。冷却剂平均密度较低，可设计为快中子堆，如设计为热中子堆需要专门设置其他慢化剂。与之对应，堆芯设计有两种方案：热中子谱方案和快中子谱方案，但目前主要倾向于热中子反应堆设计。相应的其燃料循环有两种形式：一种是起源于如今水冷反应堆，在热中子能谱反应堆中使用的开放直流式燃料循环；另一种则是在快中子能谱和全锕系元素循环中使用的闭合燃料循环。

目前水冷堆技术方案都具有如下共同特点：①采用超临界轻水作冷却剂，热效率明显高于现在运行的 LWR，可高达约 45%；②超临界水的比热容高，使单位堆芯功率的冷却剂质量流量大大降低（约为 BWR 的 1/8）；③超临界水的低密度导致堆内冷却剂总装量减少，这样使得在失水事故条件下安全壳载荷降低，并使设计小安全壳成为可能；④由于正常运行工况下冷却剂不存在两相，没有沸腾危机问题，排除了堆芯传热状态的不连续性（李满昌和王明利，2006）。

5. 超高温气冷堆

VHTR 是在高温气冷堆的基础上发展起来的，但运行温度显著提高。第四代核能系统的概念为石墨慢化、氦气冷却、铀燃料一次通过循环方式（也可采用闭式燃料循环）的热中子反应堆。其燃料温度达 1800℃，冷却剂出口温度可达 1500℃。VHTR 具有良好的非能动安全特性，热效率超过 50%，易于模块化，经济上竞争力强。VHTR 以 1000℃的堆芯出口温度供热，这种热能可为热化学制氢、海水淡化、石化等用途提供工艺热，或直接驱动氦气轮机发电。参考堆的热功率为 600MWth（球床堆芯时为 400MWth），堆芯通过与其相连的一个中间热交换器释放工艺热。VHTR 采用碳化锆包覆颗粒燃料，全陶瓷材料的反应堆堆芯。VHTR 的堆芯有两种主要的类型：一种是采用球形石墨燃料元件堆积成球床堆芯；另一种采用石墨柱形燃料元件，构成石墨柱形堆芯。

国际上高温气冷堆的研究始于 20 世纪 60 年代，到 80 年代中期完成了 3 座实验堆电站和 2 座示范堆电站的建设。目前，国外高温气冷堆研究主要有如下几种。

美国和俄罗斯联合设计的燃气轮机横块化氦冷反应堆（GT-MHR），这一设计提出的初衷是为了烧毁军用钚，但堆芯燃料可以用铀等替代，这将为长期发展奠定良好的基础。GT-MHR 反应堆实际是 MHTGR-350 的延续发展，反应堆热功率由 350MWth 提高到 600MWth。此设计采用环形堆芯设计和棱柱型燃料元件，利用直接循环氦气透平机组发电。

日本建造的一座 30MW 高温气冷实验堆（HTTR）采用棱柱型燃料元件，于 1998 年开始运行，氢生产装置的安全试验和耦合工作正在继续进行。建造一座 300MWe 原型动力堆的问题也在考虑之中。

南非设计的球床模块化反应堆（PBMR）反应堆实际上是德国 HTR-Module 的延续发展，采用球型燃料元件，反应堆热功率由 200MWth 提高到了 400MWth，是球床高温堆-直接循环氦气轮机发电站。

6. 熔盐堆

第四代核能系统的 MSR 概念采用超热中子能谱和为有效利用钚和次锕系元素燃料而设计的闭合燃料循环，将铀、钚及其他锕系元素熔入高温熔融的钠、锆的氟化盐作为燃料和冷却剂，采用石墨慢化剂。当熔盐燃料流入堆芯时，发生裂变反应释热，流出堆芯时载热出堆，经一级换热器将热量传给二回路熔盐冷却剂，熔盐燃料经净化后流回堆芯。二回路非放射性熔盐将一级热交换器的热量转移给以氮或氦为冷却剂的高温 Brayton 循环，将热能转换为电能。MSR 中子经济性好，有利于燃烧锕系元素并得到较高的增殖系数，其设计电功率为 1000MWe，冷却剂压力很低（<0.5MPa），沸点高达 1400℃，具有被动安全性，冷却剂出口温度约为 700～850℃，效率达 45%～50%，具备为制氢工艺提供热能的潜力。MSR 可使用多种燃料循环（如钍和铀-233 循环和锕系循环等），在运行过程中，裂变产物被不断在线净化，同时添加新燃料或钚和其他锕系元素。

最近的创新型设计包括一个由日俄美联盟研发而成的 100MW 富士（FUJI）反应堆。它可以以近增殖方式运行。富士反应堆燃料循环极具吸引力的特征包括强放射性的废物实际仅由裂变产物构成，所以废物具有更短周期的放射性。并且它还仅有少量的核武器级别的裂变材料，低程度的燃料使用和被动的安全设施等特征。

第三节　国际研究现状与发展

美国、法国、日本以及俄罗斯是世界核电大国，核电技术也处于世界先进水平。他们对核电政策的调整，影响着世界核电的发展走向。此外，亚洲的韩国和印度发展核电的决心也很强烈。下面将介绍上述国家核电的相关政策计划及技术研发状况。

一、美国

美国是最早开发核电技术的国家之一，也是大规模将核电推广使用的国家，为核电在世界范围的应用奠定了基础，其核反应堆数量、装机容量以及核发电量均居世界第一位。截至2012年年底，美国有104座核反应堆在运行（压水堆69座，沸水堆35座），分布在美国的31个州（图4-6），核电装机容量突破了100GW，2012年核发电量达到了770TW·h，占其总发电量的近20%，仅次于煤电（37%）和气电（30%），是美国第三大电源。美国核电产业具有以下特点：核电站规模庞大，运营专业化水平高，产业竞争力强，核电政策不断革新、支持力度不断增强。美国大规模建造核电站时期是在20世纪60～70年代，自1979年三哩岛事故之后，美国30多年未批准新建核电项目，主要通过延长运行寿命、提高功率、提高容量因子来发挥已有核电站的能力。2012年2月9日，美国核监管委员会批准在佐治亚州Vogtle核电站新建两座核反应堆，采用西屋公司AP1000修订版设计堆型，这是30年来美国首次核准新建核反应堆，标志着美国核电产业的复兴。

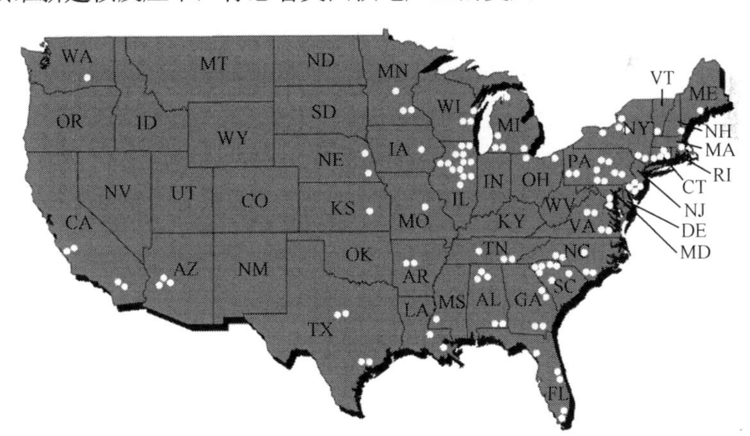

图4-6 美国运行中的核反应堆分布图

图中每个白点代表一个核反应堆

资料来源：EIA，2012

虽然美国的国内核电市场从20世纪70年代以后一直不景气，但美国的核电供应商确信未来全世界的核电市场前景光明，在提高安全性和经济性方面不遗余力。

此外，美国在开发核电新技术方面，一直居世界领先地位。美国不仅开发了第三代核反应堆：先进沸水堆、改进式先进压水堆（System 80+）和非能动先进压水堆（AP1000），还牵头组织第四代核能系统国际论坛，并着手进行多方面核电研究工作。

美国奥巴马总统上台后制订了庞大的新能源发展计划，核电是美国重点发展的能源之一。他在2011年美国联邦政府财政预算报告中将用于建设核电站的政府贷款担保额度在原有的基础上增加了两倍，达到540亿美元。其中佐治亚州Vogtle核电站两个AP1000核反应堆的建设将获得83.3亿美元贷款担保。除支持重启核电建设外，奥巴马政府还大力支持先进核电技术的研发及后备人才的培育，采取措施包括：①建立大学、产业界和国家实验室共同参与的核电创新中心，利用超级计算机建立虚拟模型，推动核反应堆在设计和工程方面的重大突破；②推动超高温气冷堆、小型模块式反应堆等先进堆型的发展，能够为美国制造业和技术出口带来重要机遇；③在上台三年时间内投入1.7亿美元用于大学核电研究和下一代核科学家和工程师的培养，资助了超过70所大学，研发活动涵盖从先进反应堆概念到增强的安全性设计。

二、法国

法国的核电工业起步于20世纪70年代，目前有58座反应堆运行（全部是压水堆），装机容量超过63GW，发电量占其总电量的近80%，是世界第二核电大国。其核电发展走的是先从美国引进成熟的核电技术，经过消化吸收改进，进而独立发展走向标准化、批量化的道路。

法国的核电机组数量虽然与美国相差许多，但是，由于法国的机组大多是在1980年以后建设的，所以法国拥有世界上新一代容量最大、技术最先进的核电机组。而且，法国的核电建设成本为世界平均投资水平的一半、运行成本也比美国低40%。显然，核电在法国电力及能源中占据重要位置，为法国经济发展及良好的生态环境做出了重要贡献。另外，法国电力公司每年净出口电力达72TW·h，是欧洲第一大电力出口公司、世界第二大电站出口商。法国通过向国外出售核电反应堆、核燃料循环产品及相关服务，每年为法国赚取280多亿法郎。法国之所以能够在较短的时间内建设50多座核电机组并没有出现过重大安全问题，重要原因之一在于法国的核电机组虽有多种不同系列，但都有统一的安全和运行标准，实现了机组的标准化和系列化，并采用总体工程管理模式。标准化的先进技术加上研发、设备制造、生产运营及安全监督的统一协调管理是法国核电产业的特色。例如，法国原子能委员会（CEA）全面负责全国核电战略、整体规划和研究开发；阿海珐集团负责从核燃料的前端提取生产到核电站设备的研究、设计和制造，直至核废料的后处理和储存等一体化运作；而法国电力公司则作为政府授权的唯一核电运营商专门负责核电站的运营、管理、销售和售后服务。早在 20 世纪 60 年代就成立的核管理局除制定核安全规则之外，最重要的是担当核电“警察”，行使监督核设施运行安全的职责。2002 年法国在核管理局的基础上又扩建成立了国家核安全与辐射防护总局，增加了对放射性废料长期监管的职能。

由于拥有先进的技术和丰富的核电运行经验，法国早已开始抢占世界巨大核电市场。在非洲和西亚，法国已经与摩洛哥、阿尔及利亚、利比亚、阿联酋等非洲国家签署了核电合作协议。在亚洲，阿海珐集团和中国广核集团 2007 年签署了一揽子总价值 80 亿欧元的民用核电合作协议，除了提供 2 座 EPR 核反应堆，还包括组建合资公司、购买铀矿产能等。法国还与印度签署了从基础和应用研究到包括反应堆、燃料供应与管理在内的全面民用核电合作协议。

此外，法国已成功进入美国核电市场：2007 年 7 月，法国电力公司与美国星座能源公司签署一项合作协议，双方各出资 50%成立一家合资公司，负责管理将由法国阿海珐核电公司与美国星座能源公司合作建立的 4 座第三代核电站（US-EPR）的开发和运行。

三、日本

截至 2012 年年底，日本在运的核反应堆为 50 座（沸水堆 26 座，压水堆 24 座），总功率为 44.2GW，2 座机组在建（沸水堆）。大规模开发利用核电使得日本的能源自给率由原来的 4%上升到 18%左右，提高了约 14 个百分点，是世界第三核电大国。但 2011 年福岛核事故爆发后，核电在日本国内的地位受到重创，福岛第一核电站 4 座沸水反应堆关停退役，其余核电站一度全部停运检查，日本核电发电量占比也从事故前的 30%降至 2012 年的仅 2%。日本前野田佳彦内阁还在 2012 年“能源环境创新战略”中提出了 21 世纪 30 年代实现零核电的目标，但现任首相安倍晋三上台后开始重新制定核能战略，日本核能政策未来还面临着不确定性。

核电在日本经济社会发展过程中发挥着不可替代的重要作用。但日本国内核原料的天然储备十分有限。为满足核电站的原料供应，多年来日本政府在核原料进口、核电技术的研发领域投入了巨额资金，不惜斥巨资从美国、法国和澳大利亚等国购入核原料，增加核原料的储备。从 20 世纪 70 年代开始，日本就大量组织各种团体，以各种名义向世界各地派遣事业调查团，收集包括铀资源在内的各类资源信息，积极在海外寻找铀资源，并将铀资源海外开发作为日本核燃料循环的重要战略决策。目前，日本有 5 家海外铀资源开发公司，它们是：日本海外铀资源开发公司、日本-澳大利亚铀开发公司、出光铀勘探加拿大公司、日本东京电力资源公司、日本-加拿大铀公司。在日本政府的大力扶持下，上述5家公司通过与国际可靠、稳定的供应商签订长期合同，以及与世界知名铀矿业公司进行合作开发等方式，确保了铀资源的安全与稳定供应。在大量进口核原料的同时，日本还十分注重核废料的后处理和再利用。自1993年开始，日本斥资2.14万亿日元（约合190多亿美元），在青森县建立了世界上最大的核废料后处理工厂。该工厂于2005年建成，2007年投入商业运营，年处理核废料能力可达800吨，每年还可从核电站使用过的核废料中提炼5～8吨钚。

在发展中国家的大规模核电建设将世界核电产业带入到复苏发展阶段之时，日本敏锐意识到其中蕴藏着价值数千亿美元以上的市场，在政府支持下，以技术实力为武器的日本核电企业迅速调整国际发展战略，通过收购、合并业务以及结成战略联盟等手段，形成了以日本企业为主的国际核电技术市场三足鼎立的局面：日本东芝-美国西屋、日本日立-美国通用、日本三菱-法国阿海珐（图4-7）。可以说，日本企业已迅速抢占了核电市场竞争的制高点，对全球核电市场产生巨大影响力，虽然日本国内核能政策面临不确定性，但在推进核电技术出口方面却

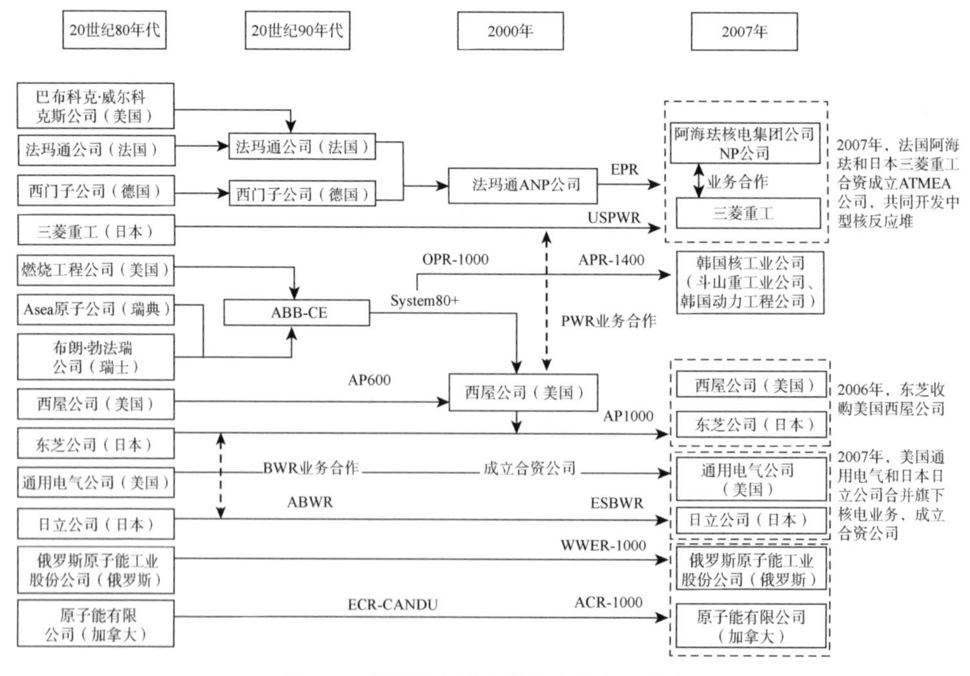

图4-7 世界核电设备供应商的发展演变

资料来源：IAEA，2008.

是不遗余力。为加快向国际市场扩张，日本政府支持东芝、日立及三菱三大厂商与日本国内电力公司及产业革新机构成立了“国际原子能开发组织”，主要为新兴市场国家引入核能发电提供解决方案，日本官民合作加快技术输出。

四、俄罗斯

俄罗斯是最早发展核电技术的国家之一，目前有33座反应堆正在运行（压水堆18座，石墨慢化型水冷堆14座，快中子增殖堆1座），装机容量23.6GW，10座反应堆在建（压水堆9座，快中子增殖堆1座），核电发电量约占其总电量的18%。

俄罗斯核电技术走独立自主开发道路，主要发展了石墨沸水堆和压水堆（VVER）两种商用反应堆技术。俄罗斯在快堆开发上处于国际领先地位，其建设的世界最大功率钠冷快堆BN-600已投运30余年，并还在建设BN-800。此外，以船用核动力反应堆开发经验为基础，俄罗斯已于2007年开始建设世界上第一座浮动式核电站，建在一艘长144米、宽30米的巨轮上，共有两个装机容量均超过70MW的反应堆（KLT-40），使用年限为40年，可为大型工业项目、港口城市、海上油气钻探平台提供能源，并能用于海水淡化。这一核电站将在2016年投入使用，俄罗斯还计划向国外出口。

核电产业已成为俄罗斯的支柱产业之一，俄罗斯寄希望于通过核电的海外扩张改变俄罗斯依赖油气出口的单一经济模式。相关数据显示，俄罗斯在2022年前的国外核能订单已达到693亿美元。福岛核事故后的两年多时间里，俄罗斯和不同国家签订了建设9台机组的初步协议，目前签订的国外订单共有19台机组（杨金凤等，2013）。俄罗斯面对核电复苏的态势，采取了强化国家核电工业体系，提高国际竞争力，巩固和发展其国际核电市场地位的政策。俄罗斯于2006年开始改革国内核工业，将俄罗斯原子能署下属的所有民用核工业企业合并，包括核燃料的生产商和供应商俄罗斯核燃料产供集团（TVEL）、国有铀贸易商俄罗斯技术装备出口公司（Tenex）、负责执行与在国外建设核设施有关的政府间协议的主要机构俄罗斯原子能建设出口公司（Atomstryexport）以及俄罗斯原子能公司（Rosenergoatom），仿照法国阿海珐的模式（包括核电站和核燃料循环），组建一个具备国际竞争力的大型国有公司Atomprom。而原子能署将负责总体管理所有的核电生产、铀生产与浓缩，以及核电厂建造和出口。

俄罗斯把国际核电市场发展的主攻方向定在发展中国家，特别是处于经济发展起飞期的国家。首先是针对已有合作建设核电项目的中国、印度、伊朗等国家，巩固和扩展合作的规模。其次是利用原有的合作关系，把原苏东国家发展核电作为核电站出口的重要方向。最后，俄罗斯也着力加强与发达国家的合作。俄罗斯与美国、澳大利亚、意大利均签署了有关核电合作协议。

五、韩国

韩国是核能行业的后起之秀，第一座核电站于 1978 年才投入商业运行，但发展速度很快。截至 2012 年年底，韩国运行中的核反应堆已经达到 23 座（压水堆 19 座，加压重水堆 4 座），核电装机容量达 20.7GW，已排名世界第五，并还有 5 座反应堆（压水堆）在建，核电发电量占比达到 30%。

由于国内资源匮乏，韩国把核电作为满足电力需求的一个重要来源，而核电技术自主化是韩国几十年来始终追求的一个目标，短短 30 余年时间，韩国就实现了从核电站交钥匙引进到先进核电技术输出的巨大转变，这也是韩国政府组织国内设计、研究、制造单位实行自主化战略成功的标志。韩国的核电计划启动于 20 世纪 60 年代，先后引进了法国压水堆核电站、加拿大 CANDU 重水堆核电站和美国 System 80 型核电站，都由外国厂商总包设计，韩国自己只分包一些部件制造（来图加工），以致到 80 年代中期已有 10 套机组运行发电，但仍无自主能力。韩国政府认识到了这点，决心依照法国模式，组织国内设计、研究、制造单位实行自主化战略，最终开发出先进压水堆 1000MW 的 OPR-1000 和 1400MW 的 APR-1400，形成了自主技术品牌，并正在开发先进的三代加核电技术 APR+。韩国国内已有 11 座 OPR-1000 反应堆投入商业运营，4 座 APR-1400 反应堆在建，并且在 2009 年年底赢得了约 200 亿美元的阿联酋民用核能项目合同，将为其设计并建造 4 座 APR-1400，成为世界上第 6 个核能出口国。韩国正在开发的三代加 APR+是一种可供出口的更先进的核电设计，其电功率达到 1500MW，安全水平是 APR-1400 的 10 倍，经济性比其高出 10%，施工周期进一步缩短到 36 个月。

2011 年 11 月，韩国政府审查并通过了第四个《核能振兴综合计划》，计划将核电事业扶持成为下一代主要的出口产业，到 2030 年使韩国成为世界第三大反应堆出口国，占有 20%的世界核电市场份额。

六、印度

由于印度国内能源需求的迅速增加以及世界石油市场的动荡，为确保能源安全，印度将发展核电作为 21 世纪能源战略的重要组成部分。截至 2013 年 10 月，该国在运的核电反应堆有 21 座（加压重水堆 18 座，压水堆 1 座，沸水堆 2 座），总装机容量为 5308MW，在建 6 座（加压重水堆 4 座，压水堆 1 座，快中子增殖堆1座），核电发电量占比约为3.6%，高于中国。

印度早期核电站的运行业绩差强人意，长期以来能量利用率不超过50%，一度被人怀疑其掌握核电的能力。但从20世纪90年代以来，印度核电技术有了很大提高，现能量利用率已达到77%。印度政府为了应对迅速增长的电力需求，计划到2050年，核能发电能力达到目前的12倍，成为世界最大的核电生产国，核电产能达到47GW，核电发电量占比达到25%。

由于快速增长的能源需求，印度的核政策是尽快开发和采用以印度储量丰富的钍作为燃料的闭合燃料循环。其为核电利用制订了三个阶段的发展计划：第一阶段是建造以天然铀为燃料的加压重水堆；目前正在开展的第二阶段是研制先进重水堆（AHWR）和快中子增殖堆（FBR）；第三阶段是建造钍-铀-233燃料反应堆，并拥有先进燃料制造厂。目前印度已设计完成300MW的AHWR，使用钍-铀-233和钚-钍混合氧化物作为燃料，拟在2017年前后建成首座商用电站。此外，印度在快堆技术开发方面也取得了一些成绩，1985年在卡尔帕卡姆（Kalpakkam）建成了第一座40MW快中子增殖实验堆（FBTR），标志着印度步入了快中子增殖堆国家俱乐部。基于FBTR的经验，印度又开发了一座500MW快中子增殖原型堆（PFBR），该堆是采用钚和贫铀氧化物燃料的池式钠冷反应堆，使用钍来实现增殖，目前正在建设中，计划在2014年9月之前达到临界状态。印度还将耗资960亿卢比在卡尔帕卡姆建立核燃料循环设施，为70千米外的PFBR提供核燃料。建成之后，该设施可处理PFBR中装载的全部181个燃料棒束的2/3。

第四节　我国核裂变发电技术发展现状与方向

一、发展现状

中国核电发展是在“以我为主，中外合作，引进技术，推进自主化”的方针指导下，采用成熟的先进技术，统一技术路线，自主化、标准化、系列化发展，逐步形成了具有较高水平和较大规模的核电产业。民用核电发展自20世纪70年代才开始起步。从20世纪80年代开始，中国先后自主设计和建造了秦山一期300MW和秦山二期4×600MW压水堆，岭澳二期2×1000MW压水堆，宁德一期1000MW压水堆和红沿河一期1000MW压水堆；引进法国技术，建设了大亚湾2×900MW和岭澳一期2×900MW机组；引进加拿大技术，建设了秦山三期 2×700MW 重水堆机组；引进俄罗斯技术，建设了田湾 2×1000MW 压水堆机组。此外，中国还向巴基斯坦出口了两座 300MW 压水堆核电站。截至 2013 年 10 月，中国先后有 18 座核电反应堆投入运行（压水堆 15 座，加压重水堆 2 座，快中子增殖堆 1 座），总装机容量为 13.9GW；在建和已批准开工建设 30 座（29 座压水堆，1 座高温气冷堆），预计装机容量近 30GW，在建规模达到世界最大，接近全球在建规模的一半。2012 年我国核发电量 982TW·h，约占全国总发电量的 2%。

百万千瓦级大型先进压水堆将是中国近期核电发展的主力堆型，通过系列化开发与批量化建设，形成具有国际竞争力的核电产业。我国已基本形成百万千瓦级核电站设计自主化和设备制造国产化能力，但技术水平还属于国际上第二代压水堆核电的水平。国内在法国阿海珐 M310 技术版本基础之上，目前拥有自主研发的两个二代改进型核电技术品牌：中国核工业集团公司 CNP1000 和中国广核集团 CPR1000。

中国在 2007 年成立了国家核电技术公司，作为实现第三代核电技术引进、工程建设和自主化发展的主要载体和研发平台，引进美国西屋公司的 AP1000 技术作为中国第三代核电自主化依托工程。第三代先进核电技术的引进、消化、吸收和自主化工作将分为三个层面，分别是设计技术、设备制造技术和工程项目管理技术。其中，设计技术是 AP1000 技术引进的重点，具体分三步走：第一步，依托工程四台机组的核岛设计由外方负责、中方参与，并向国内指定用户进行受让技术的推广应用；第二步，从第五台机组开始，外方提供技术咨询，以中方为主进行设计，实现 AP1000 自主设计的目标；第三步，结合对 AP1000 核心技术的消化吸收，组织精干的设计队伍，与国家大型先进压水堆示范工程项目相结合，设计和建造自主品牌的大型非能动先进压水堆核电站，达到消化吸收再创新的目的。在设备制造技术的引进和消化上，目前已基本确定了关键设备的国产化方案。其中，压力容器、堆内构件、驱动机构、蒸汽发生器、主管道等关键设备将在依托项目后两台机组上实现国内制造。在工程项目管理技术方面，计划组建由西屋联合体、国家核电技术公司、项目业主三方组成的联合项目管理机构来建造管理依托项目。根据初步计划，联合项目管理机构总部将设在上海，在浙江三门和山东海阳设置两个现场项目管理机构，负责依托项目两个厂址建设项目的管理。在国产化路径方面，四台百万千瓦级核电机组的国产化率分别为 30%、50%、60%和 70%，平均为 50%。从第五台机组开始，基本实现国产化。

二、发展方向

中国政府 2012 年 10 月正式通过的《核电中长期发展规划（2011—2020 年）》确定“安全高效发展核电”的战略选择，提出了未来 10 年的发展目标：2015 年在运核电装机达到 4000 万千瓦，在建 1800 万千瓦；到 2020 年在运核电装机达到 5800 万千瓦，在建 3000 万千瓦。我国核电在建规模已排名世界第一，远远领先于其他国家。在此需要清醒地认识到，我国核能基础研究薄弱，技术储备不足，对长远发展目标和路线图的论证还不够深入，全产业链各个环节的发展尚未协调配套。必须谨防核电“井喷”式的过快发展，必须高度强化风险意识，努力夯实各方面的基础，以百年大计、稳扎稳打的战略发展核电。在强化现有第二代技术的改进与第三代技术的引进消化再创新的同时，重点致力于未来第四代核能系统的研究与开发。

中国第四代核能系统研究主要集中在高温气冷堆、钠冷快堆和钍基熔盐堆三种堆型。高温气冷堆作为新能源重点攻关项目列入“863”计划并于 1992 年经国务院批准立项，由清华大学核能院作为项目实施主体，负责 10MW 模块式高温气冷实验堆（HTR-10）一期工程的研究开发，并于 2000 年 12 月成功建成达到临界，2003 年 1 月达到满功率运行并网发电。在 10MW 高温气冷堆成功运行后，清华核能院已经完成电功率 200MW 球床模块式高温气冷堆（HTR-PM）的方案设计。高温气冷堆核电站 2006 年被列为作为国家科技重大专项，其目标是以已经建成运行的 10MW 高温气冷实验堆为基础，攻克高温气冷堆工业放大与工程实验验证技术、高性能燃料元件批量制备技术，建成具有自主知识产权的 200MW 级模块式高温气冷堆商业化示范电站。2006 年 12 月，中国华能集团、中国核工业建设集团、清华大学正式组建成立华能山东石岛湾核电有限公司，负责投资、建设、运营石岛湾核电站 200MW 高温气冷堆核电示范工程。该工程已于 2012 年 12 月正式开工建设。

中国快堆基本战略是以钠冷快堆为主线，技术研究开始于 20 世纪 60 年代中期，1987 年纳入国家“863”计划。中国原子能科学研究院自主研发了一座热功率 65MWth、电功率 20MWe 的中国实验快堆（CEFR），2010 年 7 月建成达到首次临界，2011 年 7 月成功实现并网发电。中国实验快堆的特点是：①采用液态钠作冷却剂，钠有良好的热工物理特性，沸点高达 883℃，主冷却系统可在低压下运行，不存在失压危险；②采用一体化池式结构，一回路钠主要部件置于堆容器内，热容量大，抗热冲击能力强，减少了一回路钠泄露的风险，外有保护容器，无失冷危险；③采用铀-钚混合燃料，为未来的热堆-快堆燃料耦合循环做准备。

中国科学院在 2011 年将钍基熔盐堆核能系统项目列为战略性先导科技专项之一正式实施，依托上海应用物理研究所成立中国科学院钍基熔盐核能系统研究中心。其战略性目标是通过 20 年左右的研究工作，解决钍铀燃料循环和钍基熔盐堆相关重大技术挑战，开发第四代裂变反应堆核能系统——工业示范级钍基熔盐堆系统，实现钍资源的有效使用和核能的综合利用；所有技术均达到中试水平并拥有全部的知识产权；培养出一支规模千人以上、学科和技术门类齐全、年龄分布合理、整体居国际领先水平、具备工业化能力的钍基熔盐堆核能系统科技队伍；建成世界级钍基熔盐堆核能系统研究基地（包括基础研究基地和中试研究基地）。项目分为三个阶段（图 4-8）。

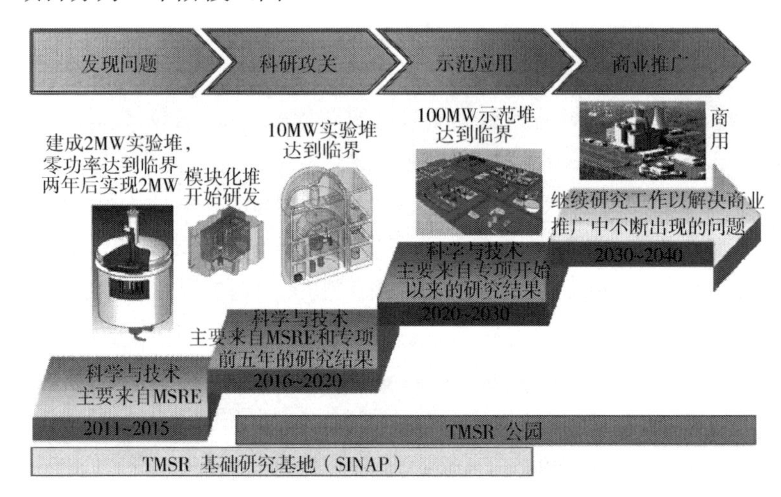

图 4-8　中国科学院钍基熔盐堆核能系统项目发展路线图

资料来源：中国科学院上海应用物理研究所，2011

2011～2015 年起步阶段：建立完善的研究平台体系、学习并掌握已有技术、开展关键科学技术问题的研究；工程目标是建成 2MW 钍基熔盐实验堆并在零功率水平达到临界。

2016～2020 年发展阶段：建成钍基熔盐堆中试系统，全面解决相关的科学问题和技术问题，达到该领域的国际领先水平；工程目标是建成 10MW 钍基熔盐堆并达到临界。

2020～2030 年突破阶段：建成工业示范性钍基熔盐堆核能系统，并解决相关的科学问题、发展和掌握所有相关的核心技术，实现小型模块化熔盐堆的产业化；工程目标是建成示范性 100MW（e）钍基熔盐堆核能系统并达到临界。

第五章

太阳能热发电

第一节 概 况

除光伏发电外，太阳能热发电（concentrating solar power，CSP）技术是另一种可能实现太阳能大规模利用的形式之一，但CSP商业化程度还未达到太阳能热水器和光伏发电的水平。CSP示范运行始于20世纪80年代，90年代后停滞不前，2006年开始复苏。截至2012年年底，全球太阳能热发电装机总量为2550MW（图5-1），其中95%以上位于西班牙（1950MW）和美国（507MW），中东、北非、澳大利亚、智利等太阳能直射辐射资源丰富的国家和地区已开始规划未来发展。从2007年到2012年，全球太阳能热发电装机容量年平均增长率接近43%。

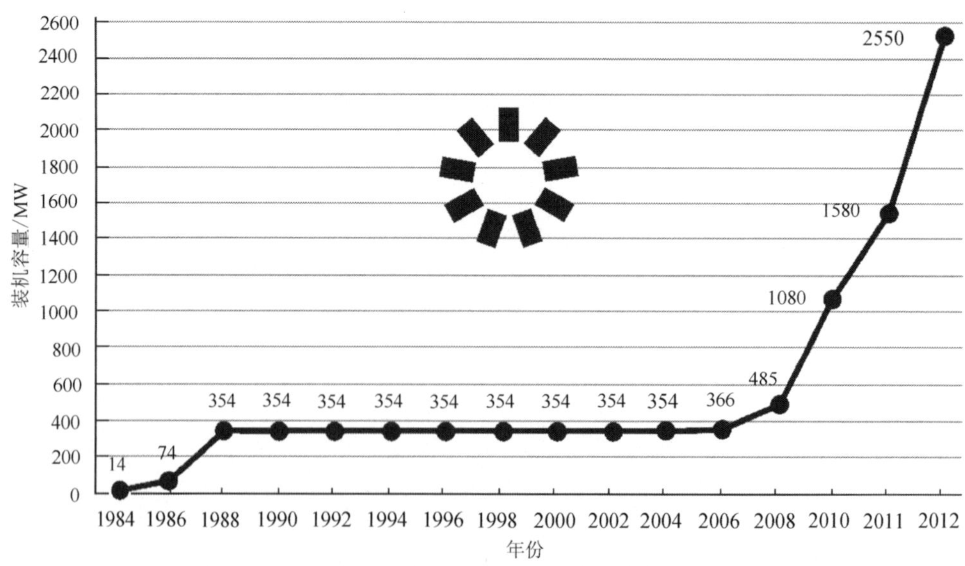

图5-1 1984～2012年全球太阳能热发电市场发展情况

资料来源：REN21，2013

据国际能源署预测，在光照充足的国家，到2020年CSP有望成为一种具有竞争力的峰荷和腰荷电力来源，到2025～2030年有望成为具有竞争力的基荷电力来源。在适当的政策支持下，到2050年全球CSP累计装机容量将达到1089GW，平均容量因子为50%（4380h/a），年发电量4770TW·h，能够提供全球11.3%的电力，其中9.6%来自太阳热能直接发电，1.7%来自备用燃料发电（化石燃料或生物质）（图5-2）。CSP还能够为工业过程提供大量高温热，尤其是可以帮助干旱国家实现海水淡化增长的需求；此外，还能够利用热发电设施获得高温热能来生产气态或液态燃料，国际能源署预计到2030年可实现这一技术的竞争力，到2050年，CSP能够利用太阳能产出足够的氢，以取代全球3%的天然气消费量以及接近3%的液体燃料消费量。

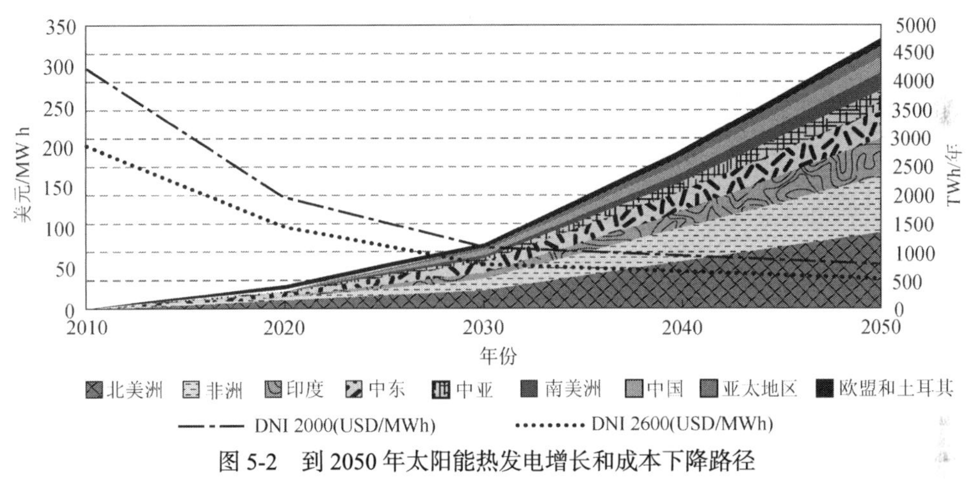

图5-2　到2050年太阳能热发电增长和成本下降路径

DNI 2000：太阳能法向直射辐射值在2000kW·h/（平方米·年）及以上地区CSP发电成本。DNI2006：太阳能法向直射辐射值在2600kW·h/（平方米·年）及以上地区CSP发电成本

资料来源：IEA，2010a

美国和西班牙是全球CSP领域进行商业化活动最多的国家。德国虽然本国太阳能资源不够丰富，开展商业化活动不多，但其CSP领域的技术实力却是全球领先的。从20世纪70年代中期开始，德国政府就持续支持开展CSP研究，经过几十年的发展，德国公司已成为世界上领先的CSP技术提供商和项目开发商，掌握了许多核心技术，如槽式真空管、斯特林发电机、太阳能高温选择性涂层、储热技术、控制器件、太阳能热发电用汽轮机等。

需要指出的是，若实现CSP系统的完全商业化，则须要保证运行投资的低成本和技术的高可靠性。由于太阳直射辐射的功率密度低（小于 $1kW/m^2$）以及受季节、昼夜与气候影响而具有不连续及不稳定性，因此太阳能热发电大规模应用还需要解决大面积能量的聚集、跟踪、长距离传输、转化与储存等一系列科技问题，并需要相当大的资金投入，使太阳能发电的成本很高。CSP 未来的发展将取决于如何克服技术和成本两大障碍。

另外，调研表明，国外对 CSP 的支持力度是有限的，以起步较早的美国为例，自 2001 年以来，能源部对 CSP 研发投入很不稳定，到 2003 年降至低谷，仅占太阳能领域总研发经费的 6.4%，之后虽缓步回升，但能源部 CSP 研发经费强度一直要远低于光伏发电技术。这表明了即使是发达国家对 CSP 也并不是不遗余力地推行，同时从侧面反映了发达国家对大规模发展 CSP 的谨慎态度。对于还处在技术追赶状态下的国内 CSP 研究而言，由于需要投入的研发费用巨大，对技术的可行性和存在的风险进行详细的评估是非常必要的。

第二节　关键技术与研究进展

CSP 技术主要有四种：首先，抛物槽式系统是最成熟的技术，占到在运电站的约 95%和在建电站的 75%；其次，塔式系统，占到在建电站的 18%；最后，菲涅耳式（6%）和碟式系统（1%），这两种系统尚处于开发阶段。提高系统发电效率、降低发电成本是 CSP 技术的共同发展目标。由于技术特点不同，这四种系统的技术研发侧重点各有区别。槽式技术在向直接产生蒸汽（DSG）和采用熔融盐等高温传热流体方向发展。塔式技术向高温集热方向发展，如直接产生高温高压过热蒸汽技术、高温熔融盐技术、高温空气技术和高温压缩空气技术等，单个电站的装机容量逐渐增大，汽轮机的入口蒸汽参数从现在的饱和蒸汽向超高压、超临界方向发展。低成本、高精度、易维护、可靠运行的聚光技术和耐高温、低成本、高储热密度、长储热周期的储热技术是 CSP 系统的共性核心技术。

一、槽式系统

槽式系统是目前最为成熟的 CSP 技术，也是最早实现大规模应用的 CSP 系统。其系统结构简单，技术较为成熟，可实现较大规模的热发电系统。但聚光比小，系统工作温度较低。其核心部件真空集热管在运行中易出现真空度降低，吸收管表面选择性涂层性能下降等问题。目前，研发可靠、耐久、高效的真空吸热管是推广槽式发电技术的关键，耐高温真空管吸热器的关键研究内容包括：真空行程与保持技术、金属与玻璃封接技术、高温选择性吸收涂层技术、质量检验技术等。另外，直接产生蒸汽发电技术是一个重要的发展方向，可替代昂贵的热载体，如用水替代矿物油将可降低投资和运营成本，提高效率。

与双回路系统相比，DSG系统省去了换热环节，可有效地克服导热油引起的各种技术问题。利用DSG技术建造槽式系统具有投资少、效率高等优点。但DSG技术也存在很大的技术难点：两相流问题。由于直接产生蒸汽，位于抛物槽焦线上的集热管内的两相流动很难控制。水和蒸汽具有不同的换热特性，在两相流区域集热管中的温度不均匀，同一根管子上会出现较大的温度梯度。DSG系统的优缺点及与双回路系统安全性比较如表5-1所示（王军等，2007）。

表5-1 DSG系统的优缺点及与双回路系统安全性比较

优点	• 效率高。效率提高的原因是减少了系统在产生蒸汽的过程中的热损失。DSG系统较双回路系统少了中间换热环节，从而提高了系统的转换效率 • 费用低。直接由水产生蒸汽发电所需要的费用相对用油作为介质的电站来讲费用大为降低，因为在用油作为介质的电站中为了在降低油-水转换环节产生的热损失需要大量费用，还需要建立火灾防御系统、储油罐等，这都需要花费大量的资金。另外省去了许多换热设备，节省了资金
缺点	• 为了应对DSG系统所产生的高压以及低流速问题，需要对系统做出很大的调整 • 控制系统会十分复杂，且在电站布置以及集热器倾斜角度方面也会很复杂，而且储存热能会很困难 • 当沸水流入接收管时，或者集热管的倾斜率到达边界状态时两相流产生的层流现象发生的概率便会增加，管子会由于压力问题发生变形并会引起永久性变形或者会造成玻璃管破裂
与双回路系统安全性比较	• 双回路系统采用导热油作为吸热工质，导热油的渗漏，尤其在高温下，易引起火灾，存在安全隐患；DSG系统则不存在这方面风险 • DSG系统是在高温、高压下工作，整个系统要严格按照高温、高压标准设计；双回路系统的工作压力较低，一般在1.5MPa，无高压风险

槽式系统今后的研发重点是：加强项目地址的太阳能资源调研；发展DSG系统的蓄热技术；提高热载体的工作温度；开发高效的集热管镀层技术，使集热表面的温度进一步提高到550～600℃。

二、菲涅尔系统

菲涅尔系统是基于槽式系统而开发的，分为透射式和反射式两种。透射式菲涅尔透镜把太阳光聚集到槽型集热器内的金属管上并加热管内工质以驱动汽轮机组发电。线性菲涅尔透镜聚光比为3～50，圆形菲涅尔透镜聚光比为50～1000。集热器金属管表面有高温选择性涂层。透射菲涅尔发电系统结构简单，成本较低，可较大规模中温利用。线性反射式菲涅尔聚光发电系统是将太阳光反射到固定在聚光器上方的线性集热器内，集热器加热工质以驱动汽轮机组发电。该系统具有尺寸小，吸热器位置固定，结构简单，成本低等优点，适用于大型电站。

三、塔式系统

塔式系统主要由定日镜系统、吸热与热能传递系统（传热流体系统）、发电系统三部分组成。塔式系统聚光比高，易于实现较高的工作温度，系统容量大、效率高。塔式熔盐系统易于实现蓄热，经济性好，最适应于太阳能独立发电。但熔盐熔点高，系统需要夜间保温，电站寄生电耗高。此外，高温熔盐具有腐蚀性，易挥发，系统技术难度较大。相关部件如熔盐吸热器、高温熔盐泵、阀等仍有待进一步研究。塔式水/蒸汽系统的吸热器实际上就是一个太阳能锅炉，技术难度相对较小，可靠性高。但系统蓄热性能较差，高温高压下的系统安全性仍有待提高，已实现商业化运行的西班牙 PS10 电站为确保系统安全，选择了 250℃、4MPa 较为保守的参数。由于蒸汽的热容低，为避免吸热器中蒸汽过热器的失效，系统对反射镜场的控制精度要求更高。塔式空气系统环保性能最好，结构简单，可靠性高。但系统容量低，蓄热性能较差，难于实现独立的太阳能发电系统。大功率空气吸热器在技术上仍存在较大难度。塔式空气系统的主要应用模式是与化石能源系统结合，构成混合系统，可极大地提高太阳能的利用效率。

四、碟式系统

碟式系统由聚光器、接收器和斯特林发电机等组成。碟式技术仍处于示范阶段，要实用化还有很长一段路要走。碟式聚光镜系统造价昂贵，在热发电系统中位居首位，只有当碟式斯特林系统成本在 2000～1200 美元/kW 时才会产生巨大市场。采用碟式系统可以得到 1500℃以上的高温，但是对于目前的热发电技术而言，这样高聚光度的优点实际上并不能得到充分的发挥。其热储存困难，热熔盐储热技术危险性大而且造价高。所以，碟式系统的接收器一般并不放在焦点上，而是根据性能指标要求适当地放在较低的温度区内。基于此，今后的研究方向主要是在提高碟式聚光镜系统的稳定性和降低系统成本方面，包括：①扩大生产规模；②在接收器上采用热管技术；③提高斯特林发动机效率，降低成本；④增大单机容量。

五、通用组件与系统

CSP 技术的转化途径主要基于四个基本组成：集热器、接收器、传输储存系统和电力转换系统。集热器用来捕获和集中太阳辐射，接收器吸收集中的太阳光，然后将其热量转化为受压流体。传输储存系统将吸收器中的流体再传输到电力转换系统中。目前，CSP电站的大部分技术组件还需要进一步的改进。例如，在抛物槽系统中通过利用蒸汽作为热传递介质和改进选择性吸热涂层，或许可以提高运行温度和运行效率。先进的储存系统能够延长日运行时间和改进电站的利用。

改进集热器的性能和降低成本对CSP技术的市场渗入十分关键。集热器是个模块组件，模块设计方面也可能集中于单个组件的特殊特征，包括发射材料和支撑结构。发展趋势为：集热器建筑一体化，集热器专业化，集热器材料新型化，制造方式更优化。

由于阳光能源的时效性，需要在阳光充足的时候对热能进行存储，以供阳光不足的时候发电使用，所以蓄热技术是限制CSP技术推广的重要因素。蓄热系统的研发一般集中改进能量和能量损失方面的效率、降低成本、延长使用寿命、减少寄生电耗。

由于太阳能的分散性，将导致大多数集热器与蓄热器在空间上相对较远，那么导热系统在太阳能热利用方面仍将是不可或缺的。在这方面，未来的发展趋势将是新型的热传导媒质的研发（如离子液体）、新型热循环管道材料（如金属化塑胶管等）。

目前，集成了例如液压测量等功能并节电超过80%的新型太阳能热循环液压泵早已问世。未来几年内，完全由太阳能驱动的液压泵将会出现在人们面前。膨胀储罐，容器、高压阀门、热交换器以及其他组件预计将向集成性以及耐高温性等方面发展。

太阳热能利用系统中将把热能储备系统和制冷系统的控制端集成为一个监控系统。这样的一个监控系统能够对整个热能利用系统进行即时的全面监控，即时报告各类故障。这个监控系统将能够自我优化，能最大限度地降低出错概率。一项被称作“能量/功率匹配”（即将即时的功率或能量测量值同标准值或往年同期值进行比对）的技术的发展必将提高整个系统的效率。

六、多能源联合运行系统

从输入端能源转化利用模式看，CSP系统的发展经历了三个不同的阶段，逐步形成三大种类的系统：单纯太阳能发电系统、太阳能与化石能源综合互补系统以及太阳能热化学重整复合系统等。多能源联合运行系统的发展方向应为低成本、高效的系统发展，不断提高系统中关键部件的性能，将太阳能与常规的能源系统进行合理的互补，实现系统的有机集成，通过热化学反应过程实现太阳能向燃料的化学能转化，然后通过高效的热功转化装置发电，实现太阳能向电能的高效转化，进而加快 CSP 的商业化发展。

例如，将 CSP 与多种工业过程相结合（如将发电与海水淡化相结合）。很多适合 CSP 的各种半干旱地区，正在越来越多地利用余热淡化海水，以满足日益增长的淡水需求。多功效蒸馏设备可很好地与发电设备相匹配。如果 CSP 电站的朗肯动力循环设计从轮机排放 70℃（而不是通常的 35℃）的废气，废热将足以满足淡化工艺的需要。100MW 的装机容量每天约能产出 21 000m^3 的淡水。另外，还可用 CSP 技术来制氢和冶金。太阳能制氢至少有 4 种热化学途径，氢可能来自太阳能热解水和太阳能热化学循环，或来自太阳能裂解化石燃料，或者是太阳能联合重整化石燃料和水，以及太阳能气化工艺（图 5-3）。所有这些途径都将包括吸热反应，利用集中太阳辐射能量，来作为高温工艺热的能量来源。上述一些途径将需要产生突破性的进展，如水热解工艺中能承受超高温度的材料。其他途径，如太阳能辅助化石燃料蒸汽重整，已日趋成熟。CSP 技术还可以通过太阳能热、碳热和电热高温还原金属氧化物来冶金，因此可降低萃取冶金行业的二氧化碳排放量。

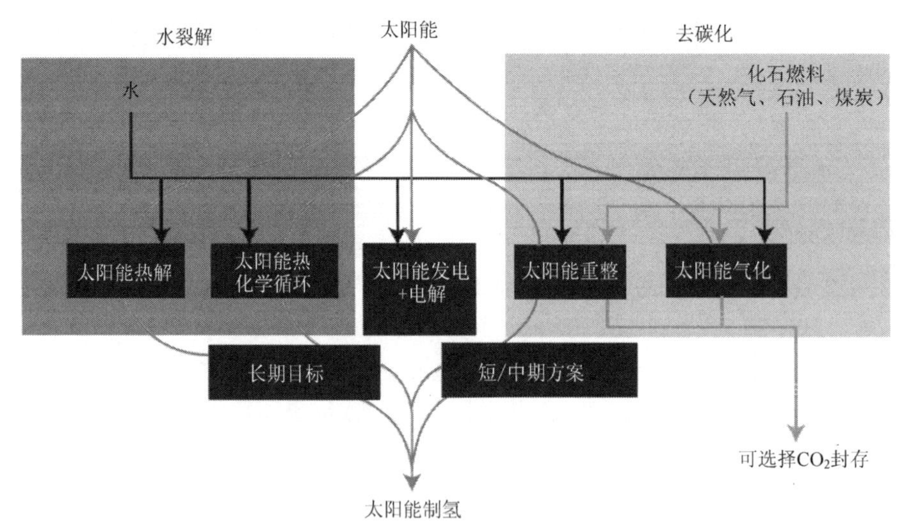

图 5-3　太阳能制氢途径

资料来源：IEA，2008a

CSP 多能源联合运行系统的关键技术突破包括：①提高系统中关键部件的性能，大幅度降低太阳能热发电的投资成本，快速进入商业化；②进一步研究开发新的太阳能热发电系统，对系统进行有机集成，实现高效的热功转化，不仅要实现太阳能热的梯级利用，而且要集成新型的太阳能热化学系统，突破常规系统中太阳能发电效率低的限制；③将太阳能热发电系统和化石燃料互补，借助太阳能的利用来减少化石燃料热力发电系统中的燃料消耗量，同时也可以省略了太阳能热发电系统中的储热装置，从而降低太阳能热发电的一次投资成本和发电成本。

第三节　国际研究现状与发展

一、德国

德国虽然本国太阳能资源不够丰富，开展商业化活动不多，但其 CSP 领域的技术实力却是全球领先的。从 20 世纪 70 年代中期开始，德国政府就持续支持开展 CSP 研究，2004 至 2008 年期间，德国政府资助 CSP 的研发经费总计达 4000 万欧元，此外还有德国宇航中心每年约 300 万欧元研发投入和欧盟项目每年约 100 万欧元投入（图 5-4）。可以看出，槽式系统是德国 CSP 研发投入最多的领域，占到总投入的一半以上，其次是塔式系统。经过几十年的发展，德国企业已成为世界上领先的 CSP 技术提供商和项目开发商，掌握了许多核心技术，如槽式真空管、斯特林发电机、太阳能高温选择性涂层、储热技术、控制器件、太阳能热发电用汽轮机等。在美国加州槽式电站、欧盟项目开发可用于欧洲海水淡化和高温工艺热的低成本集热哭喊（EUROTROUGH）、降低碟式/斯特林发动机系统成本（EURODISH）、太阳能/燃气轮机联合发电系统（SOLGATE）等、西班牙塔式电站 PS10 的开发和生产中，德国企业和研究机构均是主要的领导者或参与者。

德国环境部给予CSP研究的资金
+德国宇航中心每年约300万欧元研发投入
+欧盟项目每年约100万欧元投入

Qualle：BMU

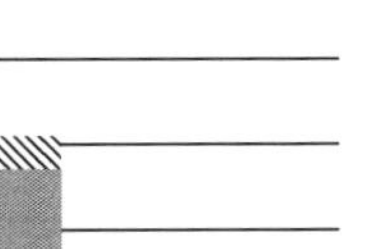

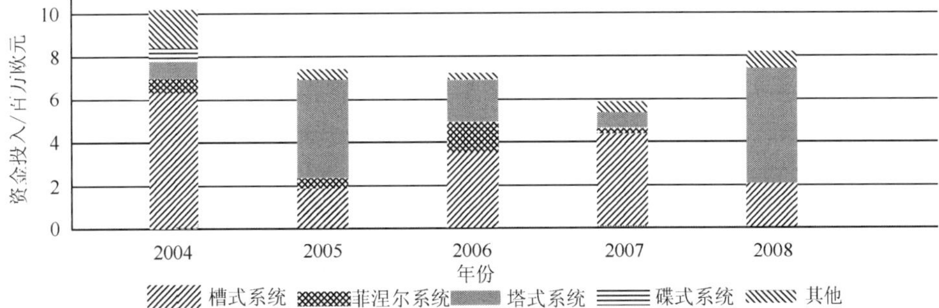

图 5-4　2004～2008 年德国太阳能热发电研究资助情况

资料来源：Tamme，2009

二、美国

美国是最早开展 CSP 商业化活动的国家。早在 1985～1991 年，美国在加州相继建成了 9 座槽式电站，总装机容量 353.8MW，投入并网运行至今，是世界上商业运行最成功的 CSP 电站。目前美国是全球第二大 CSP 市场，在建装机超过 1300MW，位居世界第一。美国 Sunshot 计划已制订了到 2020 年太阳能热发电系统总成本降低 50%，达到每瓦特约 3.6 美元（平准化电力成本约 6 美分/kW·h）（图 5-5），并且蓄热从 6 小时扩大到 14 小时、容量因子达到 67%的目标；到 2030 年太阳能热发电能够满足全美 3%的电力需求，到 2050 年能够满足近 8%的电力需求（表 5-2）。

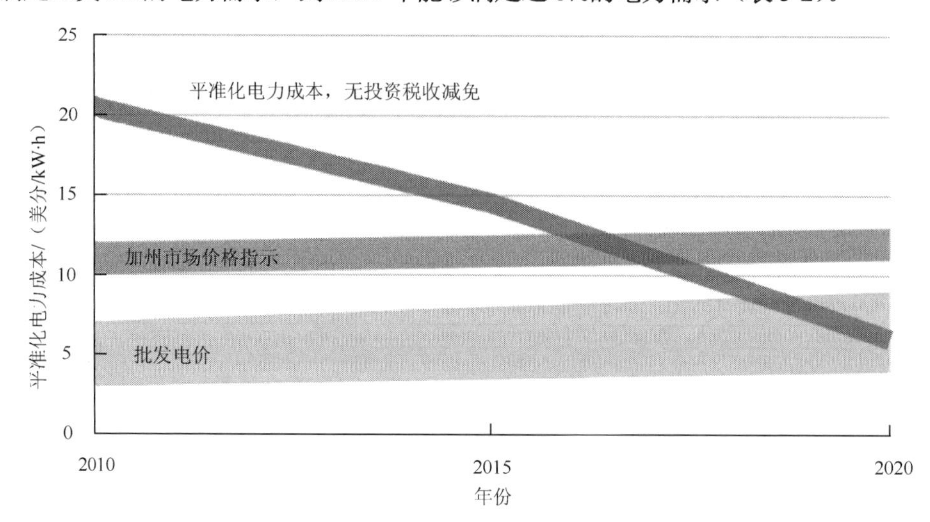

图 5-5　美国至 2020 年太阳能热发电平准化电力成本削减目标

资料来源：DOE，2012a

表 5-2　美国至 2050 年太阳能热发电目标

项目	2030 年	2050 年
装机量/GW	28	83
发电量/TW·h	137	412
电力构成占比/%	3.0	7.7
就业人数/万人	6.3	8.1

资料来源：DOE，2012a

值得注意的是，美国对 CSP 的支持力度是有限的。2000 年，美国国家研究委员会（NRC）在对能源部可再生能源项目的评估报告中指出："应该限制或停止对塔式或槽式太阳能热发电技术的研发工作，因为该技术的进一步改进将不会对技术的部署有促进作用。"这也导致美国能源部 CSP 技术开发的经费申请数额急剧下降，到 2003 年降至低谷，仅为 529.8 万美元，占太阳能领域总研发经费的 6.4%，之后虽缓步回升，但能源部 CSP 研发经费强度一直要远低于光伏发电技术（表 5-3）。

表 5-3 美国能源部太阳能领域研发经费变化情况 （单位：千美元）

年份	2000	2001	2002	2003	2004	2005	2006	2007	2008	2009	2010	2011	2012
CSP	14 924	13 565	13 025	5 298	5 331	5 873	7 284	15 696	29 727	29 621	49 023	47 328	44 922
PV	64 571	74 260	70 855	73 249	72 537	65 844	58 802	138 372	136 744	142 793	125 778	132 884	75 563
总经费	81 410	91 694	87 107	82 330	80 731	84 255	81 791	157 028	168 453	172 414	243 396	259 556	284 702
占比/%	18.3	14.8	15.0	6.4	6.6	7.0	8.9	10.0	17.6	17.2	20.1	18.2	15.8

资料来源：美国能源部历年预算文件

三、西班牙

西班牙是目前拥有 CSP 装机最多的国家，2012 年新增装机 950MW，占到全球新增量的 98%，同时建成了全球首座商业化菲涅尔式电站和太阳能热发电-生物质混合电站。西班牙企业主导了太阳能热发电产业，拥有所有者权益的比例在全球已部署的热发电站和在建电站中分别占到约 75%和 60%。由西班牙能源环境技术研究中心（CIEMAT）负责管理的阿梅利亚太阳能平台（Plataforma Solar de Almería，PSA）是欧洲乃至世界上最为重要的 CSP 试验基地之一，其研究的重点集中在塔式系统和抛物槽式系统。

西班牙企业和研究中心带头开展 CSP 的复兴，与西班牙政府对发展可再生能源的大力支持是密切相关的。西班牙可再生能源政策起步甚早，1986 年即已根据国家能源计划制订了《可再生能源计划》（PER-86），确定可再生能源推广的目标及私人企业与公共事业投资于可再生能源的目标。随后经历了数度更新。西班牙支持 CSP 的价格政策是实施固定电价或溢价电价。2007 年 5 月颁布的皇家法案 661/2007 中规定：①固定电价政策直接明确规定各类可再生能源电力的市场价格，电网企业必须按照这样的价格向可再生能源发电企业支付费用。对于发电商利用 CSP 电站所发出的电力，保证在 25 年内公用单位所付电价为 26.9375 欧分/kW·h，之后为 21.5498 欧分/kW·h；②溢价电价体系和固定电价体系比较类似，可再生能源发电企业需要按照电力市场竞争规则与其他电力一样竞价上网，但政府额外为上网可再生能源电力提供溢价，即政府补贴电价，因此电价水平为“溢价（政府补贴电价）+电力市场竞价”。对于发电商利用 CSP 电站所发出的电力，头 25 年内参考电价水平为 25.40 欧分/kW·h，之后为 20.32 欧分/kW·h。溢价体系还设有电价水平上下限，上限为 34.3976 欧分/kW·h，下限为 25.4038 欧分/kW·h。

四、澳大利亚

澳大利亚地处南半球热带和温带区域，大部分地区年平均日照时间在 3000 小时左右，太阳能资源十分丰富。2006 年澳大利亚在新南威尔士州纽卡斯尔市建立了隶属于联邦科学与工业研究组织（CSIRO）的国家太阳能研究中心（National Solar Energy Centre，NSEC），来进行太阳能热发电研究。其中开展有两个项目：一个是高聚光度的塔式系统；另一个是低聚光度的槽式系统。另外，NSEC 还是太阳能热发电领域澳大利亚研究人员开展国际合作的基地。

NSEC 建造的 500kW 塔式系统的太阳场由 200 多面定日镜组成（图 5-6），每面定日镜为 1.8m×2.4m，使得聚集太阳能的镜面面积超过 900m^2，定日镜的排列很紧密以利于提高光转化效率并能够降低太阳场占地面积。塔式系统的塔高 26m，定日镜镜面略微凹陷以便于直接可将太阳光聚焦到塔的焦点处，塔式系统能达到超过 1000℃的高温。

图 5-6 NSEC 塔式系统

资料来源：National Solar Energy Centre. http：//www.det.csiro.au/science/r_h/nsec.htm[2014-01-15]

NSEC的塔式系统不仅可以用来发电，而且由于其可达到1000℃以上的高温，还可用来进行热化学反应、海水淡化等。其中很重要的一个用途是结合太阳能和天然气来生产太阳能合成气（SolarGas™）（图 5-7）。反应产生的合成气 SolarGas™（$3H_2$+CO）包含的能量比天然气要高出 26%，再经过进一步处理成氢气，这样可将太阳能进行储存和运输。

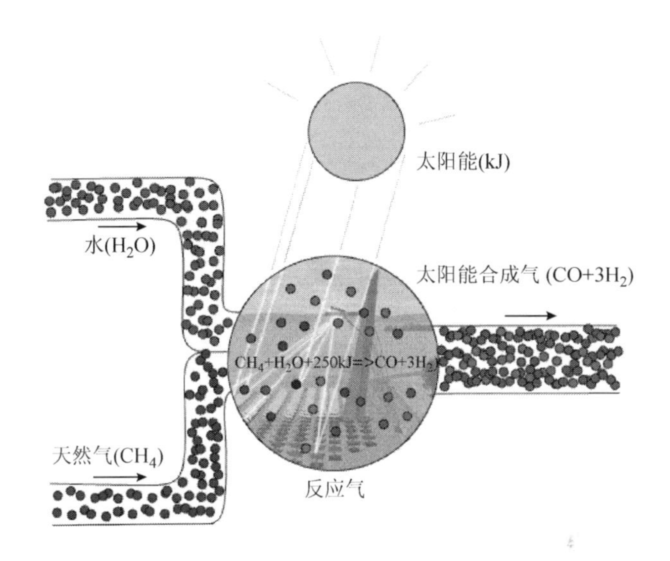

图 5-7 NSEC 的塔式系统结合太阳能和天然气生产合成气 SolarGas™项目

资料来源：National Solar Energy Centre，2013

NSEC 另一个项目是太阳能轮机（solar turbine）项目，该项目将两种技术（太阳能槽式技术和有机朗肯循环）结合起来产生低成本电力。项目目标主要有两个：开发并示范由太阳热能驱动的有机朗肯循环（ORC）工作原型；开发蓄热方案用于太阳能朗肯循环系统进行偏远地区电力供应和离网应用。NSEC 利用槽式系统聚集太阳能加热集热管中的热油（图 5-8），加热温度可达到 250℃；随后热油从太阳场流至有机朗肯循环系统，热油中蕴含的热能随即转移到有机朗肯循环中的特殊有机流体；最后有机朗肯循环系统利用热能来发出电力。还可将其他热源如微型轮机或柴油发动机等集成到太阳能有机朗肯循环系统中，以用于偏远地区应用，这样可以提高化石燃料组成的效率，并且不论日照与否均能提供可靠的电力供应。此外，还可结合蓄热方案形成多联产应用。

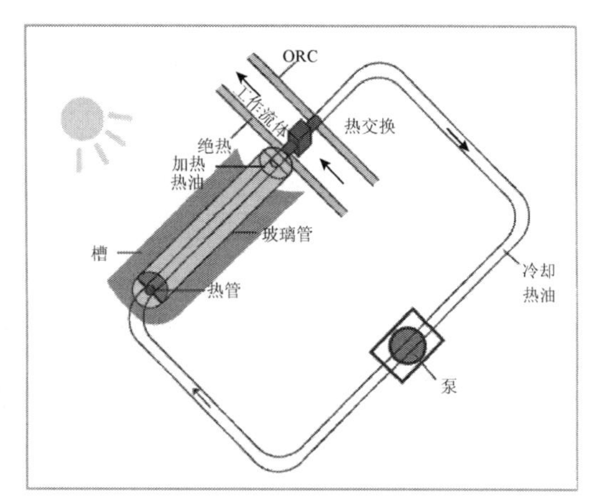

图 5-8　NSEC 开发的太阳热能驱动有机朗肯循环项目

资料来源：The National Solar Energy Centre. Plugging in the Sun：The Solar Turbine Project

五、国际合作

国际能源署太阳能发电和化学能源系统执行协议（IEA SolarPACES）于 1997 年开始实施，它是一个成本共同承担的合作项目，其前身是小规模太阳能发电系统（SSPS）。目前参与各国包括阿尔及利亚、澳大利亚、巴西、埃及、欧盟委员会、法国、德国、以色列、墨西哥、俄罗斯、南非、西班牙、瑞士、英国和美国。SolarPACES 执行委员会汇聚了来自各国聚光型太阳能技术（CST）项目的代表，项目总预算为每年 4000 万～5000 万美元。SolarPACES 是唯一保障 CSP 项目合作的国际多边平台。SolarPACES 还制定了四项附加研究任务：①太阳能发电系统；②太阳能热化学研究；③太阳能技术与应用；④用于工业过程的太阳热能（与 IEA 太阳能供热与制冷执行协议共同开展）。

SolarPACES 协议的重要资源之一是西班牙阿梅里亚太阳能平台（PSA）。它最初是作为一个 IEA 项目 SSPS 而发起的，后来得到了来自欧洲和美国的国际支持。自从 1988 年以来，PSA 由德国和西班牙提供财政支持。PSA 建立并试验了各式各样的太阳能热利用设施，主要包括两个装机容量分别为 0.5MW（SSPS-CRS）和 1MW（CESA 1）的中央收集塔式系统，一个容量为 500kW 的槽式系统以及三个总容量为 27kW 的碟式/斯特林系统。PSA 还拥有用于材料研究的设施。PSA 已经测试了 DISS、EUROTROUGH 和 EURODISH 等概念。

与产业界合作是 SolarPACES 合作中的关键要素。超过四分之一的参与国家政府都指定产业界或公用电力部门合作伙伴作为 SolarPACES 执行委员会的参与者和代表方。SolarPACES 使得参与方能够通过多渠道进行人才交流，获取培训、信息、技术或设备，加强参与国的研发能力。

在经过了 SSPS 以及 SolarPACES 将近 25 年的合作后，来自科研界、产业界和公用电力部门的两代 CSP 专家间已经建立起一个强大有效的交流网络。这些专家定期在一年两次的国际 CSP 研讨会上碰面，并组成子小组在任务会议和专题讨论会上展开会谈。

第四节 我国太阳能热发电技术发展现状与方向

一、发展现状

总体上来说，我国 CSP 处于产业化起步阶段。技术方面，经过多年的技术研究，我国在太阳能聚光、高温光热转换、高温蓄热、兆瓦级塔式电站系统设计集成等方面得到了进一步发展。我国第一座，也是亚洲第一座兆瓦级塔式 CSP 实验电站于 2012 年建成，并于当年 8 月成功发电，标志着我国成为继美国、德国、西班牙之后，世界上第四个掌握集成大型 CSP 电站有关技术的国家。此外，我国首座 50MW 商业化 CSP 电站特许权项目已开工建设，有效带动了 CSP 的关键设备及电站系统设计与集成等产业链的发展，为我国 CSP 发展初步奠定了技术和产业基础。

随着国外 CSP 市场的快速发展，我国企业已经进入 CSP 产业链的上下游环节，包括太阳能实验发电系统，太阳能集热/蒸汽发生系统等。国家发展和改革委员会、国家能源局和科学技术部（简称科技部）也在持续关注和支持 CSP 项目。《国家中长期科学和技术发展规划纲要（2006—2020）》《可再生能源中长期发展规划》《国家能源科技“十二五”规划》中均把 CSP 明确列为重点和优先发展方向。支持 CSP 材料、聚光部件、吸热部件、储热装置、系统集成和项目开发等。在关键部件的开发方面，已经涌现出一批企业。目前国内已基本可全部生产 CSP 的关键和主要装备，一些部件具备了商业生产条件，CSP 产业链逐步形成。其中以槽式真空管和玻璃反射镜更为突出，国内槽式真空管生产厂家已超过 14 家，反射镜厂家也超过 7 家，有些厂家的产品已经通过国外专业检测机构的检测，检测性能参数达到国际水平。只是这些产品还没有经过实际项目使用，产品的性能、质量还没有得到实际的验证。

比起关键设备制造，我国 CSP 电站系统集成技术则更为缺乏，目前国内还没有商业化运行的 CSP 电站，整体系统设计能力和集成技术、CSP 电站系统模拟及仿真技术也刚刚起步，缺乏电站建设运营经验和能力。大型 CSP 系统的详细设计、镜场安装及维护在我国均是空白。检测平台及标准体系还是空白，设计、施工、调试和运营的全过程标准体系匮乏。

我国《太阳能发电发展“十二五”规划》中提出了以下发展目标：以经济性与光伏发电基本相当为前提，到 2015 年 CSP 装机容量达到 100MW，电站的整体设计与技术集成能力明显提高，形成若干家技术先进的关键设备制造企业，具备全产业链的设备及零部件供应能力；到 2020 年达到 300MW 的发展目标。CSP 将按照“示范推进”的思路发展。在内蒙古、甘肃、青海、新疆、西藏等太阳能日照条件好、可利用土地面积广、具备水资源条件的地区建设示范项目。

科技部在 2012 年发布的《太阳能发电科技发展“十二五”专项规划》提出了 CSP 的科技规划目标，“十二五”期间，CSP 具备建立 100MW 级电站的设计能力和成套装备供应能力，建立核心产品生产线、测试平台和示范系统，通过系统集成掌握电站设计、优化和运行技术，无储热电站装机成本 1.6 万元/kW，带 8 小时储热电站装机成本 2.2 万元/kW，上网电价低于 0.9 元/kW·h。

二、发展方向

我国太阳能资源丰富，全国总面积 2/3 以上地区年日照时数大于 2000 小时，与同纬度的其他国家相比，与美国相近，比欧洲、日本优越得多。我国太阳能资源的理论储量达每年 17 000 亿吨标准煤，约等于数万个三峡工程发电量的总和。因此，CSP 在我国很有发展潜力。在国家政策支持下，选择适合我国国情的 CSP 系统，加快 CSP 的规模性利用，用阳光经济推动能源革命，将对改变我国的能源消费结构具有十分重要的现实意义。

国家太阳能光热产业技术创新战略联盟牵头开展的“中国太阳能热发电产业政策研究”以系统年平均发电效率为引领，以发电工质温度和换热介质种类为主线将太阳能热发电技术分为四代，提出了中国太阳能热发电技术发展路线图（图 5-9）。

“十一五”期间，我国针对第一代技术的研究是设计建设 1MWe 的实验示范电站；针对第二代技术的研究是搭建了熔融盐工质系统的实验平台，并研制用于塔式系统的 100kWt 的熔融盐吸热器；针对第三代技术的研究是对泡沫陶瓷作为吸热体的空气吸热器进行了基础问题的摸索；针对第四代技术的研究是建立了 20kWt 的太阳炉聚光系统，对高温流化床吸热器进行了实验。

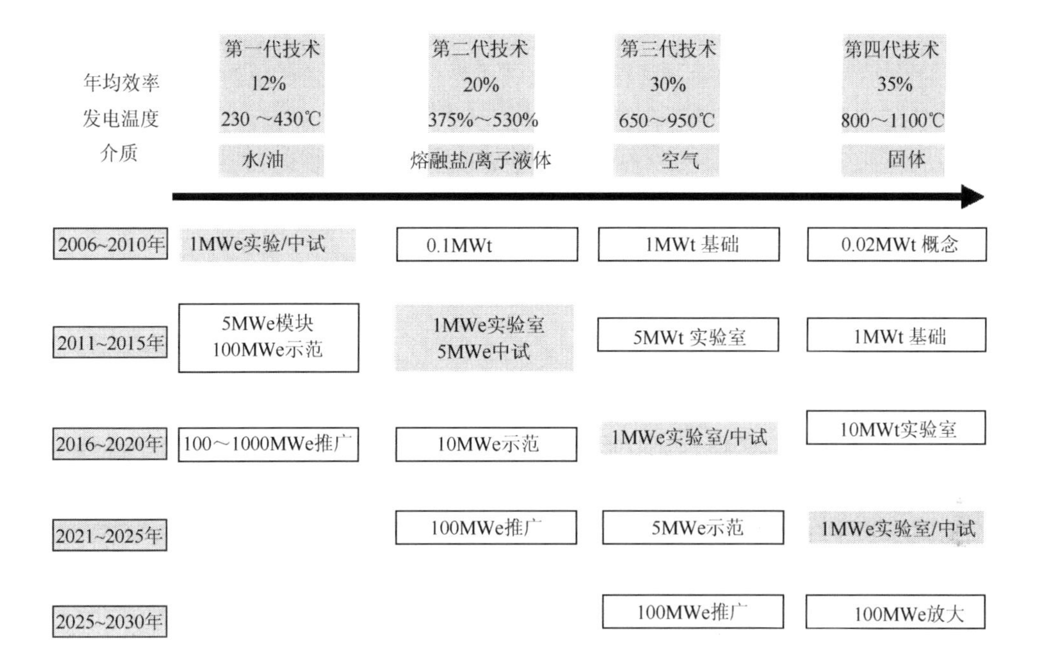

图 5-9　中国太阳能热发电技术发展路线图

资料来源：国家太阳能光热产业技术创新战略联盟，2013

2011～2015 年，水和油作为集热系统换热介质进入产业化推广阶段。以熔融盐为传热介质的集热系统进入规模化示范阶段。而以空气为换热介质的集热系统从基础研究进入应用基础研究阶段，并逐步进行中试。

2016～2020 年，第一代继续大规模商业化，第二代技术开始进入市场，发电效率提高到 20%。由于熔融盐的使用，传热介质温度大大提高，此时超临界太阳能热发电技术也开始进入中试。

2021～2025 年，第三代空气为传热介质和发电工质的技术进入市场，系统年发电效率达到 30%，并且无需耗水。但由于高温空气传输的原因，该类电站的容量受到制约。此时第四代以固体颗粒作为传热介质的吸热过程也进入高技术示范阶段。

2026～2030 年，第四代太阳能热发电技术进入市场，系统年发电效率可达到 35%。并且突破了第三代技术的系统容量问题。同时高温储热问题也得到了相应的解决。超临界太阳能热发电站也将出现（国家太阳能光热产业技术创新战略联盟，2013）。

三、存在风险

由于研发和建设投入巨大，对于还处在技术追赶状态下的国内研究发展而言，要做到谨慎决策、科学发展。目前。在国内仅适宜开展小规模的CSP示范项目研究，筹划巨资买进国外的塔式或槽式系统设备，在国内建设较大规模的兆瓦级示范电站，还存在着技术、经济和资源方面的较大风险。

1. 技术风险

国外技术本身尚未成熟，产业化尚存在困难，还有待于重大的技术突破。经过40多年的探索，CSP技术产业化在国外进展也非常缓慢，其间曾经历过数年的低谷期。目前国外塔式、槽式、碟式系统都还面临着投资大、成本高的问题。从美国能源部对CSP技术研发支持强度的变化来看，即使是发达国家对CSP也并不是不遗余力地推行，同时从侧面反映了发达国家对大规模发展CSP的谨慎态度。对于还处在技术追赶状态下的国内CSP研究而言，由于需要投入的研发费用巨大，对技术的可行性和存在的风险进行详细的评估是非常必要的。

还需要重视国外技术引入到国内存在“水土不服”的问题，技术种类的选择需要慎重。有专家提到，目前，在国外发展最成熟的槽式系统不能照搬到我国的应用环境中，因为我国阳光富足地区往往多风、大风，甚至沙尘暴频起，而槽式系统的抗风性能差，直接照搬来的系统的适用性如何，非常值得怀疑；如果对系统加以改进，成本又难免增加，经济性差。

2. 经济风险

除碟式系统外，槽式和塔式系统都属于大规模发电，只有做成几十兆瓦乃至百兆瓦级，成本才能降下来。目前，CSP电站平均投资成本为3500美元/kW。按照国际能源署的预测，即使到2030年，槽式和塔式系统的投资成本都在2500美元/kW以上。目前，我国核电站的投资成本为1800～2000美元/kW，大型水电站的投资成本为1500美元/kW，天然气发电的双循环高效发电厂投资成本为600美元/kW，燃煤电厂的成本为600～900美元/kW。显然，高昂的初期投资成本会阻碍大部分投资者。

目前，CSP的发电成本还处在高位。据美国能源部的估计，到2020年太阳能热发电的发电成本才会降到与传统燃料发电具有竞争力的水平（塔式3.5美分/kW·h，槽式4.3美分/kW·h），该估计还是建立在太阳能热电容量累计达到塔式8.7GW、槽式4.9GW的基础上。现阶段西班牙CSP的迅猛发展缘于政府在电站建立前期的扶持，制定了 CSP 收购电价为 0.26 欧元/kW·h 等优惠政策。补贴政策的变化将导致发展 CSP 还存在着不确定因素。

3. 资源风险

建设大规模 CSP 系统需要占用大面积的土地，只有荒漠、戈壁、荒滩等地区才有大面积空闲土地，且日照充足。但是在这些地区建设 CSP 系统还存在着如下问题：①槽式和塔式系统需要有充足的水源作为冷却水，而荒漠地区恰恰缺水，难以满足该要求，而且排出的冷却废水如何处理也是需要注意的问题；②土地的综合利用问题必须得到解决，使电站用地产生尽可能高的附加利润，降低机会成本；③电站所在地的农（牧）民居住分散，建立大规模大容量集中式 CSP 电站，采取远距离输变电的方式是不经济的。因此，在建设 CSP 电站之前，不光要对所在地进行太阳能资源的调研，还需要对环境等问题进行充分的可行性研究。

下　　篇

能源科技路线图解析

第六章

洁净煤技术路线图

第一节 概　　述

洁净煤技术是指煤炭从开发到利用过程中旨在减少污染与提高利用效率的煤炭开采、加工、转化、燃烧和污染控制等新技术的总称，是使煤炭作为一种能源为达到最大潜能的利用而将所释放的污染物控制在最低水平，实现煤的高效、洁净利用的新型技术（姚强等，2005；朱书全等，2003）。为了减少直接燃煤产生的环境污染，世界各国都十分重视洁净煤技术的开发和应用。我国是煤炭大国，70%以上的能源依靠煤炭，大力发展洁净煤技术对我国能源可持续发展具有重要意义。

制定一套合理的洁净煤技术发展路线是促进洁净煤技术发展的关键。本节选用了国际能源署以及美国、澳大利亚和加拿大洁净煤技术路线报告，分别介绍了各技术路线图的主题内容，便于国内专家了解国外的洁净煤技术路线制定方法，进而参考并制定和完善适合我国国情发展的洁净煤技术路线图。

国际能源署《未来煤炭发展路线图——化石燃料零排放技术》以“先弄清技术发展的起点，加上外部推动力，选择技术发展途径，进而实施研发与示范工作，最终达到技术性能指标”为线，提供了洁净煤技术发展的路线图。实现零排放（ZETs）技术目标的起点则是基于当前最先进的洁净煤技术（如粉煤燃烧、循环流化床燃烧、整体煤气化联合循环等）。路线则是基于目前最有可能在短中期内实现 ZETs 技术的超临界粉煤燃烧和整体煤气化联合循环洁净煤技术阐述两种洁净煤技术实现 ZETs 的技术发展路径，接着讨论了两种技术路径的成本经济因素，最后总结了两种技术的发展路径。国际能源署于 2013 年又年推出《高效低排放燃煤发电技术路线图》，重点介绍超超临界粉煤燃烧、高参数超超临界粉煤燃烧、循环流化床燃烧、整体煤气化联合循环等技术，并列出了技术行动和时间节点。路线图特别指出，要实现 2050 年二氧化碳排放减半的目标，必须部署二氧化碳捕获与封存技术。

美国煤炭资源丰富，煤炭在美国能源结构中一直占据着重要的作用。美国一直以来十分重视洁净煤技术的发展，开展了多项洁净煤技术示范计划。本节选用能源部于 2004 年发布的《洁净煤技术路线》，主要是由于该路线的实施支持先前美国提出的诸多计划，如“蓝天计划”（clear skies）、“洁净煤发电计划”（clean coal power）、“气候变化计划”（climate change）以及“国内安全计划”（homeland security）等。此外，路线还整合了美国煤炭利用研究委员会（CURC）、电力研究所（EPRI）以及美国能源部之前提出的洁净煤技术发展路线。

澳大利亚是世界上煤炭资源丰富的国家之一，煤电占澳大利亚发电总量的比例接近 70%。澳大利亚煤炭协会（ACA）于 2003 年召集主要煤炭和电力企业、地方政府及研究单位等形成 COAL21 合作团体，2004 年启动 COAL21 计划，2006 年成立 COAL21 基金，为燃煤发电行业低排放技术未来 10 年研发提供支撑。主要分为两个阶段：2003～2015 年为最佳可用的研发、示范与部署阶段，解决现有电站的排放问题；2016～2030 年为技术商业化阶段，同时加速包括碳捕获与利用等新技术的部署。

加拿大于 2001 年启动气候变化技术和创新计划（CCTIP），在此框架下按照清洁能源议程来制定加拿大洁净煤发展战略，形成技术路线图来为洁净煤技术领域利益相关方提供参考。路线图分为三个阶段：短期到 2010 年主要是改进传统燃烧技术；中期到 2015 年主要是发展超洁净煤（UCC）技术，并开始发展 CCS 技术；长期到 2020 年以后形成结合 CCS 技术的近零排放多联产集成电站。

第二节　国际能源署煤炭未来发展路线图

一、产生背景

煤炭对于世界上许多国家的经济都起着举足轻重的作用，特别是对于发展中国家伴随着工业化和城市化的扩张，对能量的需求也急剧增加，煤炭一直保持着一种安全、可靠的能源来源的角色，尤其是在电力方面。

燃煤发电量占世界总发电量的比例超过40%，在美国、德国、波兰、澳大利亚、南非、中国、印度等国，由于煤炭的成本竞争力优势，所占比例还要高。虽然在一些欧洲国家，煤炭的使用量保持稳定甚至有下降趋势，但是在中国、印度等发展中国家，利用其国内丰富的煤炭资源，燃煤发电量呈日益增长趋势。燃煤发电站使用寿命很长，加上世界上许多地区都在燃煤发电站上进行了大量投资，因此煤炭仍将是一种重要的能源来源。但是，煤炭燃烧带来的环境危害也一直是个严峻的问题。目前世界各国都在积极制定政策，发展洁净煤技术，以解决煤炭利用同时带来的环境问题。

二、制定过程与方法

国际能源署在处理这一问题上，扮演着重要的角色。IEA化石燃料工作组早在2001年就提出了零排放技术，即燃烧化石燃料产生的几乎所有的传统污染物都将被捕获或回收，或用于副产品当中。到2005年，由IEA煤炭工业咨询部（Coal Industry Advisory Board，CIAB）发布《未来煤炭发展路线图——化石燃料零排放技术》（*Roadmapping Coal's Future-Zero Emissions Technologies for Fossil Fuels*）报告，作为之前用来调查零排放技术战略不同方面的一系列报告的补充，集中介绍基于洁净煤技术的零排放技术路径。到2013年，IEA发布了《高效低排放燃煤发电技术路线图》（*Technology Roadmap——High-Efficiency，Low- Emissions Coal-Fired Power Generation*），重点研究了高效低排放（high efficiency low emissions，HELE）燃煤发电技术的开发和部署（IEA，2013a；IEA，2013c）。

三、主要内容

IEA的《未来煤炭发展路线图——化石燃料零排放技术》路线图主要从三个方面进行阐述：一是首先要弄清需要做什么，外部推动力是什么，这些推动力能否取得理想的技术性能指标；二是，必须理解当前的情形或者起点，因为起点有可能限制最终的步骤（即定义技术途径）；三是按照最终路径，部署研发与示范工作，以达到技术性能指标。

燃煤发电过程中需要减排的主要是二氧化硫、氮氧化物、二氧化碳以及微粒物质等。目前的粉煤燃烧（PCC）和整体煤气化联合循环（IGCC）设备二氧化硫排放水平已经很低（表6-1），而氮氧化物排放还可降低，从而可以与天然气联合循环（NGCC）的低排放水平相比。目前燃煤电站应用选择性催化还原（SCR），使得氮氧化物排放水平与燃气电站的排放水平相差无几，而基于整体煤气化联合循环技术的燃煤系统，其排放水平更低。

表 6-1 几种燃煤发电技术的排放水平与可能目标

技术	SO_2 排放/%	NO_x 排放/（mg/m^3）（如 NO_2）	微粒/（mg/m^3）
结合烟气脱硫的粉煤燃烧	90 ~ 98	100 ~ 200（SCR）	10 ~ 50
循环流化床燃烧	90 ~ 98	<200 ~ 400	<50
整体煤气化联合循环	98 ~ 99	<125	<1
粉煤燃烧零排放目标	95 ~ 98	<125	<10
整体煤气化联合循环零排放目标	99	<25	<1
天然气联合循环	—	<300（SCR）~ 300	0

资料来源：IEA，2005

燃煤发电站减排目前最主要的是控制和最小化二氧化碳的排放。基于 PCC 和 IGCC 技术的新燃煤发电站可以移除 80%～90%的二氧化碳排放量，可实现近零排放目标。出于这方面考虑，二氧化碳捕获与封存技术需要应用到未来的燃煤（以及燃气）发电站。

实现零排放的基础是当前最先进的洁净煤技术。目前可供选择的方案很多，有些是基于燃烧煤，有些是基于煤气化。最能满足短期和中期需要的技术包括：超临界 PCC、CFBC 以及 IGCC。当前最有可能实现零排放的技术是超临界 PCC 和 IGCC，从中长期来看将有可能与燃料电池结合使用。这些先进技术能够适用于捕获二氧化碳。通过发展更为完善的方法，或在二氧化碳捕获技术纳入新的发电站工程之前先进行改进。

根据实践，没有哪个单一的系统可以满足将来所有的要求，要结合多种技术。发展联合技术可以将风险降到最小，同时可以将今后可能的技术路线进行调整，以适应世界上不同地区的不同情况。IEA 路线图分别给出了基于 PCC 和 IGCC 的技术发展发展途径。在这两种情况中，依靠目前的煤基系统实现零排放都有可能出现不同的发展途径。基于 PCC 的系统技术途径如图 6-1 所示。

发电厂捕获二氧化碳会增加成本和能耗，因此，将来采用捕获技术就需要将对发电站成本和效率的影响最小化。在短期内，最有发展前途的技术可能是利用

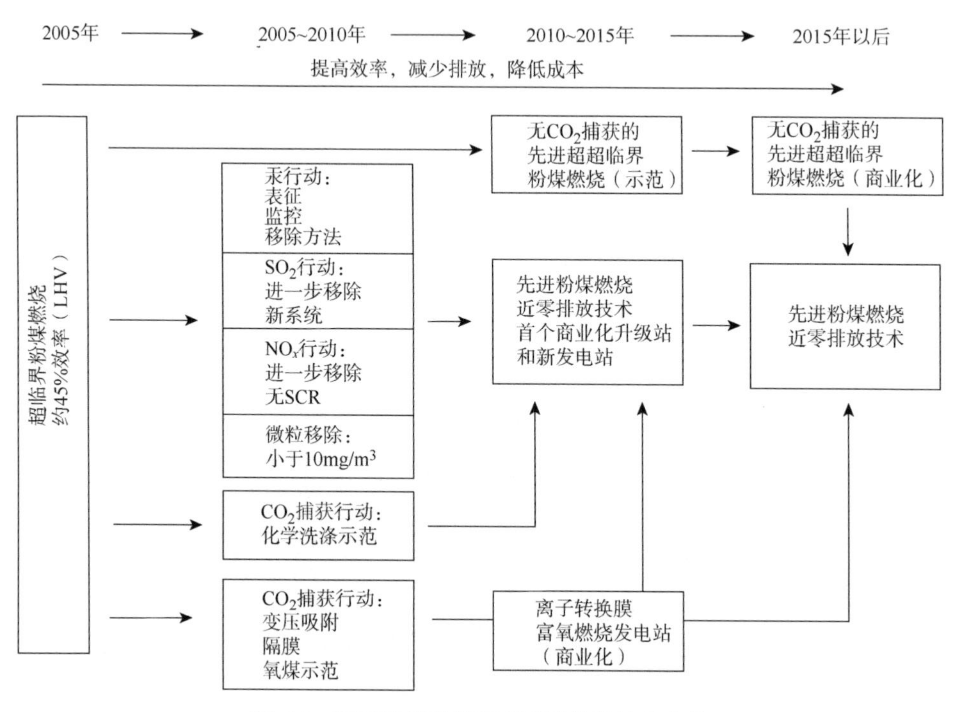

图 6-1　基于粉煤燃烧实现零排放的技术途径

资料来源：IEA，2005

胺吸收进行烟气净化。当前商业方面的改进主要是提高粉煤燃烧发电站的效率，使其高于当前的先进水平，因此，可对现有机组进行改造升级来配合二氧化碳捕获系统以避免使用全新的设备。在中期内，可以开发并部署其他可选系统，如利用分离膜分离废气中的二氧化碳。另外一个主要的零排放粉煤燃烧方案是富氧燃烧技术，可以使煤炭燃烧产生高浓度的二氧化碳，易于捕获。

粉煤燃烧发电站的其他排放气体，目前有可利用的设备来达到低水平的二氧化硫和微粒排放，也可以通过一些方法实现氮氧化物的低水平排放。此外，还要关注汞的排放。

图 6-2 列出了基于 IGCC 技术的零排放技术系统的技术路径。和 PCC 系统一样，IGCC 系统同样包含多种不同的技术，基于干法供煤或水煤浆。有喷流床、流化床和固定床三种气化炉通用类型，各自具有不同的操作特点。IGCC 零排放技术具有许多潜在优势，环保性能好，系统运行可靠性高，与 PCC 发电站相比，二氧化碳捕获的能量消耗更少，由于是燃烧前捕获，因此比从废气中捕获更容易。但是由于系统成本更昂贵、更复杂，目前运行的 IGCC 发电站远远少于 PCC 发电站。

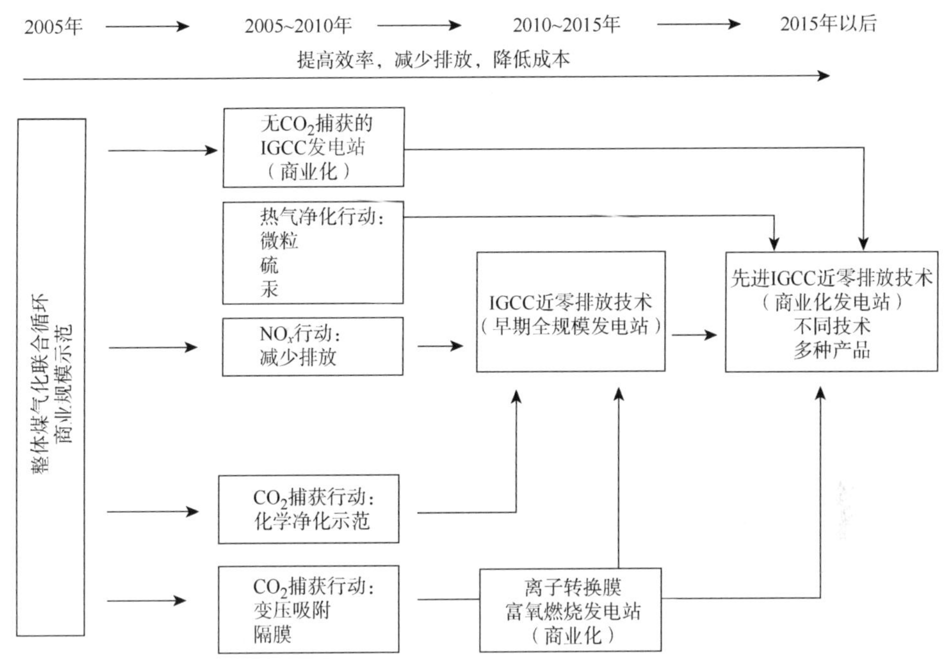

图 6-2　基于整体煤气化联合循环实现零排放的技术途径

资料来源：IEA，2005

随着技术的进步和环境要求日益严格，IGCC 技术将在未来发挥关键作用。这方面的技术进展包括合成气去除微粒和其他污染物技术的成功应用以及开发先进的制氧方法离子转移膜（ITM）技术，这种方法比当前制氧工艺更廉价，或可应用于很多发电循环中。另外，未来发展一步处理合成气中多种气体污染物的方法等，这些联合处理方法为降低二氧化碳捕获成本提供了发展潜力。

从国家发展层面来讲，促进燃煤发电站发展和部署，使其实现近零或零排放过程中需要实施以下几个策略：为满足降低二氧化碳排放要求，有必要将基于 PCC 和 IGCC 的燃煤系统纳入整体零排放技术当中；基于 PCC 的零排放技术可能在中国和印度等国尤为重要，这些国家有很多基于 PCC 技术的发电站，并且数量仍在日益增长；基于 IGCC 技术的零排放技术体系相对来说具有优势，因为捕获 CO_2 发生在燃烧前，这使得其效能补偿更低并可以提供大量的氢。通过改善燃气轮机设计以及使用燃料电池，可能会使其效率在将来进一步提高；改善当前采用的蒸汽条件，基于 PCC 的零排放技术有潜力得以改进，从而赶上基于 IGCC 的系统。

IEA 于 2013 年出版的《高效低排放燃煤发电技术路线图》对燃煤发电技术

路线图进行了完善，除 PCC 和 IGCC 外，还介绍了循环流化床燃烧和整体煤气化燃料电池技术。路线图指出，目前约四分之三的燃煤发电机组发电效率较低，同时有一半以上的机组使用年限超过 25 年。高效率、低排放（high-efficiency low-emissions，HELE）技术可以将发电效率提高到 45%甚至更高。路线图中提出，需要更换或改造这些发电厂，至少要采用超临界技术。超超临界和先进的超超临界技术运行温度和压力更高，后者的发电效率可达到 50%。这些技术可减少煤炭的消耗，有助于抵消增加的高性能合金和焊接技术成本，同时通过扩大供应和减少进口提高能源安全。结合 CCS，HELE 技术还可以削减燃煤发电厂高达 90%的二氧化碳排放。HELE 技术还可以帮助抵消一部分 CCS 相关成本。各种 HELE 发电技术的性能指标如表 6-2 所示。

表 6-2　HELE 燃煤发电技术的性能指标

发电技术	排放				机组最大容量/（MWe）	容量系数/%	CCS 能量损失
	CO_2/（g/kW·h）	NO_x/（mg/Nm^3）	SO_2/（mg/Nm^3）	PM/（mg/Nm^3）			
USC	740	<50～100（SCR）	<20～100（FGD）	<10	1100	80	7%～10%（燃烧后捕获和富氧燃烧）
A-USC	670（700℃）	<50～100（SCR）	<20～100（FDG）	<10	<1000	—	
CFBC	880～900	<200	<50～100	<50	460	80	
IGCC	670～740	<30	<20	<1	335	70	7%
IGFC	500～550	<30	<20	<1	<500	—	

2011 年，大约 50%的新建燃煤电厂采用 HELE 技术，主要是超临界和超超临界粉煤燃烧机组。虽然在过去 10 年里，HELE 技术的份额几乎增加了一倍，但是还有很多非 HELE 亚临界机组仍在建设当中；目前运行的机组有四分之三使用非 HELE 技术，同时很多发电机组单机容量低于 300MW。

USC 粉煤燃烧是目前最有效的 HELE 技术：一些机组的发电效率可达 45%（LHV），二氧化碳平均排放水平为 740gCO_2/kW·h。发展 A-USC 技术可以将排放量降到 670gCO_2/kW·h（减少 30%）。预计在未来 10～15 年内开始部署 A-USC。

为了提高效率，整体煤气化联合循环的燃气轮机需要在更高的涡轮进口温度下运行。采用 1500℃级燃气轮机（目前正在开发中）的 IGCC 可以将效率提高到 45%以上，二氧化碳排放水平约为 670gCO_2/kW·h。采用更先进的燃气轮机，排放水平会更低。

路线图给出了 HELE 燃煤发电技术的详细发展路线（表 6-3）。要实现到 2050 年二氧化碳排放减半的目标，CCS 的部署必不可少。CCS 技术的减排潜力是可能低于 100g/kW·h。目前很多国家正在开展将大型 CCS 集成到燃煤发电机组的示范项目。CCS 的部署预计在 2020 年后，2030～2035 年开始广泛部署。

表 6-3　HELE 燃煤发电技术发展路线

技术		2012～2020 年	2021～2025 年	2026～2030 年	2031～2050 年
粉煤燃烧	硬煤	部署更多的超临界和超超临界电厂；继续先进超超临界技术的研发	部署更多的 USC 电厂。示范 A-USC；带有燃烧后捕获的 A-USC 中试；富氧燃烧 A-USC 中试	部署 A-USC；示范富氧燃烧 A-USC	部署集成了 CCS 的 A-USC；部署富氧燃烧 A-USC
	褐煤	部署更多的 SC 电厂，示范 USC 电厂；在全规模电厂中示范褐煤干燥技术	在全规模电厂中部署褐煤干燥技术；部署 USC 电厂；示范带有部分碳捕获的 A-USC	部署 100%燃料干燥的 USC；示范带有全流量干法给料锅炉的 A-USC；示范带有全流量碳捕获的 A-USC	部署将燃料干燥与完整 CCS 相结合的 A-USC
IGCC		部署 1400～1500℃级燃气轮机机组；提高利用低阶煤的可用性和性能；进行干气净化和非低温供氧中试；开发进气温度超过 1500℃的燃气轮机	部署 1600℃级燃气轮机机组，使用富氢燃料，可与 CCS 集成；支持合成气干法净化研发；部分应用非低温供氧	部署 1700℃级燃气轮机机组，使用富氢燃料，可与 CCS 集成；进一步应用非低温供氧	部署 1700℃以上级别燃气轮机机组，使用富氢燃料，与 CCS 全面集成；部署非低温供氧方案
CFBC		部署超临界 CFBC 锅炉，示范 USC、CFBC 锅炉	部署 USC、CFBC	示范 A-USC、CFBC；A-USC 富氧燃烧中试；开始部署 A-USC、CFBC	部署 A-USC、CFBC，与 CCS 全面集成，包括燃烧后捕获和富氧燃烧

HELE 技术还需要得到进一步的发展，因为目前很多国家利用低成本、低质量煤炭进行低效发电；虽然通过试验已经证实与生物质混燃可以减少排放量，但是这种方法还没有普遍采用；运行燃煤发电厂需要消耗大量的水资源，在干旱地区和水资源问题日益突出的地区要重点关注。

非温室气体污染物会造成严重的健康问题，并对当地的基础设施有害（最终影响当地经济）。因此，尽管已有可用技术能够降低这些排放，但不是所有的国家都进行了有效应用。路线图中也明确了 HELE 燃煤发电非温室气体污染物排放目标值（表 6-4）。

表 6-4　HELE 燃煤发电非温室气体污染物排放目标值

非温室气体污染物	2012～2025 年	2026～2030 年
SO_2	PC：<20mg/m^3，石灰石/石膏湿法烟气脱硫 IGCC：<20mg/m^3，湿法洗涤；干法脱硫处于开发阶段 CFBC：<50mg/m^3	PC、IGCC 和 CFBC 均小于 10mg/m^3
NO_x	PC：50～100mg/m^3，采用低 NO_x 燃烧器和空气分级等燃烧方式结合 SCR IGCC：<30mg/m^3，结合 SCR 排放水平将更低 CFBC：<200mg/m^3	PC、IGCC 和 CFBC 均小于 10mg/m^3
PM	PC：<5～10mg/m^3，带有静电除尘器 IGCC：<1mg/m^3 CFBC：<50mg/m^3，带有静电除尘器和纤维过滤器	PC 和 CFBC 均小于 1mg/m^3，IGCC<0.1mg/m^3

路线图还提出了未来十年需要采取的重点行动。

（1）将在运的燃煤发电厂平均效率提高大约 4 个百分点。这意味着要大幅减少老旧、低效燃煤电厂的发电量，提高运行电厂的性能，以及安装高效的先进燃煤发电机组。

（2）所有新的燃煤发电机组至少采用超临界技术，安装容量超过 300MWe，同时避免安装小容量机组。

（3）为研发与示范提供融资和支持机制，从而能够及时地部署下一代技术，尤其是：示范先进的燃烧和气化技术；示范 CO_2 捕获与先进的燃烧和气化技术的集成；提高利用本地低成本、低品质煤炭的效率；减少 HELE 技术的耗水量，同时保持其性能。

（4）尽可能通过强制政策来发展和部署有效经济的烟气处理技术，以限制非温室气体排放物。启动或提高污染物控制，促进消费方和有关管理机构的连带责任制，同时确保技术的应用来实现其发展潜力。

四、作用与影响

在未来的几十年里，化石能源仍将是世界能源供应的主要支柱，与此同时，能源政策对 CO_2 排放的限制作用可能会更为显著。当今只有走零排放技术之路，才能有效地应对这些挑战，IEA 技术路线图对各国如何引入这些技术，尤其是对于最能满足短期和中期需要的技术（如 PCC、IGCC）的发展路径进行了详细阐述，为各国促进洁净煤技术的发展提供了重要的参考建议。除美国制定洁净煤技术路线图较早外，包括加拿大、澳大利亚、日本等也相继出台了洁净煤技术发展路线图。这份路线图也为各国继续开展原有或完善洁净煤计划或示范工程提供了参考，但需要注意的是IEA主要反映了发达国家在洁净煤发电技术领域的认识与立场，因此在借鉴过程中要结合国情深入了解国内洁净煤发电技术的潜力和发展方向，以制定适宜的政策措施及技术发展路线图。

第三节 美国洁净煤技术路线图

一、产生背景

美国煤炭资源丰富，煤炭在美国能源结构中占据着重要的作用。美国一直以来就十分重视洁净煤技术的发展，开展了多项洁净煤技术示范计划。早在2002年美国总统布什就提出洁净煤发电计划，该计划分4期总为10年，总耗资达20亿美元。此外，美国政府还出台了一些环境计划，如“蓝天计划”“全球气候变化计划”（GCCI）、“洁净煤发电计划”以及“氢能发电计划”。面对如此多的计划，美国需要制定一项技术发展路线，在有效整合这些计划的同时，提供更清晰、更明确地发展途径。2004年能源部化石能源局能源技术实验室（NETL）联合其他煤炭和电力企业特别是煤炭利用研究委员会和电力研究所，制定了美国《洁净煤技术路线图》，为促进洁净煤技术的发展提供了方向；并且根据形势的变化和技术的发展，在2008年对该路线图进行了更新（NETL，2008a，2008b）。

二、制定过程与方法

美国制定洁净煤技术路线图的途径包括三方面。①评价目前CURC、EPRI、DOE技术领域的工业绩效与成本目标。②确定目标和发展统一的路线来实现共同目标：继续促进当前的技术发展水平直到2020年；整合目前已有的和新制定的规则；确定现有发电站的改进及新电站的建造；确定燃料生产；确定二氧化碳管理。③评估计划利益：应用清晰、一致的假设；研发示范投资成本与利益的比较。

制定路线图的方法是：以能源信息署的煤炭发电装机容量预测为参考；时间周期为目前至2020年；建造“近零”排放燃煤发电站以及碳捕获与封存能力；

路线目标代表可实现商业化利用的“产品”，但没有广泛利用；2020 年环境目标代表可完成的最佳绩效；与其他可替代发展途径进行成本竞争来实现新的发电站目标需要发展创新新技术，同时保持相应的环境绩效；现有发电站应用技术：改善环境绩效，保持有竞争力的发电成本。

三、主要内容

技术路线图支持美国政府的一系列计划，如“蓝天计划”（满足现有和新定的 SO_2、NO_x、Hg 规定）、“洁净煤发电计划”（为示范项目提供新兴的近零排放技术）、“气候变化计划”（在成本可行情况下支持 CO_2 减排研究）和“国内安全计划”（为未来能源供应保障国内丰富的低成本煤炭资源）。技术路线发展目标如表 6-5～表 6-7 所示。

表 6-5　主要技术路线发展目标

技术方向	至 2010 年发展目标	至 2020 年发展目标
集成发电站	没有结合 CO_2 捕获技术的示范发电站和多种产品发电站，满足 2010 年性能目标	结合捕获与封存技术的近零排放示范发电站和多种产品发电站
排放物控制——现有发电站	满足空气排放物标准；副产品利用；水利用和质量目标	
先进燃烧技术	增加的发电容量、容量因数和效率；超超临界蒸汽（1250F）	超超临界蒸汽（1400F）；含氧煤炭燃烧
先进的气化系统	先进的空气隔离；泥浆和加压干燥块状原料；燃料灵活性；在较低成本下提高性能	成本更低；效率更高；可用性更强
气体净化	氧化与还原；在最理想的温压条件下满足环境和工艺需要	
合成气发电和燃料制取利用	先进轮机合成气燃烧效率提高、污染减少；先进的合成气制油的合成技术	氢气隔离；氢气轮机；100MW 级燃料电池系统

表 6-6　碳分离、捕获与封存的技术路径

技术路径	技术发展	示范
分离与捕获 气化 无氮燃烧 燃烧后捕获	2002～2012 年	2005～2012 年
封存 CO_2 直接储存 天然吸收槽 测试/验证	2002～2014 年	2006～2015 年

表 6-7　关键技术未来发展重点

关键技术	发展重点
集成发电站	模块设计、系统集成、高温材料、发电站模拟发电容量、传感与控制、发电站智能运行（RAM——高可靠性/可用性、高效率和低成本运行）
排放物控制	气体分离、燃烧、多种污染物控制、冷却系统设计、传感器
先进燃烧	超临界和超超临界蒸汽锅炉和蒸汽轮机材料、CFB 大型化、氧燃烧、热和氧气载体概念、传感器、控制
先进气化系统	气化器设计/大型化、空气隔离、块状原料
气体净化	多种污染物控制、过滤材料、可再生型吸附剂
合成气发电和燃料制取利用	合成气燃料、合成反应器设计、燃料电池系统、混合燃料电池轮机系统、氢气隔离、氢气轮机、储氢和发展氢经济的基础设施
CO_2 捕获	固体吸附剂、CO_2 水合物、隔膜、液体吸收
CO_2 封存	直接和间接封存概念；“增值”概念；地质、海洋、土壤生态系统影响和建模能力

燃煤发电站性能标准包括：空气污染物，如二氧化硫、氮氧化物、微粒、汞；二氧化碳的管理；副产品利用；水资源利用与处理；发电站效率；可靠性和可用性；资本和产品成本（发电和燃料生产）。路线图对污染物控制设定的目标以及燃煤发电站性能标准如表 6-8 和表 6-9 所示。

表 6-8　污染物控制和副产品利用目标

项目	基准发电站*	2010 年	2020 年
空气排放物	SO_2：移除 98%	99%	>99%
	NO_x：0.15lb/10^6Btu	0.05lb/10^6Btu	<0.01lb/10^6Btu
	微粒：0.01lb/10^6Btu	0.005lb/10^6Btu	0.002lb/10^6Btu
	Hg	移除 90%	移除 95%
副产品利用	30%	50%	接近 100%

*表示基准发电站具有目前技术性能；可通过成本/效率折衷改进性能

表 6-9　发电站效率、可用性、资本成本和发电成本目标

项目	基准发电站	2010	2020
发电站效率（HHV）	40%	45% ~ 50%	50% ~ 60%
可用性	>80%	>85%	≥90%
发电站资本成本/（$/kW）	1000 ~ 1300	900 ~ 1000	800 ~ 900
发电成本/（¢/kW·h）	3.5	3.0 ~ 3.2	<3.0

路线图中提到，为应对未来水资源问题，需要考虑影响社会问题的新政策，并做好技术选择。此外，集中于确定技术项目，通过科学研究来制定政策和响应政策，以解决水资源利用、水质量和煤炭发电成本。目标是减少淡水利用（通过研究确定到2010 年节水目标）；可选择建造经济型近零冷却水利用发电站（到 2020 年左右）。

关于二氧化碳的管理，考虑适用于所有的碳基燃料，以及直接或间接封存。煤炭计划路线目标是在移除 90%二氧化碳（包括封存）的同时发电成本的增加不超过10%；可以进行二氧化碳捕获与封存的近零排放发电和多种产品发电站，并确定成本目标。2010 年进行实地捕获示范和实地封存示范；2020 年示范结合捕获/封存的发电站满足计划成本目标。路线图中煤基燃料的性能目标如表 6-10 所示。

表 6-10　煤制燃料性能目标

项目	2010 年	2020 年（Vision21）
发电站效率	45% ~ 65%	60% ~ 75%
发电站资本成本	$35 000/bpd	<$25 000bpd liq. $3 ~ 7/scfd H_2
产品成本		
液态产品	$30/bbl	<$30/bbl
氢	—	$3 ~ 5/106Btu

四、作用与影响

这份路线图通过整合 CURC、EPRI 以及 DOE 的发展路线，制定了一套统一发展的煤炭计划路线，同时支持国家能源政策计划。路线图通过制定绩效/成本目标，确定了关键技术的发展需要，量化煤炭计划所能带来的经济、环境及安全利益。洁净煤技术路线图明确了美国洁净煤技术的发展目标，加快了相关技术的发展和部署。截至目前，美国已经开展了多项洁净煤发展项目，如美国南方电力公司在密西西比州 Kemper 郡建设 583MW 的褐煤 IGCC 电站，预计 2014 年中期并网

发电。还有两个IGCC项目正在开发当中（Summit电力公司德克萨斯清洁能源项目和SCS能源公司的加利福尼亚氢能项目），这些项目都考虑联产尿素肥料和利用CO_2提高石油采收率。此外，美国能源部也长期支持高校开展洁净煤技术的创新和发展项目，以加快开展先进的洁净煤能源生产的新技术和材料的研发，包括用于燃煤发电厂和燃气轮机的高温高压抗腐蚀合金、保护涂层以及结构材料，开发新的工艺和计算设计方法来开发这些材料，从而提高更清洁发电系统的效率并降低成本。

第四节　澳大利亚COAL21路线图

一、产生背景

澳大利亚是全球最主要的煤炭来源国之一，同时煤炭在国家经济中扮演着重要的角色。澳大利亚的煤炭储量位居全球第四。澳大利亚是世界第四大煤炭生产国，仅次于中国、美国和印度。20多年以来，澳大利亚是最大的煤炭出口国，直到2011年，印尼超过澳大利亚。澳大利亚发电主要依赖化石燃料。根据澳大利亚资源与能源经济局（BREE）的统计，2011年褐煤和黑煤发电量分别占为22%和47%（EIA，2013）。煤炭的清洁高效利用对于澳大利亚提高电力供应竞争力具有重要的意义。

二、制定过程与方法

2003年，澳大利亚煤炭协会召集主要的煤炭和电力企业、联盟、联邦和地方政府以及研究单位形成COAL21合作团体，2004年启动了COAL21计划，为加速示范和部署燃煤发电温室气体减排技术提供了发展蓝图。2006年，ACA宣布成立COAL21基金，在未来10年提供超过10亿美元的资金来支持发电行业的低排放技术商业前示范项目以及相应的支撑研发计划。COAL21路线图是将基于煤气化的发电、制氢、合成气生产及二氧化碳分离和处理系统作为未来近零排放的发展方向（COAL21，2008）。

三、主要内容

在COAL21框架下启动的COAL21国家行动计划集中研究煤炭的发电利用。

技术进步可以促进经济和社会的发展，可以确保澳大利亚在利用其丰富的化石能源资源的同时，更好地保护环境。

路线图中确定了一系列具有发展前景的技术（表 6-11）。每种技术至少要满足 1 个或 3 个以上的基本评价标准，包括每种技术促进零排放的潜力，提高煤炭使用效率以及促进制氢技术。此外，要确定涉及二氧化碳捕获与地质封存的技术范围。其他满足 1 个或多个标准的技术包括 IGCC、富氧燃烧、褐煤脱水和烘干以及超洁净煤。超超临界粉煤燃料（PF）技术可以满足煤炭利用效率的标准，不过没有包括在行动计划当中。这些技术的行动计划被划分为两个阶段执行：第一个阶段是直到 2015 年的研发与示范；第二个阶段是 2015 年之后至 2030 年部署阶段。

表 6-11　COAL21 计划优先发展技术

技术	优势	发展地位与需要
CO_2 捕获与地质封存	煤基发电站能够实现大量减排或近零减排的关键技术	CO_2 捕获技术可行，但与现有的常规发电系统结合成本昂贵。需要更具有成本效益的捕获系统，而且要考虑常规发电站废气捕获、富氧燃烧或气化系统 CO_2 注入和储存地点特殊，但是在北美、非洲和欧洲很多地区已证实提高石油采收率方面可实现商业化。目前需要在澳大利亚选择位置来示范，研究集中于长期储存的可靠性、安全性和环境影响
黑煤和褐煤整体煤气化联合循环	能够提高效率、产品灵活性、低成本 CO_2 捕获与制氢的可用技术	在美国和欧洲已证实黑煤技术商业利用，澳大利亚也需要开展首个示范电站 已经小规模示范了地区发展褐煤干法气化（LDGCC），但需要进一步进行商业规模示范
氧燃料燃烧（常规 PF 系统氧点火）	发展先进粉煤燃料燃煤发电站后燃烧 CO_2 捕获能够利用的技术。可以作为现有发电站升级的技术选择	在新的和现有的常规 PF 燃煤发电站可以潜在利用的技术，但是目前仍处于早期开发阶段
褐煤脱水和烘干法	在提高常规湿褐煤发电效率和在 IGCC 系统中利用褐煤方面可利用技术	澳大利亚已经研发了各种不同的技术，但是需要进一步中试和/或示范规模发展
超洁净煤	能够提供更高灵活性（例如，在峰值和分布式应用方面煤炭可以作为汽轮机燃料）和更高煤炭利用效率的可利用技术	在澳大利亚发展，在日本得到试验，但是需要进一步开展中试电站。同时也需要评价氧点火的实际操作性，来推动 CO_2 捕获发展

COAL21 国家行动计划主要分为两个阶段：第一阶段（2003～2015 年），研发与示范阶段，部署可利用的最佳技术，处理现有发电厂的污染物排放；第二阶段（2015～2030 年），开始加速新技术的部署，包括二氧化碳捕获与封存。

COAL21 计划建议澳大利亚政府可与工业界和研究界合作，来考虑一些政策和方案，来支持以下内容：通过研究、中试规模项目和较大规模示范来支持和促进评估澳大利亚二氧化碳捕获与地质封存的潜力；支持和促进澳大利亚一种黑煤的 IGCC 示范电站；支持和促进澳大利亚首座褐煤 IGCC 发电站；支持研究富氧燃料燃烧以及其他可能的燃烧后二氧化碳捕获技术，包括潜在的改造现有设备；支持和促进褐煤脱水和烘干技术的进一步发展；支持和促进超洁净煤的进一步发展；鼓励改善目前具有成本效益的发电站的发电效率；确保所有新的和升级的燃煤发电厂是最有效的（如提供最低的排放强度），能够与发电市场正在建造的发电站（配备 CCS 的 IGCC 或富氧燃料发电厂）相竞争；最大限度地提高非发电站排放源的成本效益，尤其是在煤层气实践当中；培养更大的社会意识，同时理解清洁煤技术和近零排放技术在满足澳大利亚能源需求和减少温室气体排放中的作用。

四、作用与影响

通过启动 COAL21 计划，澳大利亚煤炭协会集中澳大利亚主要的煤炭和电力企业、联盟、联邦和地方政府以及研究单位，通过统一的国家行动计划来整合和调整洁净煤技术的研发、示范及部署项目，在人力、物力等方面得到了全面有效的整合。并且，ACA 于 2006 年成立 COAL21 基金，通过持续资助支持来推动计划的开展。在 COAL 计划的作用下，澳大利亚开展了多项洁净煤发展计划和项目，如澳大利亚煤炭协会研究项目（ACARP）、氢能项目等。此外，还专门成立多个与洁净煤技术相关的研究中心，如温室气体技术合作研究中心（CO2CRC）、低排放技术中心（cLET）以及全球二氧化碳捕获与封存研究院（GCCSI）等。澳大利亚在洁净煤技术方面的投资也不断加大，尤其是针对 CCS 技术，2009 年澳大利亚政府宣布斥资 20 亿美元支持 CCS 旗舰项目，澳大利亚计划在 2020 年左右开展 20 项 CCS 项目以实现 G8 承诺目标。

第五节　加拿大洁净煤技术路线图

一、产生背景

加拿大注重洁净煤技术发展战略的原因有三：一是加拿大较为丰富的煤炭资源，国内已经发展有很强的燃煤发电工业。洁净煤技术的发展能够增强现有企业的价值，同时帮助其他部门发展利用洁净煤技术设施的副产品，如热力和蒸汽、氢气和其他化学副产品，还有捕获二氧化碳；二是煤炭是加拿大乃至全球资源丰富、可商业利用的燃料来源，洁净煤在加拿大及全球供应廉价电力方面占有重要的作用；三是能源专家认为全球燃煤需求会不断增加。因此，加拿大发展洁净煤技术能够为减少加拿大以及全球的温室气体排放做出贡献，同时发展的技术和知识可以转移到那些需求快速增长的其他国家，如中国和印度。

2001年7月，加拿大启动“气候变化技术和创新计划”（CCTIP），作为“加拿大气候变化行动计划2000”的关键组成，并在CCTIP框架下达成共识，制定一项加拿大洁净煤战略作为清洁能源议程的组成。加拿大决定制定一套技术路线图作为利益相关方在洁净煤技术领域初期投资的参考。为此，相关行业和政府利益相关者组成一个咨询小组，任务是制定这套洁净煤技术路线图（CCTRM）（Canmet Energy，2008）。加拿大自然资源部（NRCan）利用在渥太华的CANMET能源技术中心（CETC-O），为开展路线图制定工作提供支持和便利。

二、制定过程与方法

相关企业和政府组成的咨询小组经过四次工作会议，并主持召开了三次路线图信息搜集的公开研讨会。这份路线图制定所需的信息包括三个方面。

挑战和机遇：面向未来，洁净煤技术所面临的环境、管理和政策挑战。这部分内容也包括加拿大其他可选技术的信息，包括核电、天然气、水电以及其他可再生能源。根据信息最后列出未来时间段内煤炭的预期性能要求。

洁净煤技术路径：根据全球发展状况，提供一个不管是发展中还是已经商业化的洁净煤技术的总体发展途径。这部分内容关注国际洁净煤项目能够为加拿大、大西洋诸省、安大略湖、萨斯喀彻温省以及阿尔伯塔等这些地区提供利益和一些发展情景。

加拿大洁净煤：确定加拿大洁净煤技术商业化之前存在的关键问题。通过评估在全国执行这项技术可能存在的影响来制定一套合适的加拿大洁净煤发展战略。

三、主要内容

根据CCTRM工作组所收到的信息，路线图咨询组通过考虑支持加拿大洁净煤技术商业化的五个主要因素，包括公众意识、技术观察与合作、研发项目、示范前业务准备以及技术示范，对目前现状和未来所要达到的目标之前的差距进行了分析。咨询者还确定了明确的、可测量的、意见统一的、实际的和及时的（specific，measurable，agreed-upon，realistic and timely，SMART）目标，以履行高层次的目标和促进加拿大洁净煤技术的发展。表 6-12 中列出了加拿大洁净煤技术路线图技术研发活动。

表 6-12　加拿大洁净煤技术路线图技术研发活动

技术	研发重点
上游洗煤	未来 3～5 年：与主要的煤炭消费者（西部燃煤发电厂）讨论制定一项给煤标准，以最小化维修成本并减少现有发电厂对环境影响；制定适当的煤炭选矿流程（常规和非常规）来生产消费者所需质量的洁净煤；与消费者达成一种双赢合作关系模式来共同制定和执行选矿流程；为现有的发电商设立艾伯塔和萨斯喀彻温省选煤站；发展运输高密度清洁煤泥（次烟煤和褐煤）技术；在加拿大调研 CHP 电站商业化的可能性 未来 5～10 年：调研和确定其他国家上游洗煤技术；开发上游洗煤技术-实验室和中试设施；发展经济模式来阐述 UCC 对燃烧和气化的影响
燃烧策略	对于空气燃烧研发：开发改良的给煤系统；确定和优化系统集成来提供特殊场地 CHP 发展机遇；集成和优化整个循环中选后精煤以及捕获的二氧化碳的利用；发展低成本集成污染物控制技术（包括二氧化碳）和废物管理控制技术；发展具有更好的稳定性、抗腐蚀和抗降解的低成本洗涤溶剂；发展用于二氧化碳洗涤溶剂的改良的接触器和质量传输系统；发展二氧化碳分离低温低压混合技术；发展二氧化碳捕获膜或膜/溶剂技术；发展二氧化碳捕获的改良固体吸附剂技术
富氧燃烧	发展 O_2/CO_2 循环、纯氧以及富氧燃料燃烧直接、联合或混合循环的集成系统；提高对常规和精选煤炭用于 O_2/CO_2 循环、纯氧以及富氧燃料的燃烧、热传递和污染行动行为的认识；提高在燃烧室、加热器以及锅炉的优化认识；发展氧气化学链燃烧系统；设计和发展用于 O_2/CO_2 循环、纯氧以及富氧燃料的耐高温燃烧室、加热器、锅炉、压缩器以及涡轮机；发展现有痕量气体杂质中 CO_2 压缩、冷却和分离的改良循环和方法；发展针对 NO_x、SO_x、Hg 以及颗粒物质的新型集成多污染控制技术，结合富氧燃料燃烧废气流热回收；观察耗能很少的空分工艺，如氧气运输膜（OTMS）。与先进的富氧燃料循环技术和基础研究技术供应商结合；改进 CO_2 净化低温分馏工艺
气化和化学配合策略	发展先进的备煤和给煤系统；提高煤炭和炉渣表征；提供模块化的气化/碳化/煅烧/氢分离试验；建造经评估经济可行的第二和第三代气化炉中试规模设施；制定电厂优化和集成工具，涉及煤炭选矿的影响，燃料电池发展的影响，以及二氧化碳捕获系统；发展二氧化碳分离和水蒸气重整或水煤气变换的固体吸附剂增强反应系统；识别和评估多联产机会；关注技术和为供应商提供二氧化碳与氢气分离的低温/混合动力系统基础研究；关注更低能耗的空分工艺如 OTMS，与先进气化炉循环集成；发展 H_2S、COS、HCN、NH_3、CO_2、颗粒物质以及氨移除的综合热气清理系统

加拿大直到 2020 年的洁净煤技术路线图如图 6-3 所示，同时制定了洁净煤技术各个研究领域的阶段实施目标（表 6-13）。

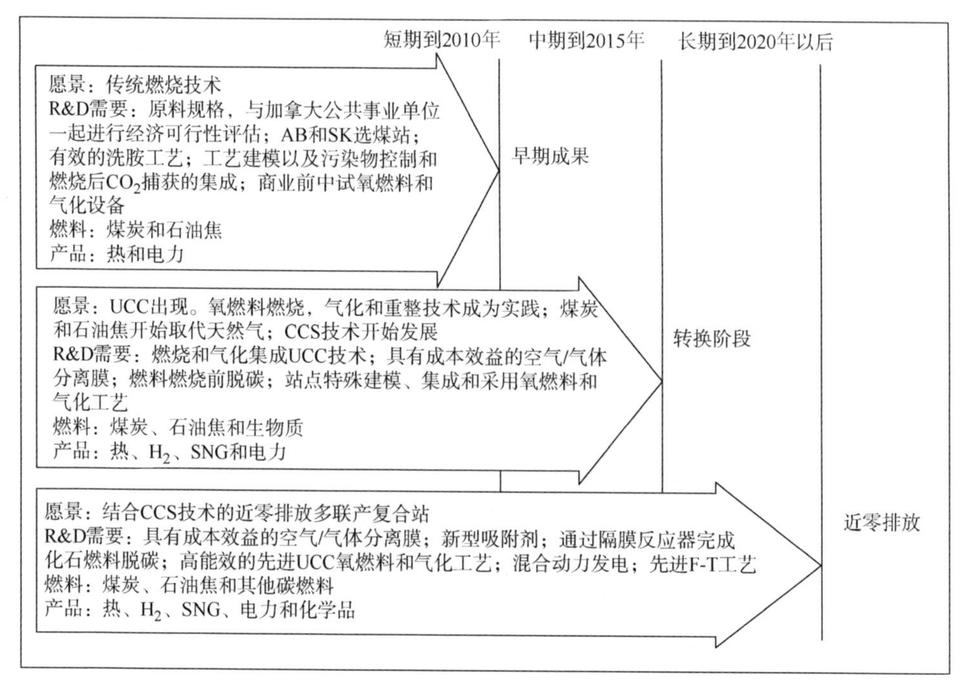

图 6-3　加拿大洁净煤技术创新路线图

资料来源：Canment Energy，2008

表 6-13　加拿大洁净煤技术各领域实施目标

领域	实施目标
上游选煤	到 2008 年：发展 UCC 生产与运输研究中心
燃烧路径	到 2010 年：建造具有成本效益的燃煤发电站来示范近零排放发电和 CO_2 捕获并用于提高石油采收率（EOR） 到 2014 年：燃煤发电设备与市辖区能源系统集成 到 2016 年：示范燃煤发电设备 CO_2 捕获用于提高煤层气采收率（ECBM）生产 到 2017 年：示范燃料电池在煤基发电设施中的商业利用
气化路径	到 2015 年：为加拿大油砂和重油升级应用建造制 H_2、发电和供热的煤基多联产设施 到 2016 年：示范燃煤发电设施 CO_2 捕获，并能够用于 ECBM 生产 到 2017 年：示范燃料电池在煤基发电设施中的商业利用

四、作用与影响

加拿大政府早在 2000 年就启动了加拿大清洁发电联合计划，具体安排是在 2003 年之前进行技术研究，然后经过成果评估后在 2006 之前对技术进行优化研究，2007 年到 2014 年主要进行电厂的设计与建设以及后期的运行。加拿大洁净煤路线图的制定，可以让加拿大政府通过清洁发电联合计划的落实情况来重新审视技术研发状况，为后续的电厂设计和建设提供更明确的保障。路线图提供了一个未来展望，并确定了使煤炭成为一种具有竞争力、环境友好的清洁电力的技术途径。技术路线图重点确定了电厂的改造和中期的新建筑技术和能源系统的途径，以及 2020 年的长远发展、基础设施的规划和实施需要的技术。

第七章

核裂变发电技术路线图

第一节　概　　述

核能发电研究是涉及众多学科的尖端科技课题，特别是聚变能源的开发和应用，被认为是人类科学技术史上遇到的最具挑战性的特大科学工程，因此前期的详细规划显得格外重要。本节详细介绍了国际能源署核电技术路线图、美国核电研发路线图、第四代核能系统路线图和国际热核聚变试验堆计划（ITER）路线图的主要内容，以利于国内专家了解国外的核电技术路线制定方法，进而制定和完善符合我国国情的核电发展战略和具有明确议程的核电技术路线图。

作为IEA牵头制定的2050年能源技术路线图系列之一，IEA核电技术路线图研究了在未来更大范围推广核电所面临的政策、产业、财政和公众接受度等方面的重要挑战，并给出了政府、产业部门及其他利益相关方解决这些挑战所需要做的工作。路线图指出，作为整个能源战略的一部分，清晰、稳定的政策环境是发展核电的首要条件，这样核电计划才能赢得大众更多的支持，同时执行处理高放射性核废料的计划不可或缺。核电是相对成熟的低碳能源技术，实现预期的核电扩张计划不需要重大的技术突破；但从长远来看，核反应堆和燃料循环技术的持续进步对于维持核电技术竞争力非常重要。正在开发的下一代核电系统有潜力增强核电的可持续性、经济性、安全可靠性。

美国作为核电开发的原创国和头号核电大国，拥有先进的核电技术和丰富的核电发展经验，领导着核电技术的发展。为确保未来核电的有效利用，美国能源部核能局从自身的使命出发，以目标为导向，在2010年4月公布了《核电研究发展路线图》，揭示了美国政府核电研发的综合战略框架。为解决核电推广存在的主要挑战，路线图确立了核电领域的四大研发目标，并落实到实现这些目标所需要开展的关键研发计划，并根据不同进展将研发活动划分为近期能够形成解决方案的研发里程碑和更长时期有潜力的研究活动。此份核电研发路线图作为具体指导美国未来十年乃至更长时间核电研发项目部署的战略规划指南，在促进美国核电复兴的过程中正在发挥着重要作用。

发展在经济性、安全性和废物处理等方面有重大革命性变革的新一代先进核能系统——“第四代核能系统”是核电发展路线的必然趋势。在 DOE 的倡议下，美国、英国、瑞士、南非、日本、法国、加拿大、巴西、韩国和阿根廷等十个有意发展核能利用的国家组建了第四代核能系统国际论坛，约定共同合作研究开发第四代核能系统。欧洲原子能共同体、中国和俄罗斯也相继加入了该论坛。2002 年 12 月，GIF 和 DOE 联合正式发布了《第四代核能系统技术路线图》，选定了 6 个第四代核能系统概念：气冷快堆、铅冷快堆、熔盐堆、钠冷快堆、超临界水冷堆和超高温反应堆，提出了具体的研发计划以及初步的工作路线图。根据 GIF 提出的路线图，大约到 2030 年，第四代核能技术可大规模部署。除了在安全、经济、环保等方面具有竞争性外，第四代核能技术还考虑了燃料的闭式循环，特别是快堆对铀燃料的充分利用能力。作为第二、第三代核能技术的后续技术，它将不仅作为现有发达国家核电站的替代品，而且还瞄准了未来对能源有大幅增长需求的发展中国家。

核聚变是几乎无穷无尽、安全和无放射性的能源。受控核聚变研究的最终目标是建成资源极其丰富、经济性能优异、安全可靠、无环境污染的核聚变电站，使之成为人类未来的永久能源。当前全世界研究核聚变的科学家和有关国家的政府机构，正在致力于国际热核聚变试验堆计划的实现。ITER 项目是一个包括了中国、欧盟、印度、日本、韩国、俄罗斯和美国在内的国际合作项目，对聚变研究具有重大的作用，它将综合演示聚变堆的工程可行性、进行长脉冲或稳态运行的高参数等离子体物理实验。各国科学家寄希望于这座核聚变堆在受控核聚变攻关中实现质的飞跃，证实受控核聚变能的开发在技术和工程上的可行性。依照 ITER 组织提出的路线图，ITER 将花大约 10 年时间建造并且运行 20 年左右，总成本约 100 亿欧元。ITER 将会产生高达 500MW 净热功率输出，从几百秒的持续脉冲直到稳定的运行。还会对所有必要组成进行测试，如抗高温组件、大规模可靠的超导磁场、适合有效发电的抗高温冷却剂燃料包层和远程稳定操作系统以及所有放射性成分的处理等。国际聚变材料测试装置（IFMIF）将与 ITER 同期运行以确保材料特性适合用于示范电站。这一路线图的按期执行可在相当程度上加速核聚变能利用的实现，可望在 2050 年左右实现聚变电站的商用化。

第二节　国际能源署核电技术路线图

一、产生背景

2008 年 6 月，在日本青森举行的八国集团+中印韩（G8+3）能源部长会议上，各国能源部长以及欧盟、国际能源署的代表围绕全球能源安全挑战、应急准备、投资环境、能效和能源多元化、清洁能源、创新能源技术等议题进行了交流与讨论，一致认为目前急需加快部署低碳能源技术，以应对能源安全、气候变化和经济增长等全球性挑战，并希望 IEA 能够牵头制订系列能源技术路线图，以帮助各国推动创新能源技术的发展和部署。

为此，IEA 开始与业界密切协作，制定一系列低碳能源技术路线图，涵盖 17 项需求侧和供应侧技术，旨在推动在全球范围内开发和采用关键能源技术，实现到 2050 年与能源相关的 CO_2 排放量减少 50%的宏伟目标。其中在电力部门，核电的贡献仅次于碳捕集与封存（图 7-1）。此份核电技术路线图即由 IEA 和经合组织核电署（OECD-NEA）共同制定。

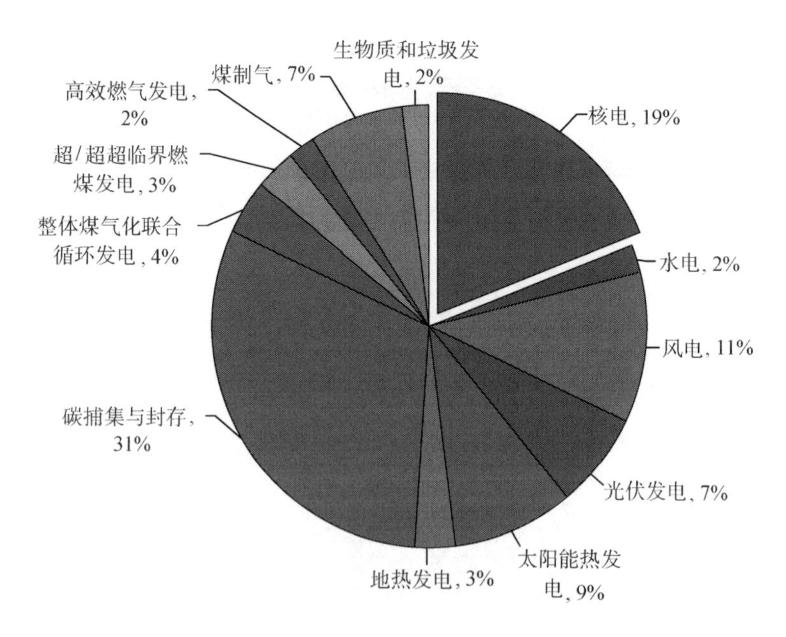

图 7-1　各关键技术对 CO_2 减排的贡献

到 2050 年来自电力行业的 CO_2 减排总量达到 140 亿吨

资料来源：IEA，2010b

二、制定过程与方法

IEA 将能源技术路线图定义为：“由利益相关方在其开发过程中所确定的一套动态的技术、政策、法律、财政、市场和组织要求。该工作应致力于改善和加强参与者之间在所有相关技术的具体研发、示范与推广信息方面进行分享和协作。目标是加速总体的研发、示范与推广进程，以便使具体技术能够早日为市场所接受。”基于这一定义，这份核电技术路线图确定了未来核电技术发展面临的主要障碍、机会和需要采取的政策措施，以便政策制定者和工业界及金融合作伙伴能够加速在国家层面和国际层面的研发、示范与推广工作。

在制定核电技术路线图的过程中，IEA 和 OECD-NEA 共同组织召开了两次研讨会，涉及来自核工业、电力行业、政府以及国际组织的专家。第一次是于 2009 年 9 月在伦敦与世界核电协会（一个核电行业组织）合作举办，第二次是于 2009 年 10 月在巴黎 IEA 总部举办，形成了关键技术发展水平的共同愿景。

IEA 在《制订和实施能源技术路线图指南》中指出，通常制定一份能源技术路线图需要 6～14 个月时间，制定过程包括两种类型活动（专家判断与达成共识、数据与分析）和四个阶段（规划和准备阶段、形成愿景阶段、制订路线图阶段、实施和修订路线图阶段），如图 7-2 所示。值得注意的是，在路线图制定完成后，应当做好其实施和修订工作，才能确保愿景目标的完全实现。

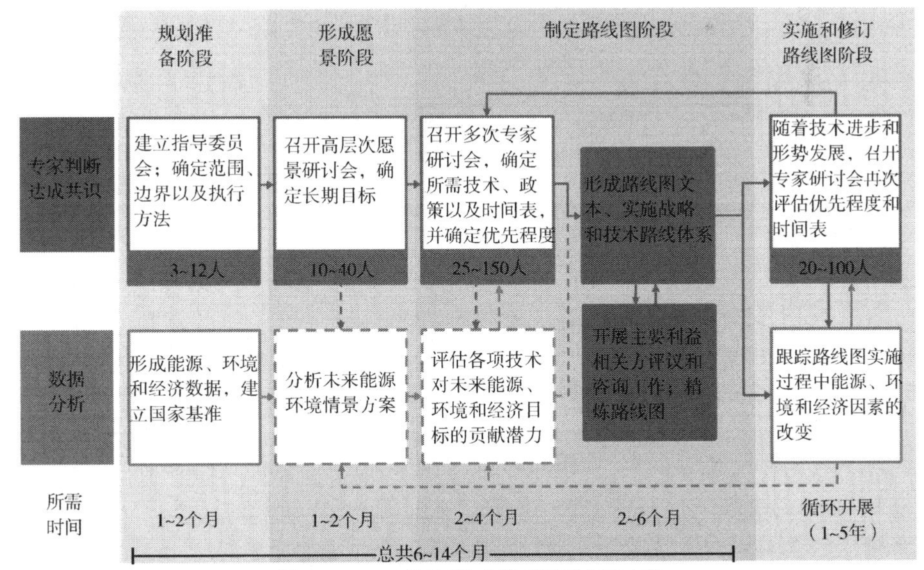

图 7-2　IEA 能源技术路线图制定过程

虚线意指可选步骤，取决于分析能力和资源

资料来源：IEA，2010c

三、主要内容

1. 增长展望

该路线图目标为到2050年核电装机容量达到1200GW，年均发电量近10 000TW·h，届时将占全球总发电量的24%，使得核电成为最大的电力来源。而在高核情景中，2050年总核电产能将达到2000GW，供应约16000TW·h电力，或占全球电力总量的38%（图7-3）。需要指出的是，该路线图制定时间是在2010年，而在2011年日本福岛核事故发生后，核电的未来发展将受到不小影响，IEA已在《世界能源展望2011》中调低了核电的发展预期，其低核情景显示到2035年，核电在全球电力总量中将仅占到7%。

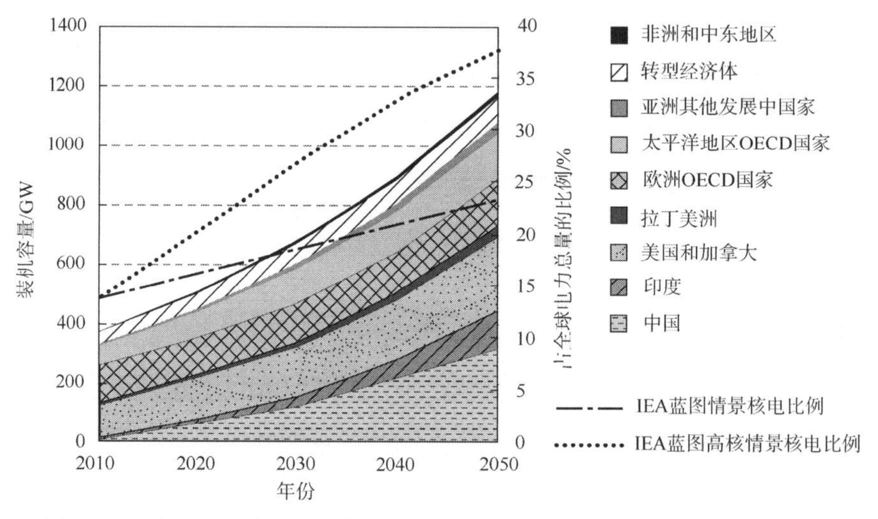

图7-3 《能源技术展望2010》两种情景预测的核电装机容量和电力所占比例

资料来源：IEA，2010b

2. 开发新一代核电技术

要达成核电部署2050年目标并不需要重大的技术突破，不过进一步技术开发将有助于维持核电的竞争力。在技术开发与推广上，核电迥异于其他大部分低碳能源来源。尽管在过去20年核电增长停滞不前，但这是一项拥有50多年商业运作经验的成熟技术，并不需要重要的技术突破来完成其更广泛的推广。从更长远来看，如果核电要发挥其全部潜力，将需要进一步的先进技术开发。拥有先进燃料循环的第四代核能系统目前正在开发中，这种设计可以在经济性、可持续性、防扩散性、安全性以及可靠性方面提供重要进展。它们将充分利用核燃料循环的能力，极大地提高铀资源的能源潜力。首堆工程有望在 2030 年后做好商业化部署的准备，但到 2050 年这些先进核反应堆还不太可能构成核工业的主要组成部分。政府应该继续支持先进核电技术的研发与示范，开发核电技术的长期潜力，提供可持续能源。国际社会也应该继续加强在开发先进反应堆和燃料循环技术方面的合作。核工业和电力公司应该与核电研究机构合作，开发下一代核电系统以确保选定示范的设计是其中最适合最终商业化的。

3. 政府提供强大政策支持

从中短期来看，核电扩张的最大阻碍是与政策相关的障碍以及来自行业或金融方面的障碍，而不是技术。政策支持和公众接受是实施核电计划必需的关键要素，国家能源政策中对核电清晰而稳定的支持也必不可少。政府应该为核电计划提供明确而持续的政治支持，作为国家战略的一部分，以达到能源和环保政策目标。政府还应与核工业和电力部门通力合作，统筹协调，克服核电发展中的困难，尤其是那些初次使用核电的国家或在很长一段时间没有新增核电的国家。各国政府应与利益相关方和公众进行沟通，解释核电在国家能源战略中的作用，通过鼓励公众参与决策进程寻求公众支持。

此外，政府还需建立合适的法律和监管框架。在那些现有核电计划的国家，政府应该确保与核电有关的立法和监管体系在保护公众和环境与提供投资决策所要求的确定性和时间进程之间找到适当的平衡；在那些启动新核电计划的国家，政府应遵照建立必要核电立法机构和监管机构的国际最佳做法，确保它们有效力、有效率。各国政府应通过尽可能统一监管设计要求，在全球范围内促进核电站的标准化设计建设。

4. 为新建核电厂提供融资

在国际能源署《能源技术展望 2010》模型假设条件的基础上，按照蓝图情景中预想的核电扩张，预计未来 40 年全球范围内所需的总投资为 4 万亿美元左右（图 7-4）。路线图指出，各国政府应确保电力市场的结构，并在适当情况下确保碳市场支持核电站所需要的大规模长期投资，从而为获得充足投资回报注入足够信心。各国政府应实施旨在减少 CO_2 排放的政策和措施，如碳交易机制、碳排放税或者要求电力公司使用低碳电力，鼓励低碳电力投资，包括投资新的核电产能。考虑到核电站投资金额较大，投资回报期较长，各国政府应考虑为私营部门的新核电站投资提供某些形式的支持或担保，否则的话，其风险回报比率会阻止潜在的投资者。此外，全球金融机构应加强评估核电站投资风险能力，制定合适的融资结构，为核电投资提供适当的金融条款。

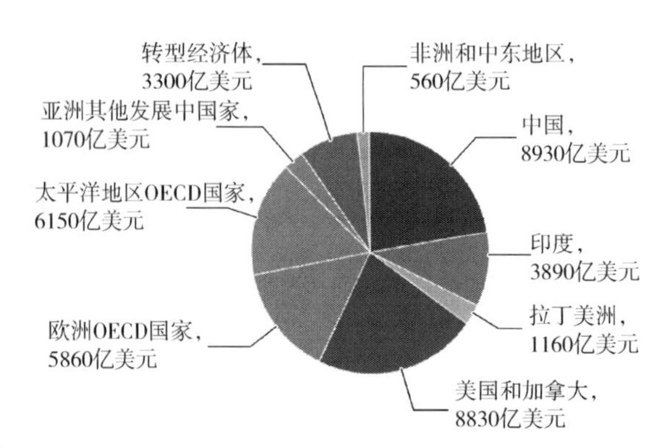

图 7-4　《能源技术展望 2010》预测的到 2050 年核电发展所需资金地区分布图

资料来源：IEA，2010b

5. 强化工业能力和人力资源基础

核工业应该在全世界投资建设工业生产能力以及培养高素质的人力资源，增加全球建设核电站的能力，在保持必要的高质量安全标准的同时拓宽供应链。对于那些重启核电计划的国家，政府应该确保在政府机构、电力企业、工业部门以及监管机构有合适的能胜任的高素质人才，以满足核电计划扩张的预期需求。而对于那些没有核工业基础、新启动核电计划的国家，国际社会应继续加强规划与这些国家在体制建设方面的合作，本国政府应支持国内产业培养能力，提高专业知识，以分包商和零部件供应商的身份有效参与国内外核电站项目。核工业还应该扩大铀生产以及核燃料循环设施产能，以与核电发电量增长保持一致，包括推广可用的更高效的先进技术。

6. 核废料处置与核不扩散

未来放射性废料管理的主要挑战是制订和实施乏燃料和玻璃化高放废料最终处置计划，长寿命的中放废料也可能用同样的方法处置。在所有核电项目中，放射性废物的管理与处置都是至关重要的组成部分，有必要在建造和运营高放射性废物处置设施方面取得进展。政府应该建立必要的法律政策框架，以确保有充足的长期资金用于放射性废料管理和处置以及退役，确保制定并实施能适用于各种类型放射性废料长期管理和处置的计划，尤其是处置乏燃料以及高放射性废料的地质储存库的建设和运行。

一些核技术和核材料有可能遭到非和平目的的滥用，实物保护以及核材料核算是每个核国家的首要责任。国际社会应在必要的时候保持和加强在核不扩散和核法规、核设施和材料的实物保护以及核燃料供应安全方面的合作，在必要区域维持并加强敏感核材料和核技术的国际安全保障体系。

IEA 核电技术路线图各阶段目标和利益相关方所需开展行动如图 7-5 所示。

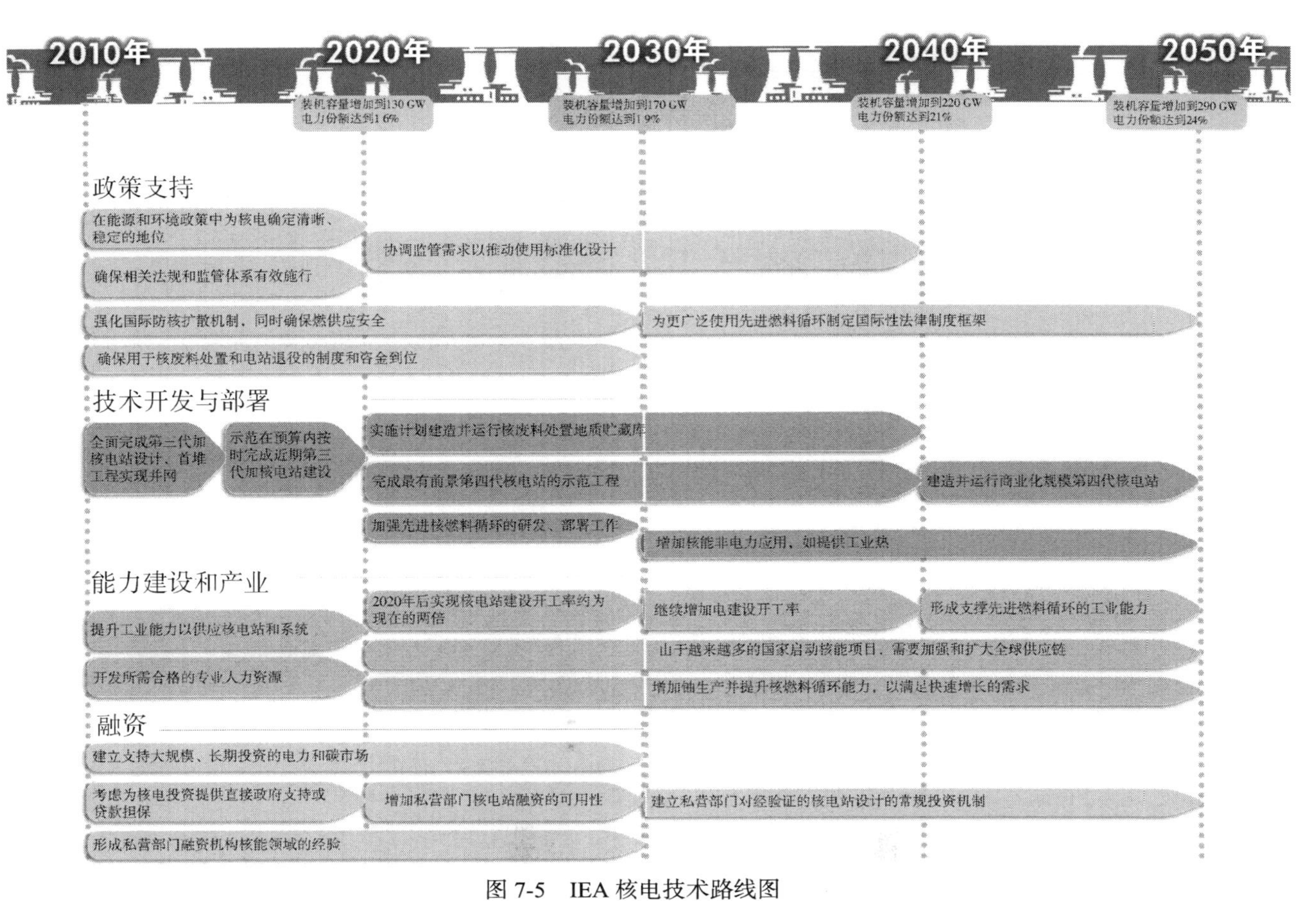

图 7-5　IEA 核电技术路线图

路线图中的时间范围为大概值，因各国而不同。特别是对于那些现在还没有核能项目的国家而言，将需要更多的能力和制度建设步骤，所需时间也更长

资料来源：IEA，2010d

四、作用与影响

IEA的路线图工作已经为国际社会的一些气候变化缓解计划和投资发挥了积极的作用，包括2009年12月提出的“主要经济体论坛技术行动计划”、由多家银行共同发起的“清洁技术基金”等。路线图中提出的这些技术里程碑和具体行动可以作为一份实施清单，使这些计划和投资在进行时能够全面地考虑有关技术研发与示范、融资、政策/监管、公众参与和国际合作等各个方面。

通过国际性能源技术路线图的制定，能够展现出以前难以发现而需要解决的一系列交叉性问题：①国际社会需要加强共同协调和知识共享，以加快低碳技术从示范到商业化过渡的进程；②需要帮助新兴经济体探索利用清洁能源技术的潜力，这些经济体需要提高专业技术能力，以及为其量身定制的能够恰当反映其独特需求、挑战和机遇的方法；③需要从战略上规划资本密集型低碳基础设施建设，如建立在区域基础上的二氧化碳输送网络和智能电网；④需要与当地社区尽早协商开展大规模低碳示范和基础设施建设项目的计划，以确保将当地需求纳入项目设计的考虑之中；⑤需要加强宣传和公众教育，以使公众了解在未来40年实现相关低碳能源成本和收益目标所面临的巨大挑战。

能源技术路线图提供了使国际社会转向利用新型低碳能源技术的坚实的分析基础。每个路线图都对一项具体技术提出了一条从目前直到2050年的发展路径，并确定了为实现该技术的全部潜力所需要的技术开发、融资、政策和公众参与方面的里程碑，以及政府、产业界、融资方以及社会公众在技术发展和部署过程中需要优先采取的行动。鉴于预期IEA成员国以外国家的能源利用和相关排放将有显著增长，路线图还确定了新兴经济体技术发展和普及所需要开展的工作。国际合作对于实现这些目标而言至关重要。在这方面，路线图工作可以在促进工业化国家和发展中国家政府、工业界和民间社会各层面加强合作上发挥重要作用。

第三节　美国核电研发路线图

一、产生背景

作为核电开发的原创国，美国拥有先进的核电技术和丰富的核电发展经验，领导着核电技术的发展。目前全球核电的主力堆型——压水堆和沸水堆这两种轻水堆均是美国首先开发并推广；并开发了多个第三代核反应堆型，如先进沸水堆（ABWR）、改进式先进压水堆（System 80+）和非能动先进压水堆（AP1000）等；还牵头研发第四代先进核能系统。为确保未来核电的有效利用，美国能源部核能局在 2010 年 4 月公布了《核电研究发展路线图》，揭示了美国政府核电研发的综合战略框架，明确了目前存在的主要挑战，确立了核电领域的研发目标、研发重点及研究方法。

二、制定过程与方法

DOE 核能局负责管理由联邦政府资助的大部分民用核电计划，包括下一代核电机组与先进核燃料循环技术的研究与开发、以政企合作的形式为建设和运营新核电机组提供资金以及为国家实验室的核电项目提供资金。核能局的主要职责是开展相应的研究、开发和示范工作，以消除核电发展过程中面临的技术、成本、安全和核扩散障碍，进而推进核电成为可满足美国能源、环境和国家安全需求的重要能源之一。核能局制定《核电研究发展路线图》从自身的使命出发，以目标为导向，确定了核电研发的四大目标；最后落实到实现这些目标所需要开展的关键科技活动以及涉及的关键技术（图 7-6），将作为美国政府核电项目部署与战略规划的指南。在每个研发目标框架下的研发路线图中，以长条图示列出了拟实施的研发计划，并且

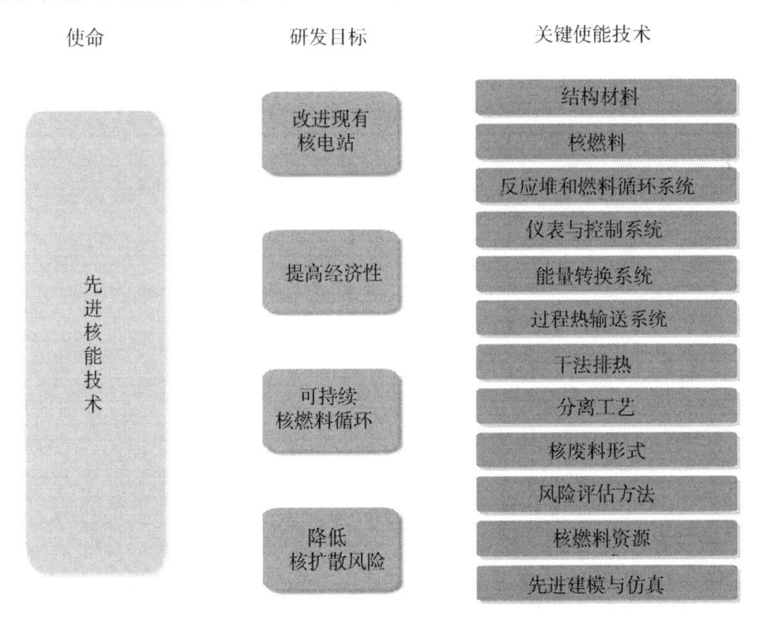

图 7-6　目标导向的美国核电研发路线图

资料来源：DOE，2010a

根据不同进展将研发活动划分为近期能够形成解决方案的研发里程碑和更长时期有潜力的研究活动，这两者在路线图中以不同标志来明确区分（前者是三角符号，后者是椭圆符号）。路线图中列出的研发里程碑和潜力研究活动并不是一成不变的，甚至在某些目标框架下互相还存在着竞争关系，DOE 将根据研究进展、前景、预算经费等因素来定期更新，以反映不同时期的研发优先级。

三、主要内容

路线图指出，美国加强核电应用所面临的国际国内挑战主要有四个：一是新的大型核电站的建设成本很高；二是随着核电规模的扩大，要继续保持核工业的安全性能；三是目前对于高放射性核废料缺乏完整的永久性解决办法；四是国际上核电应用的扩大引发了对核扩散的担忧。为解决上述挑战，路线图将需要开展的科技活动归结为四大研发目标框架下的研发计划，并遴选了涉及的重要技术领域。为了实现每项研发目标，路线图同时提出了以目标为驱动、以科学为基础的研发途径，结合理论、实验、模拟与仿真和工程示范等各环节来增进知识，促进新技术的开发。由于核电涉及的科技问题众多，并牵涉到核废料和防核扩散问题，路线图还提出了核能局需要与其他联邦机构及国际合作伙伴开展研发合作。

研发目标 1：开发技术和寻求相关解决方案，能够改进现有核电反应堆的可靠性、维持安全性并延长运行寿命。

美国现有核电站的运营和安全表现屡创佳绩，现今美国国内核电量已占到低碳电力总量的 70%。将核电站运行寿命延长到 60 年以上，并且（如果可能的话）进一步改进其生产率将在近期带来益处。政府有显著的财政刺激措施来激励工业界延长现存核电站的寿命，并与工业界共同承担成本。联邦研发投资用以解答基础科学问题，并且有助于在能够产生公众利益的广泛适用性技术问题上取得进展，而在这些问题上私人投资往往不够充足。在此目标中，DOE 的作用是与工业界合作，以及在适当领域与核监管委员会合作，来支持并开展长期研究，而这些研究是形成主要部件翻新和替代战略、性能提升计划、电站许可延长以及与老化相关的监管决策等所必须开展的工作。DOE 将关注需要长期研究的核电站老化现象与问题。在这一目标下需要开展的关键活动如图 7-7 所示。

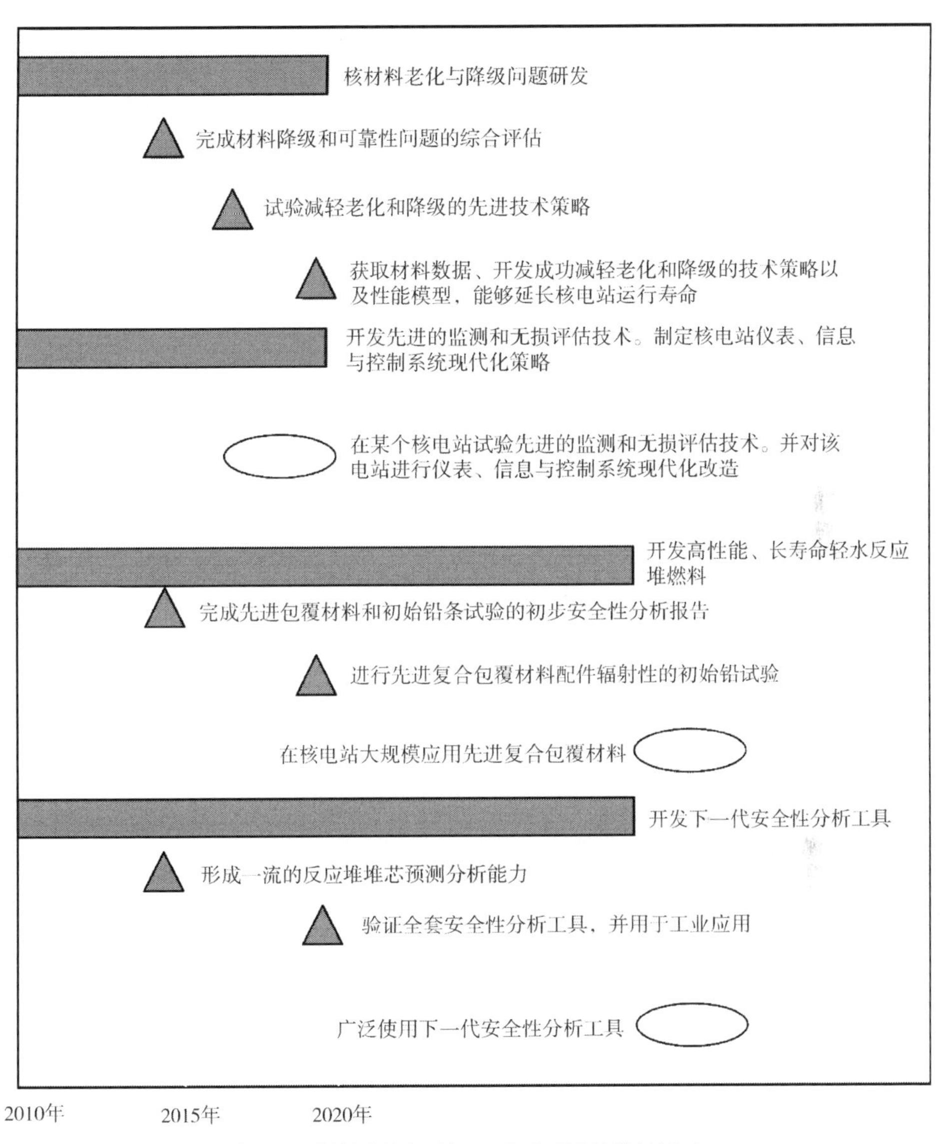

图 7-7　路线图研发目标 1 需要开展的关键活动

资料来源：DOE，2010a

研发目标 2：改进新型核电反应堆的经济性，能够使核电帮助实现美国能源安全与气候变化目标。

要使核电成为未来国家能源结构的重要组成部分，就必须克服部署新核电站的若干障碍。部署新电站（即使是那些基于熟悉的轻水反应堆技术）的障碍包括：建设所需的巨额资本成本，以及许可和建设电站所需时间的不确定性。尽管在部署上也存在一些障碍，但更先进的核电站设计如小型模块式反应堆（SMRs）和高温反应堆（HTRs）的特性将使得他们较现今的技术更具有吸引力。例如，相比其他设计，小型模块式反应堆有潜力实现更低的核扩散风险和更简化的建造过程。开发下一代核反应堆将实现更低的资本成本和更高的效率。这些新的反应堆设计可能基于高性能计算和结构材料方面的改进。工业界在克服部署障碍方面将起到重要作用。DOE通过开展范围广泛的研发活动提供支持，这些研发活动包括从基本核现象到先进核燃料开发等各方面，能够改进先进核反应堆的经济性和安全性能。核电能够减少发电产生的温室气体排放，并且可能替代化石燃料产生过程热进行热电联产，用于精炼和化肥及其他化学品生产过程中。在这一目标下需要开展的关键活动如图 7-8 所示。

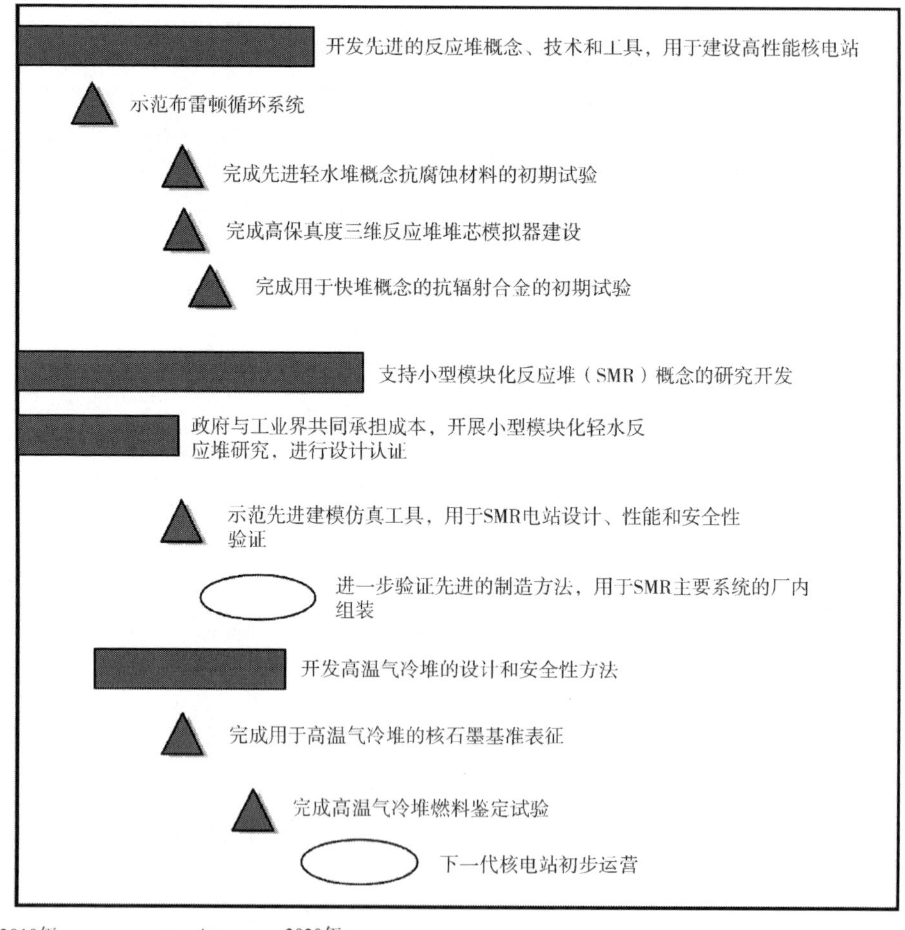

图 7-8 路线图研发目标 2 需要开展的关键活动

资料来源：DOE，2010a

研发目标 3：开发可持续核燃料循环。

可持续燃料循环是指那些能够改进铀资源利用率，最大限度提高能源产出，最小化核废料产生，提高安全性，以及限制核扩散风险的技术选项。其中的一个重大挑战在于：设计一系列技术选项使未来决策者能够在如何采取最佳方式管理反应堆乏燃料方面做出明智选择。美国政府已经建立了“美国核电未来发展蓝带委员会”（Blue Ribbon Commission on America’s Nuclear Future）来为核废料管理决策过程提供支持。DOE 将在这一领域开展研发工作，探明乏燃料管理三个潜在策略中存在的技术挑战：①一次通过法（once-through）。开发能够提高铀资源使用率，并降低产生每兆瓦时电力需要进行直接处理的乏燃料数量的反应堆核燃料。此外，对可能降低乏燃料中长寿命放射性元素含量的非铀燃料（如钍）进行评估。②改良开式循环。研究能够提高燃料利用率，并降低乏燃料中长寿命放射性元素含量的燃料形式和反应堆，并且采用能够大幅降低核扩散风险的技术，实施较少分离步骤。③全循环利用。开发能够对长寿命锕系元素进行重复回收利用的技术。最终目标是开发出一种低成本高效且具有低扩散风险的方法，能够大幅降低核废料造成的长期危害性，降低核废料处理带来的不确定性。

DOE 将致力于针对这三种途径开发最佳方法，为核废料管理策略和决策制定提供支持。在这一目标下需要开展的关键活动如图 7-9 所示。

研发目标 4：了解并最小化核扩散和恐怖袭击风险。

在限制核扩散和保证安全无风险的基础上开发利用核电非常重要。这些风险包括有些国家可能试图通过利用核技术制造核武器，以及恐怖分子可能设法窃取核材料用于制造核爆炸装置。解决这些问题需要与核技术同步发展的综合性措施，包括防卫和安全技术与系统，以及维护并加强防核扩散框架协议。技术进步对于防范核扩散风险只能够起到一部分作用，而出口控制以及安全防卫等制度措施对于解决核扩散问题同样重要。这些措施必须以全面的评估为支撑，这些评估旨在了解、限制以及管理国家-州核扩散风险和核技术的物理安全性。DOE 将专注于美国国内燃料循环技术和系统开发所需的评估。这些分析将与国家核安全管理局（NNSA）所做的评估互为补充，从而对国家-州核不扩散以及国际核不扩散机制做出评估。核能局将与包括 NNSA、美国国务院、核监管委员会在内的其他组织合作，制定、实施与执行这些综合措施。在这一目标下需要开展的关键活动如图 7-10 所示。

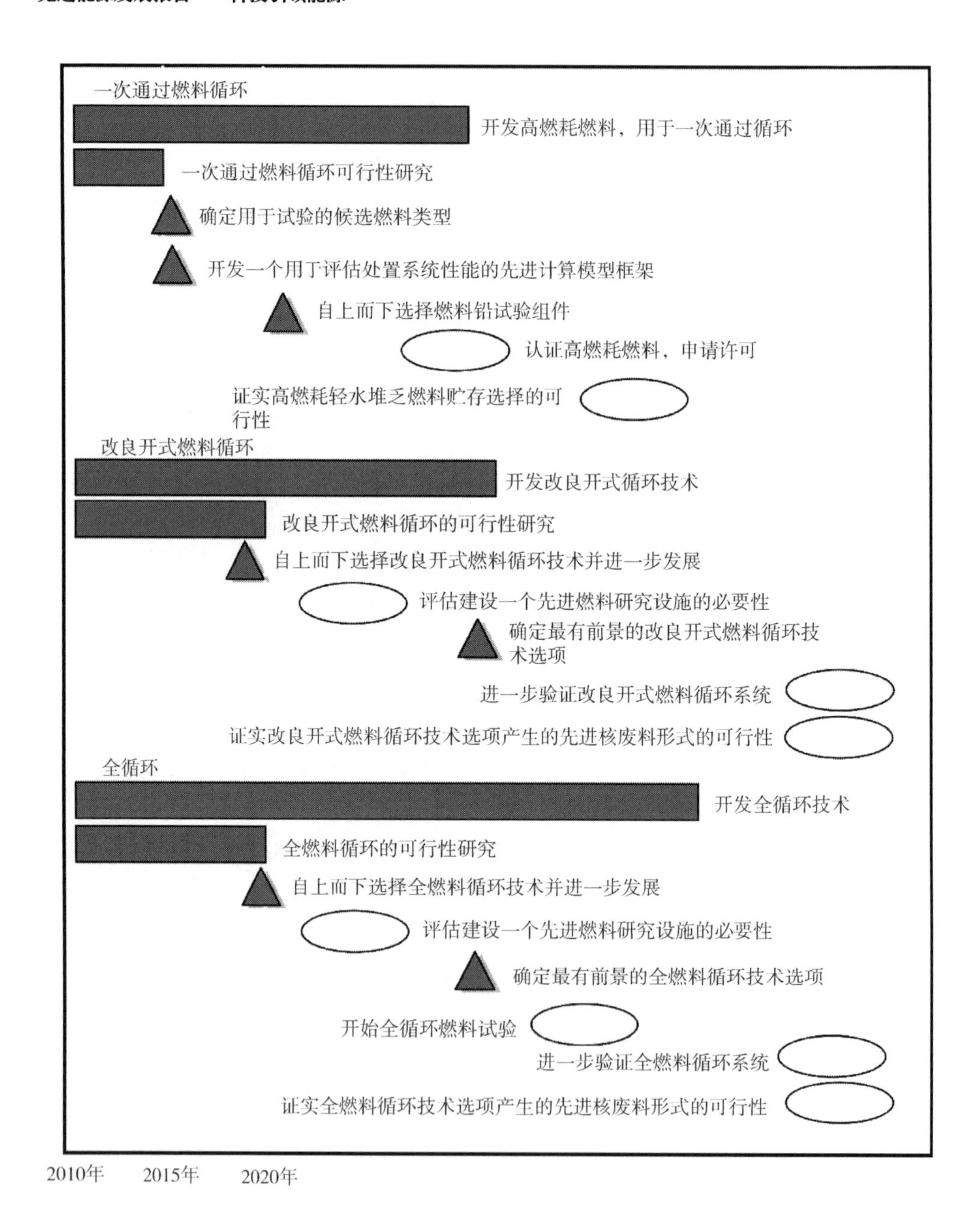

图 7-9　路线图研发目标 3 需要开展的关键活动

资料来源：DOE，2010a

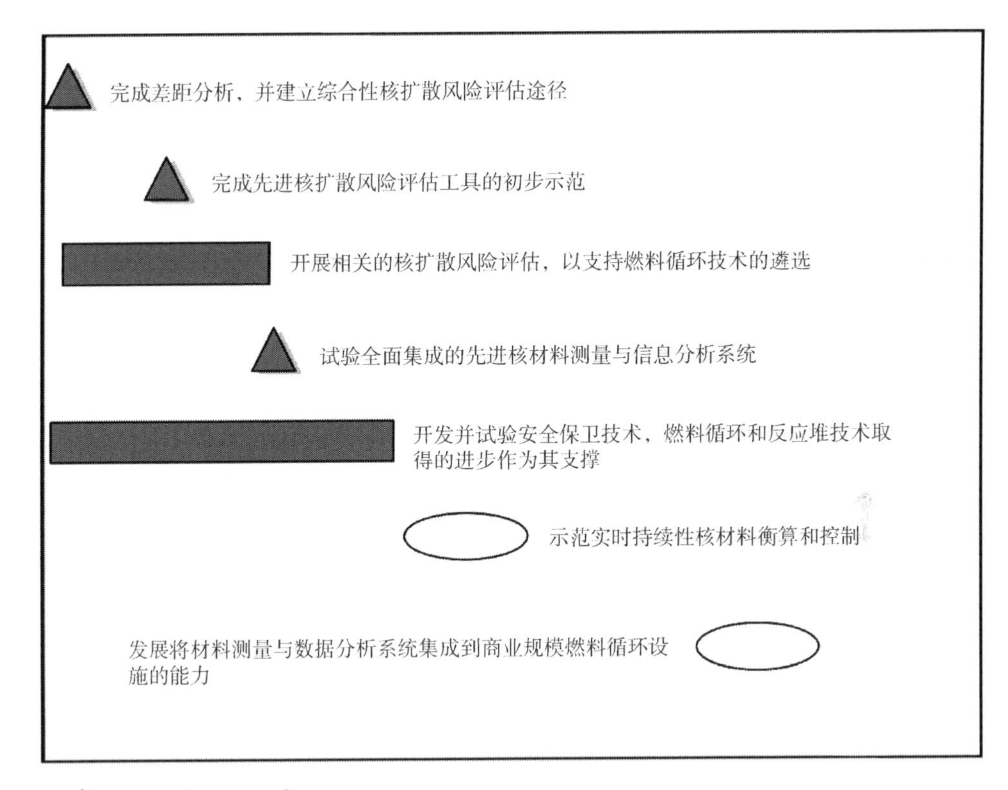

图 7-10　路线图研发目标 4 需要开展的关键活动

资料来源：DOE，2010a

路线图确定了在部分技术领域开展研发活动，以支撑核电研发目标的实现（表 7-1）。

表 7-1　路线图研发目标涉及的技术领域

技术领域	研究内容
结构材料	多个研发目标可受益于能够在高温环境下应用的先进抗辐射和抗腐蚀材料的开发，因此可制定一个协同研发项目来支持这一领域工作
核燃料	开发改进型和先进核燃料是现有轻水堆和整个先进核电系统研发的一个主要目标。潜在燃料需求包括轻水堆、快堆、气冷反应堆高燃耗燃料，包覆颗粒燃料，快中子谱和热中子谱嬗变燃料和靶材，钍燃料以及熔融盐燃料。必须制定一个紧密协调且良好集成的核燃料研发项目，可支撑所有研发目标
反应堆系统	需要先进技术与反应堆概念来改进核电的经济效益。多种先进反应堆概念（如轻水反应堆、小型模块化、气冷技术、液态金属冷却、熔盐冷却等）可能在核电未来发展中发挥作用

续表

技术领域	研究内容
仪表与控制系统	开发并部署数字化仪表与控制系统将有利于当前及未来的反应堆，先进的仪表与控制系统也有利于未来的核燃料循环设施，安全防卫技术的开发也依赖于先进的仪表与电站控制系统
能量转换系统	先进的能量转换系统将会提高未来反应堆的效率，并推动过程热工业对核能的使用
过程热输送系统	过程热输送系统的发展可与多种反应堆技术相结合，使核能向有需要的工业部门输送过程热
干法排热	先进的干法排热系统可提高核电厂的环境友好度，并使核电能够部署在用水受限制的地区
分离工艺	未来轻水堆燃料、快堆燃料、气冷反应堆燃料、熔盐燃料循环的可持续能力与经济性，将部分取决于能否将关键元素从无法封存在处置库里的核废料中分离出来的能力
核废料形式	工程设计、制造和管理燃料循环核废料的能力对于实现可持续燃料循环至关重要，在数十年到上千年的时间内，这些核废料的化学特性和结构特性均保持稳定。而且这种能力必须与放射化学研究和贮藏系统研究紧密结合
风险评估方法	基于系统行为力学模型的先进风险评估方法将有利于新型核电系统和燃料循环技术的安全评估，一流的计算与实验技术不仅有利于新型反应堆概念，也对燃料循环所需的其他核设施有利
先进建模与仿真	以科学为基础的方法在很大程度上依赖于与相关预测性理论相结合的基础实验。然而，综合运用以科学为基础的方法用于多种相关现象的预测工具需要先进的计算科学，在其中不同时空尺度的现象通过使用现代计算平台可转换为工程代码来相互比较

资料来源：DOE，2010a

在探索新技术和寻求转型技术进步时，以目标为驱动的、以科学为基础的研发方法对于实现上述目标而言是十分重要的。如图 7-11 所示，这种以科学为基础

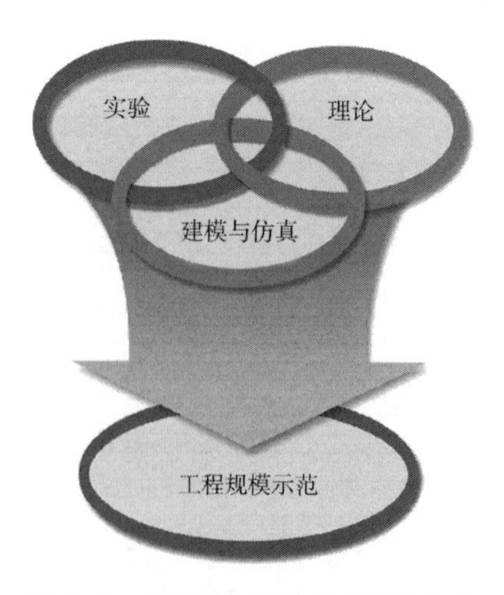

图 7-11　路线图提出的核电研发途径

资料来源：DOE，2010a

的方法将理论、实验以及高性能建模与仿真结合起来，以对开发新技术形成必需的基本认知。先进建模与仿真工具，将与以理论为基础的小规模、特定现象实验一道，降低对大规模、高成本综合性实验的需求。先进建模与仿真所获取的信息将导致新的理论认知，并且反过来推动模型和实验设计的完善。这类研发活动必须得到来自 DOE 科学局基础研究能力的支持。

核能局拥有对一大批研究设施的使用权以支持其研究活动。高放射性物质工作屏蔽室（hot cell）和试验反应堆处于这些设施的顶层，其次是较小规模放射性设施、专业工程设施和小型非放射性实验室。核能局采用多管齐下的办法以保证能够在需要时使用这些设施。核心研发能力要依靠 DOE 所拥有的辐照、检验、化学过程和核废料的开发设施，而各大学拥有的从研究反应堆到材料科学实验室在内的一系列研究设施作为补充。在开展这种以科学为基础的研发活动中，需要通过既定的规划与预算编制过程对基础设施需求进行评估和考量。

通过多边或双边协议（包括第四代核能系统国际论坛），与其他国家开展合作，将有可能充分利用和放大美国的高效研发能力。DOE 同时也是经济合作与发展组织核电署以及国际原子能机构核电倡议的成员，直接承担新型反应堆系统的开发和部署工作。除这些研发活动外，对于建立旨在解决和缓解核扩散问题的国际规范与控制制度而言，由核能局和其他政府机构支持的国际交流活动也是非常重要的。

四、作用与影响

奥巴马政府在其《美国未来能源安全蓝图》中明确指出，为实现能源安全和减少温室气体排放，美国必须尽快在本国开发和部署价格低廉的清洁能源。核裂变能将继续是实现其目标的一揽子能源技术的关键组成部分。此份核电研发路线图作为具体指导美国未来十年乃至更长时间核电研发和部署的战略性文件，在促进美国核电复兴的过程中发挥了重要作用。

（1）推动成立了第一家能源创新中心“先进轻水反应堆模拟仿真联盟”（CASL）。2011 年成立的 CASL 由橡树岭国家实验室（ORNL）领导，有四个国家实验室、三家企业和三所大学参与，利用超级计算机对反应堆进行仿真建模，通过从“虚拟模型”和现实反应堆中获得的数据相结合来解决核电在近期、中期和长期内所面临的技术问题，已获得了 5 年高达 1.22 亿美元的资金支持。

（2）促使 DOE 预算案中核电部分编制改革，按照路线图列支核电使能技术、反应堆概念研发、小型模块式反应堆计划给予专门经费支持。DOE 从 2011 财年开始在年度预算中将路线图中提到的上述领域列为单独计划申请专门经费，同时调整其他计划，以更好地实现研发目标（表 7-2）。

表 7-2　2010～2013 财年 DOE 预算核电计划调整情况　（单位：千美元）

项目	2010 财年	2011 财年	2012 财年	2013 财年
核电 2010	20 000	—	—	—
第四代核能系统	191 000	—	—	—
核电使能技术	—	99 300	97 364	65 318
反应堆概念研发	—	195 000	125 000	73 674
小型模块式反应堆许可技术支持	—	—	67 000	65 000
国际核电合作	—	3 000	3 000	3 000

注：表中标横线“—”代表当年预算明细中没有列支该计划经费
资料来源：根据美国能源部 2010～2013 财年预算文件整理

（3）支持重启核电建设。2012 年美国正式恢复了中断 30 余年的国内核电建设，在本土首建第三代核反应堆，除了给予 83.3 亿美元的贷款担保外，DOE 还通过成本共担协议提供超过2000万美元用于支持西屋公司AP1000反应堆型更新设计的认证评估。

第四节　第四代核能系统技术路线图

一、产生背景

DOE 早在世纪之交时，即开始规划发展在经济性、安全性和废物处理等方面有重大革命性变革的第四代核能系统，在 1999 年 6 月的美国核学会年会上最早提出了发展第四代核能系统的考虑。在同年 11 月召开的美国核学会冬季年会上，DOE 核能局进一步明确了发展第四代核能系统的设想。2000 年 1 月，在 DOE 的倡议下，美国、英国、瑞士、南非、日本、法国、加拿大、巴西、韩国和阿根廷等十个有意发展核能利用的国家派专家参加了“第四代核能系统国际论坛”，并于 2001 年 7 月共同签署了合作研究开发第四代核能系统的合约。欧洲原子能共同体于 2003 年加入该论坛，中国和俄罗斯在 2006 年年底也加入了该论坛。该论坛主要由各国政府部门支持的科研院所、高等院校和工业界参与。

自 2000～2002 年三年中，GIF 先后组织 100 多名专家开过 8 次研讨会，提出了第四代核能系统的具体技术目标。主要包括：①核电机组比投资不大于 1000 美元/kW，发电成本不大于 3 美分/kW·h，建设周期不超过 3 年；②极低的堆芯熔化概率和燃料破损率，人为错误不会导致严重事故，不需要厂外应急措施；③尽可能减少核从业人员的职业剂量，尽可能减少核废物产生量，有完整的核废物处理和处置方案，其安全性能为公众所接受；④核电站本身要有很强的防核扩散能力，核电技术和核燃料技术难于被恐怖主义组织所利用；⑤全寿期和全环节的管理系统；⑥国际合作开发机制。

2002 年 9 月，GIF 在东京达成共同研发第四代核能系统的协议，通过了来自 GIF 成员国家、经济合作与发展组织核能署（OECD-NEA）、欧盟委员会以及国际原子能机构的 100 多位专家制定的《第四代核能系统技术路线图》，为今后的双边和多边合作选定了 6 个第四代核能系统概念设计作为优先研究开发对象：气冷快堆、铅冷快堆、熔盐堆、钠冷快堆、超临界水冷堆和超高温气冷堆，旨在 2030 年或更早时间能够将其推向市场，使其在安全性、经济性、可持续发展性、防核扩散、防恐怖袭击等方面都有显著的先进性和竞争能力。这些概念设计的研发实现不仅要考虑用于发电或制氢等的核反应堆装置，还应把核燃料循环也包括在内，组成完整的核能利用系统。

二、制定过程与方法

1. 工作组织结构

在第四代核能系统目标最终确立后，即已开展编制第四代核能系统技术路线图的准备工作，负责路线图编制工作的组织结构如图 7-12 所示。路线图综合工作团队（Roadmap Integration Team，RIT）是执行组，之下成立由国际专家组成的各个小组承担对候选系统的鉴定和评估，并确定支持系统的研发活动。

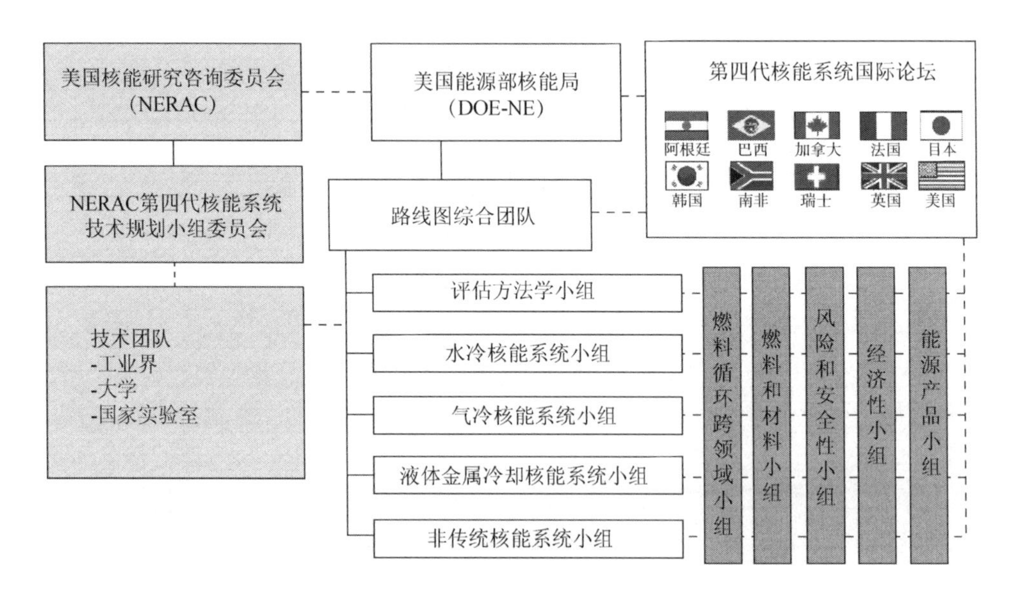

图 7-12 第四代核能系统技术路线图编制工作组织结构

资料来源：DOE and GIF，2002

评估方法学小组主要负责开发系统评估方法，用以评估提议的第四代核能系统候选堆型实现第四代核能目标的潜力；同时向全球征集方案，要求核能系统概念提议者提交他们认为可以满足第四代核能系统部分或全部目标的资料，在路线图编制时收到了来自十多个国家研究者的近百个核能系统概念和意见。

各种核能系统（水冷式、气冷式、液态金属冷却式和非传统反应堆）的技术工作小组负责利用评估方法学小组开发的方法，对提交的系统进行审查并评估他们的潜力。鉴于提交的系统概念数量巨大，技术工作小组按照相似的属性将这些概念归类成多个概念集合。初期筛除那些对实现目标不具备合理潜力、不切实际或技术上不可行的概念或概念集合；之后实施最终筛选，定量地评价每个概念或概念集合满足第四代核能系统目标的潜力。

最早成立了燃料循环跨领域小组，以探究燃料循环的选择对主要可持续性因素的影响，尤其是废物管理和燃料利用。这些成员同样来自技术工作小组，以便他们能直接比较各自的见解和结论。之后还成立了包括经济性、风险与安全性、燃料与材料以及能源产品方面的数个跨领域小组。这些跨领域小组从技术评估和研究领域处理的一致性上对技术工作小组的报告进行了审查，并就他们研究领域内跨学科研发的范围和优先级提出了建议。最终，技术工作小组和跨领域小组一起就最有前景概念的核能系统研发需求和优先级提出了路线图报告。

2. 路线图评估与选择方法学

选择第四代候选核能系统依照如下四步工作完成：①定义和评价候选系统；②评估和讨论候选系统任务（国家优先级）；③对任务评估和性能的终审；④最终决定候选系统，并确定近期可部署的设计。

第一步是在一年多时间内，路线图制定工作参与者和 NERAC 第四代核能系统技术规划小组委员会开展的资料收集工作。最终得到对候选系统概念广泛一致的评价，并在 2002 年 4 月前期得到小组委员会的审查。之后的三步工作继续在小组委员会的指导下进行，通过 2002 年上半年的一系列会议逐渐由 GIF 路线图综合工作团队着手开展。

使用通用的评价方法学是这次路线图计划的核心特点，这样可以为评价诸多候选概念是否具备满足第四代核能系统目标的潜力提供一致的基础。该方法学在计划初期由评估方法学小组开发。基本步骤是设计出多个评估标准，可以表示跟目标相关的性能；然后根据这些标准，利用特定的衡量方法（即规格）来评价候选概念的性能。技术工作小组利用各个标准对候选概念进行了评价，并具体说明了它们在反映预期性能和性能不确定性方面的可能分布。各个跨领域小组和路线图综合工作团队审查了这些评估，并提出意见。

图 7-13 呈现的是四个评价领域，包含有八个目标，以及与各目标适应的 15 种标准和 24 种规格。这些标准和规格根据归属的目标进行分组。例如，在可持续性目标领域中有两个目标：第一个目标——“SU1 资源利用”，利用称作“SU1-1 燃料利用”的单一标准进行评估；第二个目标——“SU2 废物最少化和管理”，利用“SU2-1 废物最少化”和“SU2-2 废物管理和处置的环境影响”两个标准进行评估，并设置了各个标准的权重。其中还有部分标准是不同目标通用的。该路线图的八个目标是同等重要的。也就是说，有前景的核能系统候选概念在理论上必须每一个目标都表现较好，而不能为强化一个目标而削弱另外一个。

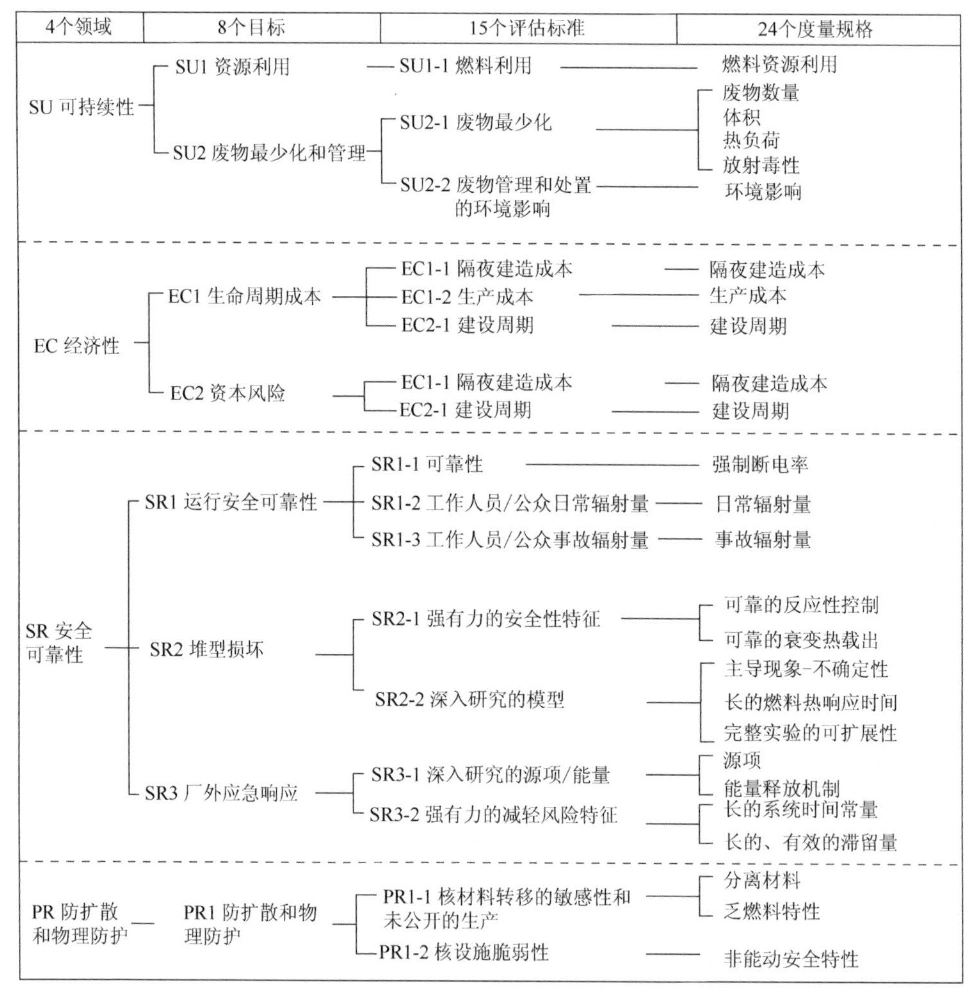

图 7-13 第四代核能系统技术路线图评价领域、目标、标准和规格

资料来源：DOE and GIF，2002

三、主要内容

1. 气冷快堆

GFR 概念为氦气冷却、闭式燃料循环快中子堆（图 7-14），设计热功率为 600MWth，电功率为 288MWe，冷却剂入口温度约为 490℃，出口温度约为 850℃，压力约为 9MPa，采用氦气布雷顿循环气体透平机，热效率达 48%以上。由于冷却剂出口温度较高，也可为热化学制氢等提供工艺热能。GFR 采用棱柱形

或球床布置的快中子堆芯，可使用多种燃料，如复合陶瓷燃料或陶瓷包裹的锕系元素混合物燃料，可在高温下运行并长期保持裂变产物，所有锕系元素都进行再循环，以有效利用裂变和增殖材料，并将长寿命高放射性废物降至最低，具有可持续发展能力。GFR 的设计参数如表 7-3 所示。

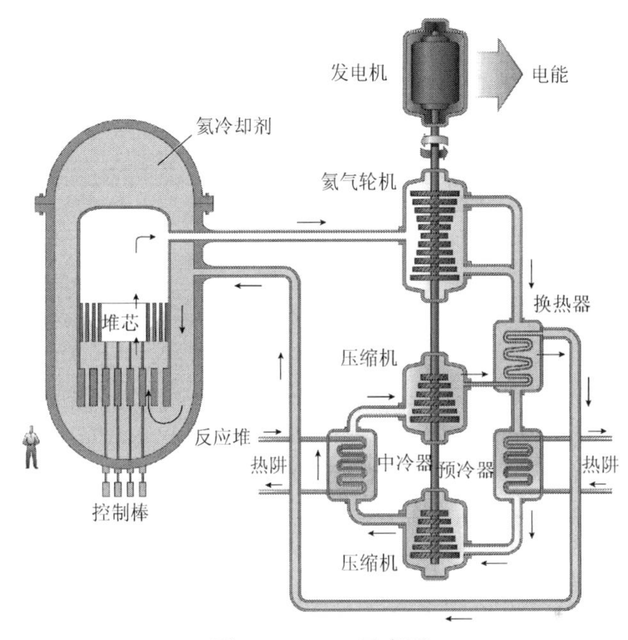

图 7-14　GFR 示意图

资料来源：DOE and GIF，2002

表 7-3　GFR 设计参数

反应堆参数	参考值
热功率/电功率	600MWth/288MWe
净热效率（氦直接循环）	48%
冷却剂进口/出口温度和压力	490℃/850℃，90bar
平均功率密度	100MWth/m^3
参考燃料成分	Pu 含量大约为 20%的 UPuC/SiC（70%/30%）
堆芯体积比（燃料/气体/SiC）	50%/40%/10%
转化比	自足
燃耗，损伤（damage）	5% FIMA；60dpa

资料来源：DOE and GIF，2002

GFR 技术上有待解决的关键问题主要包括：用于快中子谱 GFR 的燃料元件；堆芯设计具有较硬的快中子谱，在增殖包层中能获得较高的转化比；快中子堆的安全性，特别是在高功率密度下（100MWth/m^3）和热惰性较小的条件下如何解决停堆后堆芯衰变热的安全载出；燃料循环技术，包括乏燃料的解体和再制造技术；相关材料的开发；高性能的氦气透平研发等。GFR 研发的日程安排、成本以及决策点如图 7-15 所示。

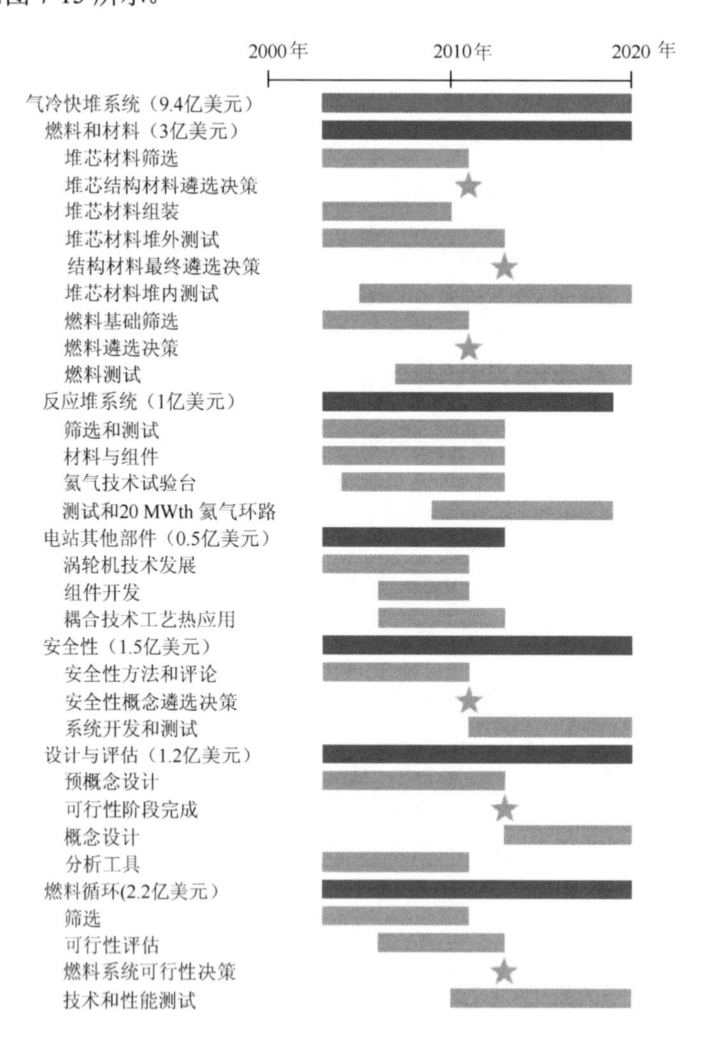

图 7-15　GFR 研发的日程安排、成本以及决策点示意图

资料来源：DOE and GIF，2002

2. 铅冷快堆

第四代核能系统的 LFR 概念是采用铅或铅/铋共熔低熔点液态金属冷却的快堆（图 7-16）。燃料循环为闭式，可实现 U-238 的有效转换和锕系元素的有效管理。铅具有在常压下的沸点很高、热传导能力较强、化学活性基本为惰性及中子吸收和慢化截面都很小等特性。LFR 除具有燃料资源利用率高和热效率高等优点外，还具有很好的固有安全和非能动安全特性。

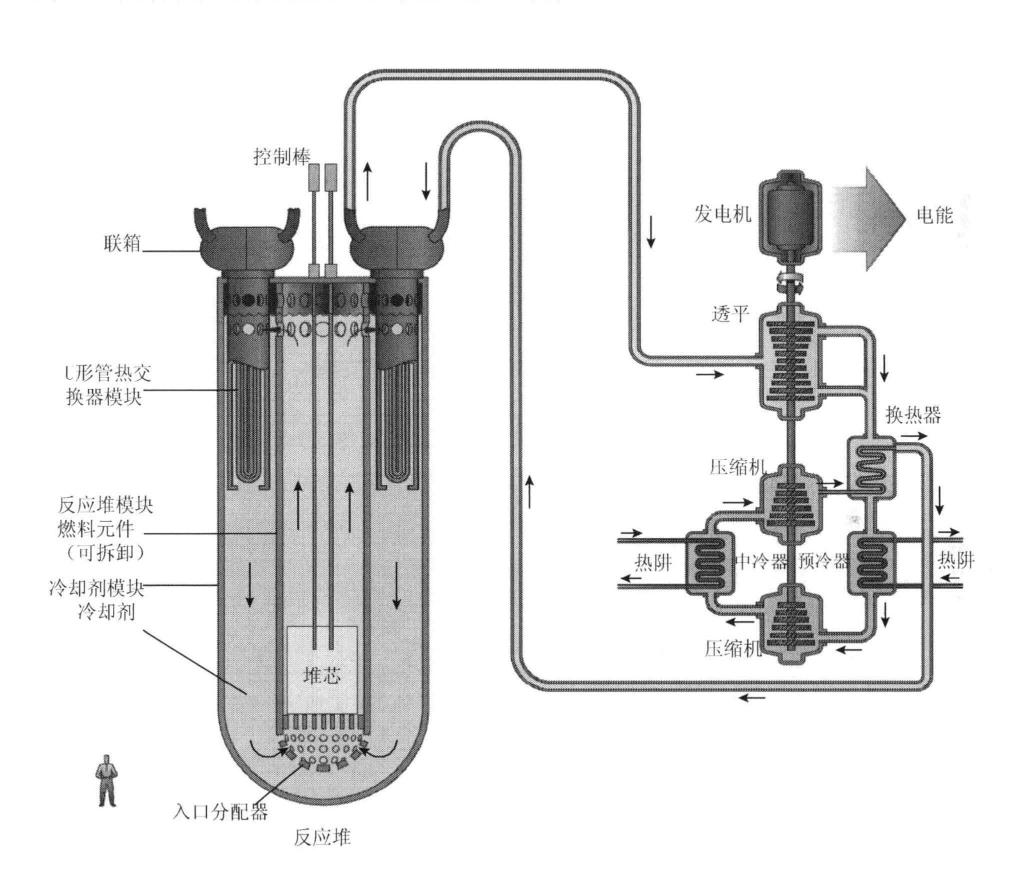

图 7-16　LFR 示意图

资料来源：DOE and GIF，2002

LFR 采用完全锕系再循环燃料循环，设置地区燃料循环支持中心负责燃料供应和后处理。可以选择一系列不同的电厂容量：50～150MWe 级、300～400MWe

级和 1200MWe 级。燃料是包含增殖铀或超铀在内的金属或氮化物。LFR 采用自然循环冷却，反应堆出口冷却剂温度达 550℃，采用先进材料则可达 800℃。在这种高温下，可用热化学过程来制氢。LFR 的设计参数如表 7-4 所示。

表 7-4　LFR 设计参数

反应堆参数	参考值			
	50 ~ 150MWe 级（近期）	300 ~ 400MWe 级（近期）	1200MWe 级（近期）	50 ~ 150MWe 级（远期）
冷却剂	Pb-Bi	Pb-Bi	Pb	Pb
堆芯出口温度/℃	约 550	约 550	约 550	750 ~ 800
压力（大气压）	1	1	1	1
热功率/MWth	125 ~ 400	约 1000	3600	400
燃料	金属合金或氮化物	金属合金	氮化物	氮化物
包壳	铁酸盐	铁酸盐	铁酸盐	陶瓷包覆或难熔合金
平均燃耗/（GWD/MTHM）	约 100	100 ~ 150	100 ~ 150	100
转换比	1.0	d≥1.0	1.0 ~ 1.02	1.0
栅格	开式	开式	混合	开式
主回路流体循环方式	自然循环	强制循环	强制循环	自然循环
Pin 线性热耗率	降低值	名义值	名义值	降低值

资料来源：DOE and GIF，2002

LFR 技术上有待解决的关键问题主要包括：堆芯材料的兼容性；导热材料的兼容性；在化学、热力、结构兼容（包括原始数据和整体试验）的基础上选择一种可行的燃料、包壳和冷却剂的组合；根据选定的燃料、包壳和冷却剂的组合，制定核燃料再循环、再加工和核废料处理方针；考虑到冷却剂密度超过部件密度，要研究堆结构、支撑和换料的初步概念设计方针；传热部件设计所需的基础数据；结构的工厂化制造能力及其成本效益分析；冷却剂的化学检测和控制技术；开发能量转换技术以利用能量转换装置方面的最新发展；研发核热源和不采用朗肯（Rankine）循环的能量转换装置间的耦合技术。LFR 研发的日程安排、成本以及决策点如图 7-17 所示。

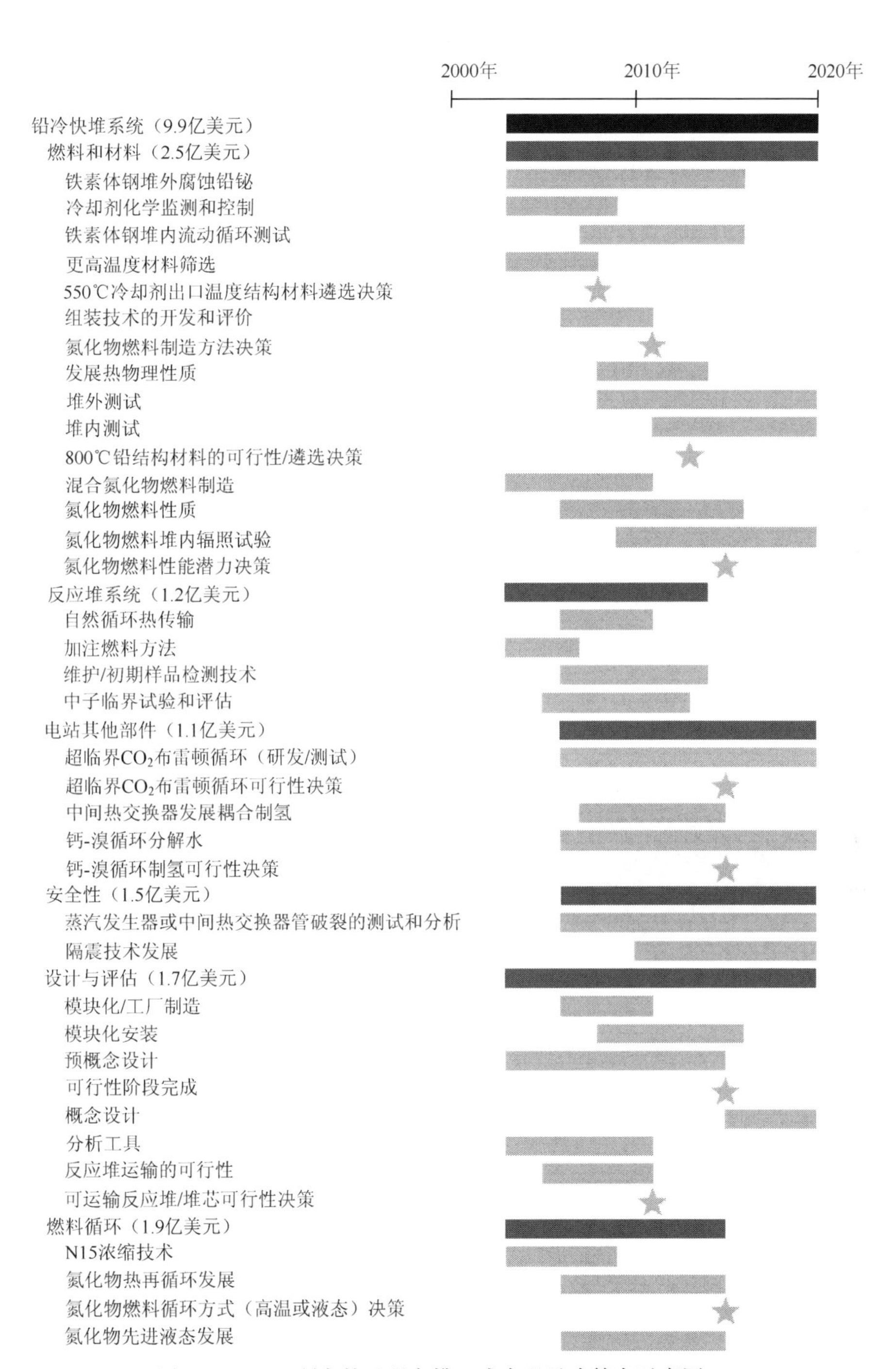

图 7-17　LFR 研发的日程安排、成本以及决策点示意图

资料来源：DOE and GIF，2002

3. 熔盐堆

第四代核能系统的 MSR 概念采用超热中子能谱和为有效利用钚和次锕系元素燃料而设计的闭合燃料循环，将铀、钚及其他锕系元素熔入高温熔融的钠、锆的氟化盐作为燃料和冷却剂，采用石墨慢化剂（图 7-18）。当熔盐燃料流入堆芯时，发生裂变反应释热，流出堆芯时载热出堆，经一级换热器将热量传给二回路熔盐冷却剂，熔盐燃料经净化后流回堆芯。二回路非放射性熔盐将一级热交换器的热量转移给以氦或氮为冷却剂的高温布雷顿循环，将热能转换为电能。MSR 中子经济性好，有利于燃烧锕系元素并得到较高的增殖系数，其设计电功率为 1000MWe，冷却剂压力很低（<0.5MPa），沸点高达 1400℃，具有被动安全性，冷却剂出口温度约为 700～850℃，效率达 45%～50%，具备为制氢工艺提供热能的潜力。MSR 可使用多种燃料循环，如 Th 和 U233 循环和锕系循环等，在运行过程中，裂变产物被不断在线净化，同时添加新燃料或钚和其它锕系元素。LFR 的设计参数如表 7-5 所示。

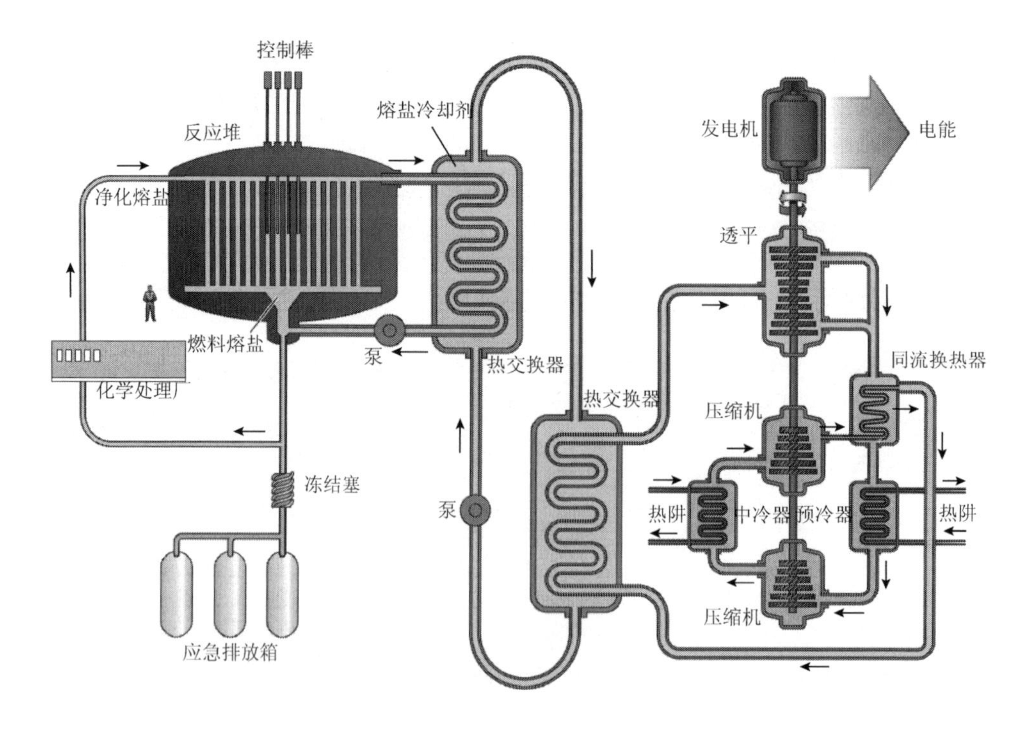

图 7-18　MSR 示意图

资料来源：DOE and GIF，2002

表 7-5　MSR 设计参数

反应堆参数	参考值
电功率	1000MWe
功率密度	22MWth/m^3
净热效率	44%～50%
燃料盐入口/出口温度	565℃/700℃（制氢 850℃）
慢化剂	石墨
功率循环	多次再热的回复式氦气布雷顿循环
中子谱燃烧炉	热锕系

资料来源：DOE and GIF，2002

为了达到作为第四代先进核能系统的 MSR 的发展目标，有相当多的关键技术需要验证，包括：用于锕系焚烧的 MSR，需要采用含高浓度锕系和镧系物质的熔盐体系，这种熔盐体系的可熔性需要试验；熔盐体系在运行工况最终处置时的化学行为；结构材料在高温下与新燃料熔盐和辐射后燃料熔盐的相容性；贵金属裂变产物在热交换器表征沉积行为；熔盐的处理、分离和后处理技术以及相关的环境保护和辐射防护等。MSR 研发的日程安排、成本以及决策点如图 7-19 所示。

4. 钠冷快堆

第四代核能系统的 SFR 概念是用金属钠作冷却剂的快中子能谱反应堆，采用闭式燃料循环方式，能有效地管理锕系元素和 U-238 的转换（图 7-20）。这种燃料循环采用完全锕系再循环，所用的燃料有 2 种：中等容量以下（150～500MWe）的 SFR，使用铀-钚-次锕元素-锆金属合金燃料；中等到大容量（500～1500MWe）的 SFR，使用 MOX 燃料。前者由在设施上与反应堆集成为一体的基于高温冶炼工艺的燃料循环所支持，后者由在堆芯中心位置设置的基于先进湿法工艺的燃料循环所支持，两者的出口温度都近 550℃。一个燃料循环系统可为多个反应堆提供服务。

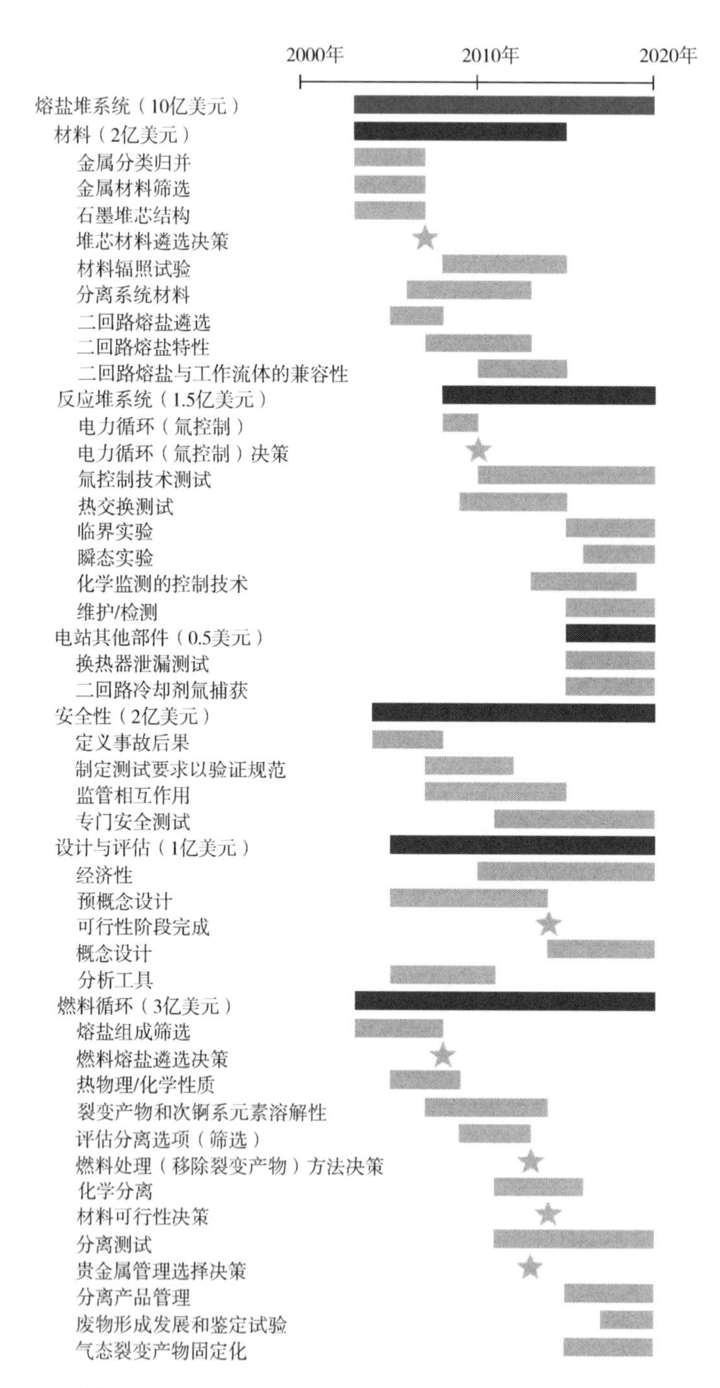

图 7-19　MSR 研发的日程安排、成本以及决策点示意图

资料来源：DOE and GIF，2002

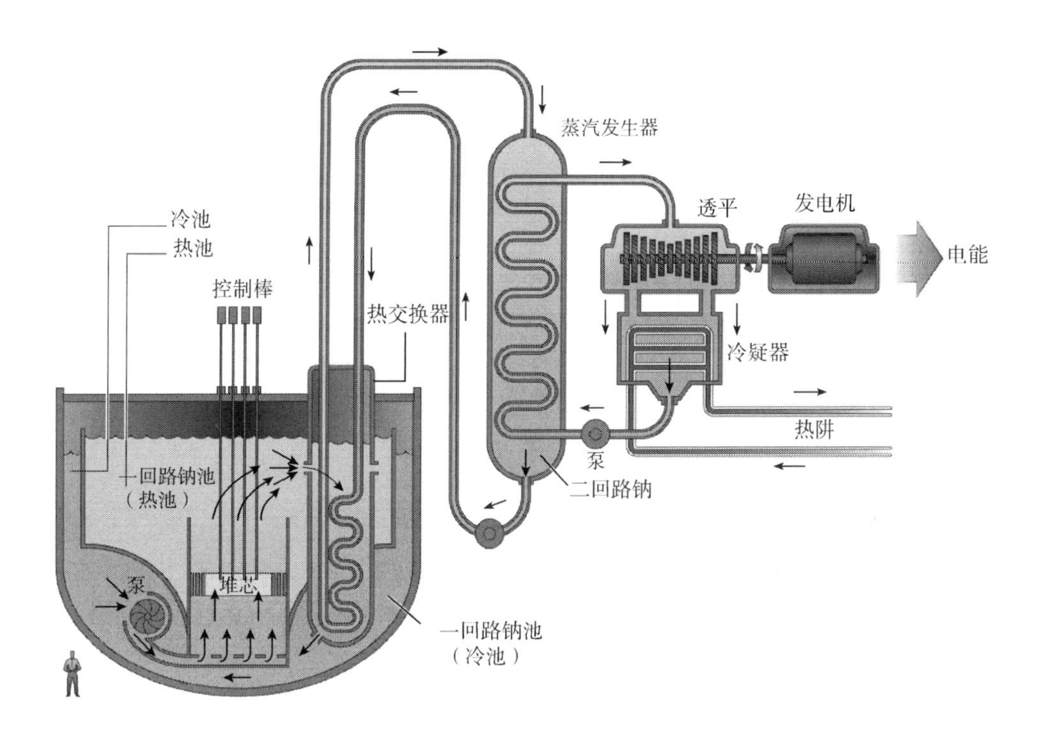

图 7-20　SFR 示意图

资料来源：DOE，GIF. 2002. A Technology Roadmap for Generation IV Nuclear Energy Systems.

钠在 98℃时熔化，883℃时沸腾，具有高于大多数金属的比热和良好的导热性能，而且价格较低，适合用作反应堆的冷却剂。但是，金属钠的另外一些特性，又使得在用液态金属钠作快堆冷却剂的同时带来许多复杂技术问题。这些特性包括：钠与水接触能发生放热反应；液态金属钠的强腐蚀容易造成泄漏；钠在中子照射下生成放射性同位素；钠暴露在大气中，在一定温度下与大气中水分作用会引起着火。钠的这些特性给 SFR 设计带来许多困难，因此，SFR 设计要比压水堆设计复杂得多。这些可以通过反应堆结构及选材来解决。

SFR 是为管理高放废物、特别是钚和其他锕系元素而设计的。这个系统的重要安全特性包括热力响应时间长，到冷却剂发生沸腾时仍有大的裕量，主系统运行在大气压力附近，在主系统中的放射性钠与发电厂的水和蒸汽之间有中间钠系统等。随着技术的进步，投资成本会不断降低，SFR 也将能服务于发电市场。与采用一次通过燃料循环的热谱反应堆相比，SFR 的快谱也使得更有效利用可用的裂变和增殖材料（包括贫铀）成为可能。SFR 的设计参数如表 7-6 所示。

表 7-6　SFR 设计参数

反应堆参数	参考值
反应堆出口温度	530 ~ 550℃
反应堆压力（大气压）	约 1
热功率	1000 ~ 5000MWth
燃料	氧化物或金属合金
包壳	铁酸盐或 ODS 铁酸盐
平均燃耗	150 ~ 200GWD/MTHM
转化比	0.5 ~ 1.30
平均功率密度	$350MWth/m^3$

资料来源：DOE and GIF，2002

SFR 技术上有待解决的问题：99%的锕系元素能够再循环；燃料循环的产物具有很高的浓缩度，不易向环境释放放射性；在燃料循环的任何阶段都无法分离出钚元素；完成燃料数据库，包括用新燃料循环工艺制造的燃料的放射性能数据；研发在役检测和在役维修技术；确保对所有的设计基本初因事件、包括未能紧急停堆的预期瞬态（ATWS）都有非能动的安全响应；降低投资等。SFR 研发的日程安排、成本以及决策点如图 7-21 所示。

5. 超临界水冷堆

第四代核能系统的 SCWR 概念是运行在水的临界点（374℃，22.1MPa）以上的高温、高压水冷堆（图 7-22）。SCWR 核电机组的汽轮机工作介质是超临界水，直接来自反应堆，它同时也就是反应堆的堆芯冷却剂。SCWR 的参考堆热功率 1700MWth，其反应堆出口（汽轮机进口）处的压力约 25MPa，温度约 510～550℃。机组热效率可高达 44%～45%，因其水介质不改变相位，故无“压水堆”“沸水堆”之分。SCWR 不需要蒸汽发生器、汽水分离器等设备，从而使配套系统和设施明显简化。据估算，由于 SCWR 系统显著简化和热效率的提高，电站造价和发电成本将显著降低，每千瓦造价约 900 美元，每千瓦时电价约 2.9 美分。SCWR 堆芯核燃料为氧化铀芯块，包壳采用耐高温的高强度镍合金或不锈钢。冷

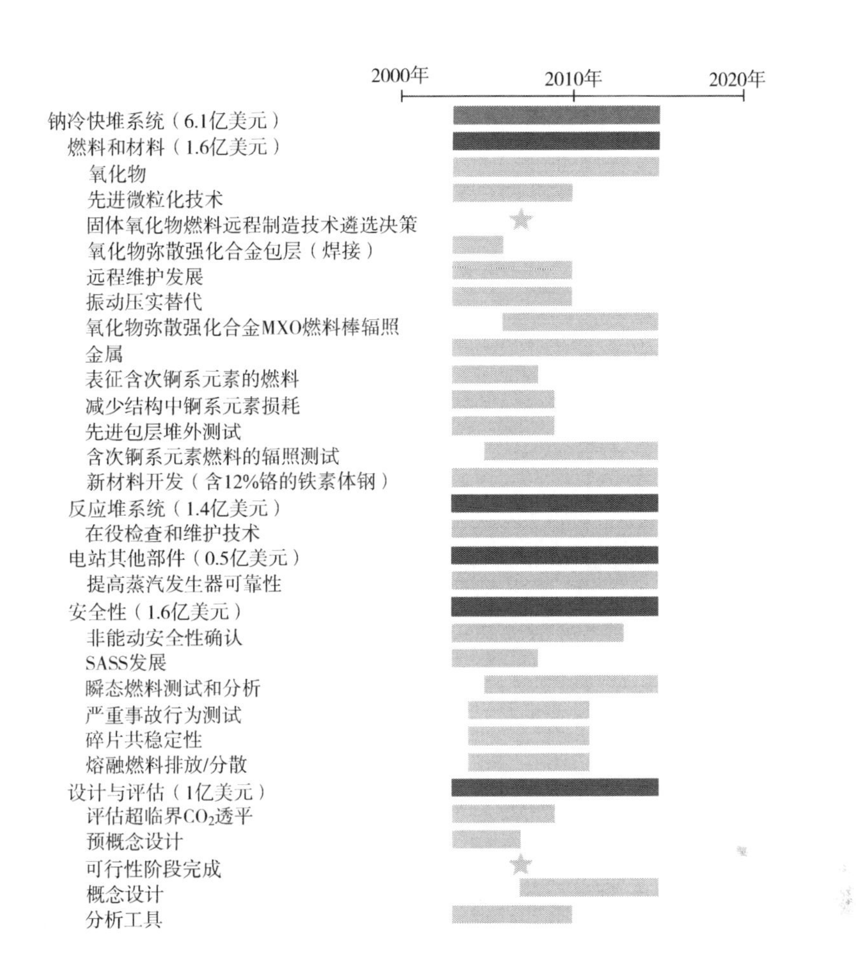

图 7-21　SFR 研发的日程安排、成本以及决策点示意图

资料来源：DOE and GIF，2002

却剂平均密度较低，可设计为快中子堆，如设计为热中子堆需要专门设置其他慢化剂。与之对应，堆芯设计有两种方案：热中子谱方案和快中子谱方案，但目前主要倾向于热中子反应堆设计。相应的燃料循环有两种形式：一种是起源于如今水冷反应堆，在热中子能谱反应堆中使用的开放直流式燃料循环；另一种则是在快中子能谱和全锕系元素循环中使用的闭合燃料循环。SCWR 的设计参数如表 7-7 所示。

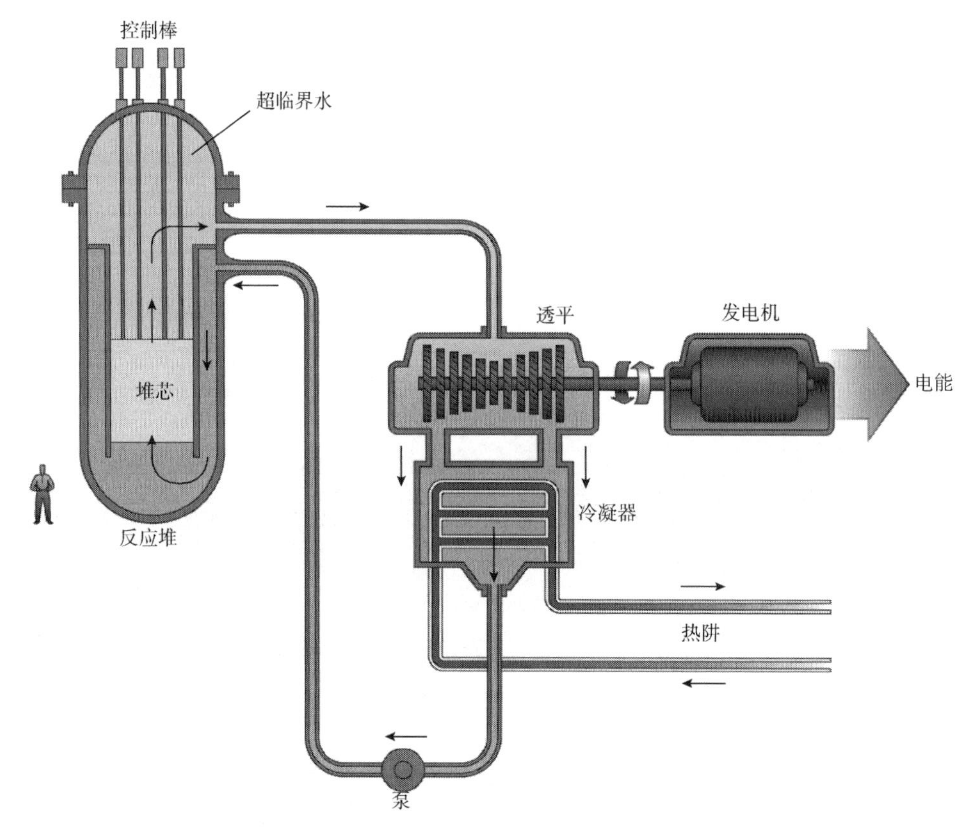

图 7-22　SCWR 示意图

资料来源：DOE and GIF，2002

表 7-7　SCWR 设计参数

反应堆参数	参考值
建造成本	900 $/kW
电功率	1700MWe
中子能谱	热中子能谱
净效率	44%
冷却剂入口/出口温度和压力	280℃/510℃，25MPa
平均功率密度	约 100MWth/m^3
参考燃料成分	用奥氏体或铁酸盐不锈钢或镍合金做包壳的 UO_2
燃料结构材料/包壳结构材料	需要先进的高强度金属合金
燃耗/损伤	约 45GWD/MTHM；10 ~ 30dpa
安全装置	与 ALWRs 类似

资料来源：DOE and GIF，2002

SCWR 技术上有待解决的问题。①SCWR 的材料和结构要能耐极高的温度、压力及堆芯内的辐照，这就带来了很多相关的问题，包括：腐蚀问题和应力腐蚀断裂问题，辐解作用和水化学作用，强度、脆变和蠕变强度，燃料结构材料和包壳结构材料所需的先进高强度金属合金；②SCWR 的安全性：非能动安全系统的设计，怎样克服堆芯再淹没时出现的正反应性；③运行稳定性和控制：理论上有可能出现密度波以及中子动力学、热工水力学和自然循环相耦合的不稳定性，功率、温度和压力的控制，如给水功率控制、控制棒的温度控制、汽轮机节流压力控制，电站的启动是定参数启动还是滑参数启动等问题；④SCWR 核电站的设计。SCWR 研发的日程安排、成本以及决策点如图 7-23 所示。

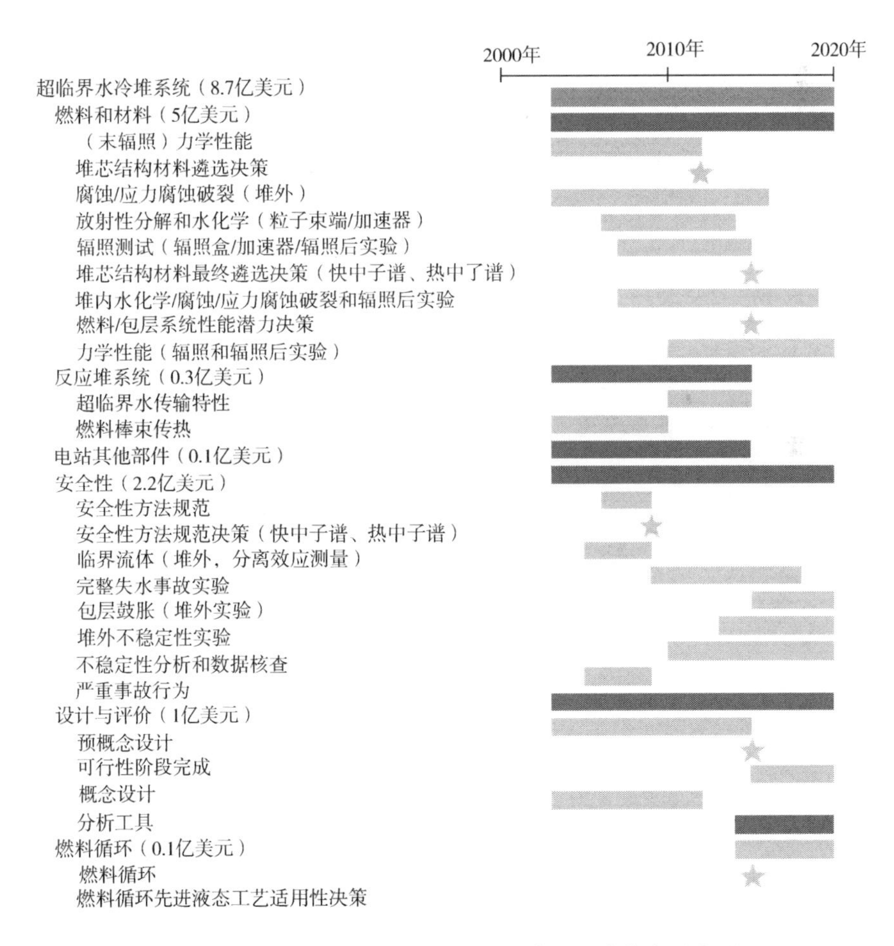

图 7-23 SCWR 研发的日程安排、成本以及决策点示意图

资料来源：DOE and GIF，2002

6. 超高温气冷堆

第四代核能系统的 VHTR 概念是在高温气冷堆的基础上发展起来的，但运行温度显著提高。第四代核能系统的概念为石墨慢化、氦气冷却、铀燃料一次通过循环方式（也可采用闭式燃料循环）的热中子反应堆（图 7-24）。其燃料温度达 1800℃，冷却剂出口温度可达 1500℃。VHTR 具有良好的非能动安全特性，热效率超过 50%，易于模块化，经济上竞争力强。VHTR 保持了高温气冷堆具有的良好安全特性，同时又是一个高效系统。它可以向高温、高耗能和不使用电能的工艺过程提供热量，还可以与发电设备组合以满足热电联产的需要。该系统还具有采用铀/钚燃料循环的灵活性，产生的核废料极少。

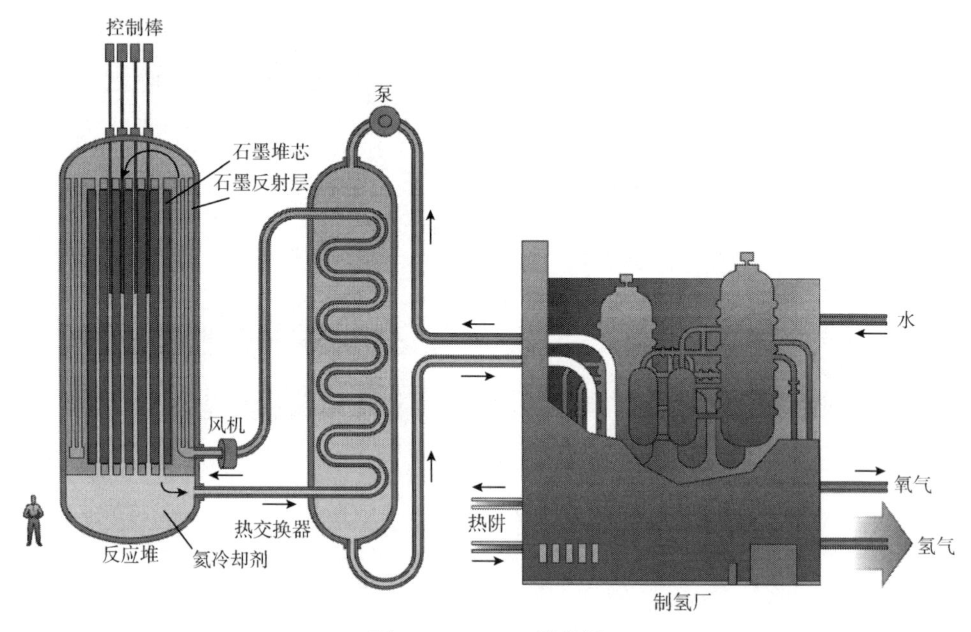

图 7-24　VHTR 示意图

资料来源：DOE and GIF，2002

VHTR 以 1000℃的堆芯出口温度供热，这种热能可为热化学制氢、海水淡化、石化等用途提供工艺热，或直接驱动氦气轮机发电。参考堆的热功率为 600MWth（球床堆芯时为 400MWth），堆芯通过与其相连的一个中间热交换器释放工艺热。VHTR 采用碳化锆包覆颗粒燃料，全陶瓷材料的反应堆堆芯。VHTR 的堆芯有两种主要的类型：一种是采用球形石墨燃料元件堆积成球床堆芯；另一种采用石墨柱形燃料元件，构成石墨柱形堆芯。VHTR 的设计参数如表 7-8 所示。

表 7-8　VHTR 设计参数

反应堆参数	参考值
热功率	600MWth
冷却剂入口/出口温度	640℃/1000℃
堆芯入口/出口压力	工艺决定
氦气质量流量	320kg/s
平均功率密度	6～10MWth/m^3
参考燃料成分	在块状燃料、粒状燃料或球状燃料中的碳化锆包覆颗粒
净效率	>50%

资料来源：DOE and GIF，2002

VHTR 技术上有待解决的问题：①在这种超常高温下，铯和银迁徙能力的增加可能会使得碳化硅包层不足以限制它们，所以需要进行新的燃料和材料设计，以满足下述条件：堆芯出口温度可达 1000℃以上，事故时燃料温度最高可达 1800℃，最大燃耗可达 150～200GW·d/MTHM，高温合金和包层质量，使用碘－硫循环工艺制氢，能避免堆芯中的功率峰和温度梯度，以及冷却气体中的热冲击；②安全系统是能动的，而不是非能动的，因而降低了其安全裕量；③开发高性能的氦气透平及其相关部件；④商业用反应堆的模块化；⑤石墨在高温下的稳定性和寿命。VHTR 研发的日程安排、成本以及决策点如图 7-25 所示。

7. 交叉领域建议研发工作

路线图报告中还对燃料循环、燃料和材料、能量产品、风险和安全性、经济性以及防核扩散与物理防护等 6 个交叉领域研发工作提出了建议。各交叉领域研发的日程安排、成本以及决策点如图 7-26～图 7-31 所示。

图 7-25　VHTR 研发的日程安排、成本以及决策点示意图

资料来源：DOE and GIF，2002

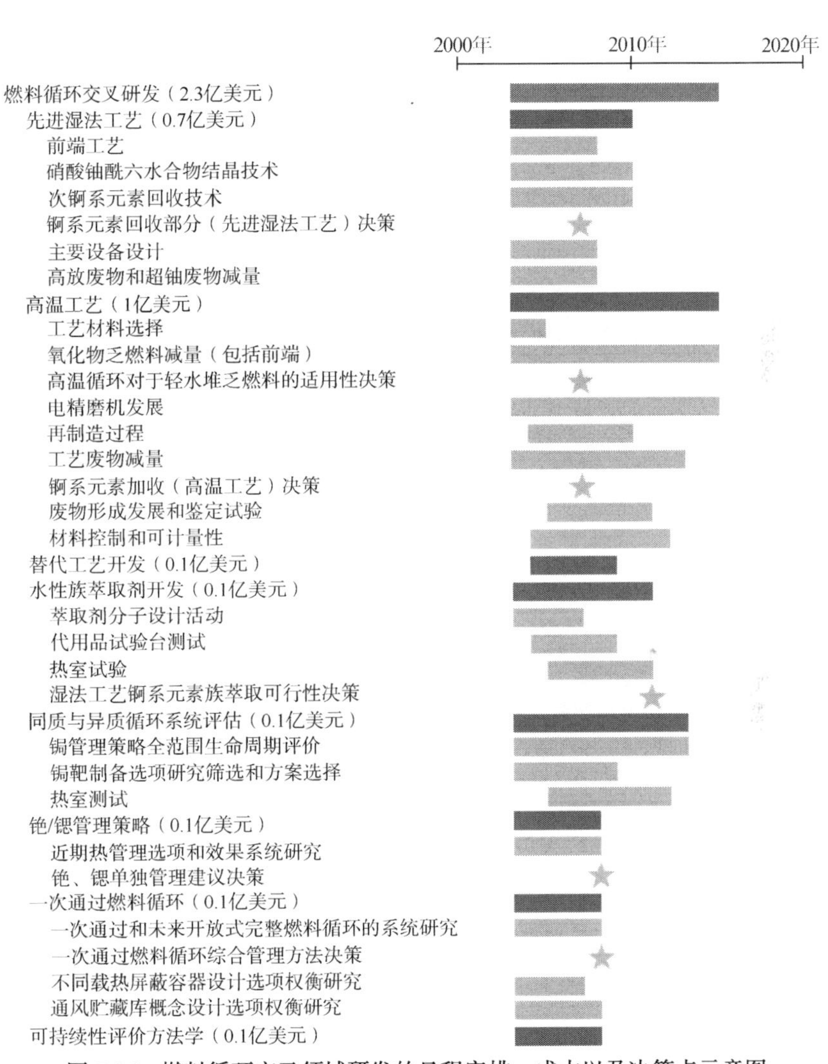

图 7-26　燃料循环交叉领域研发的日程安排、成本以及决策点示意图

资料来源：DOE and GIF，2002

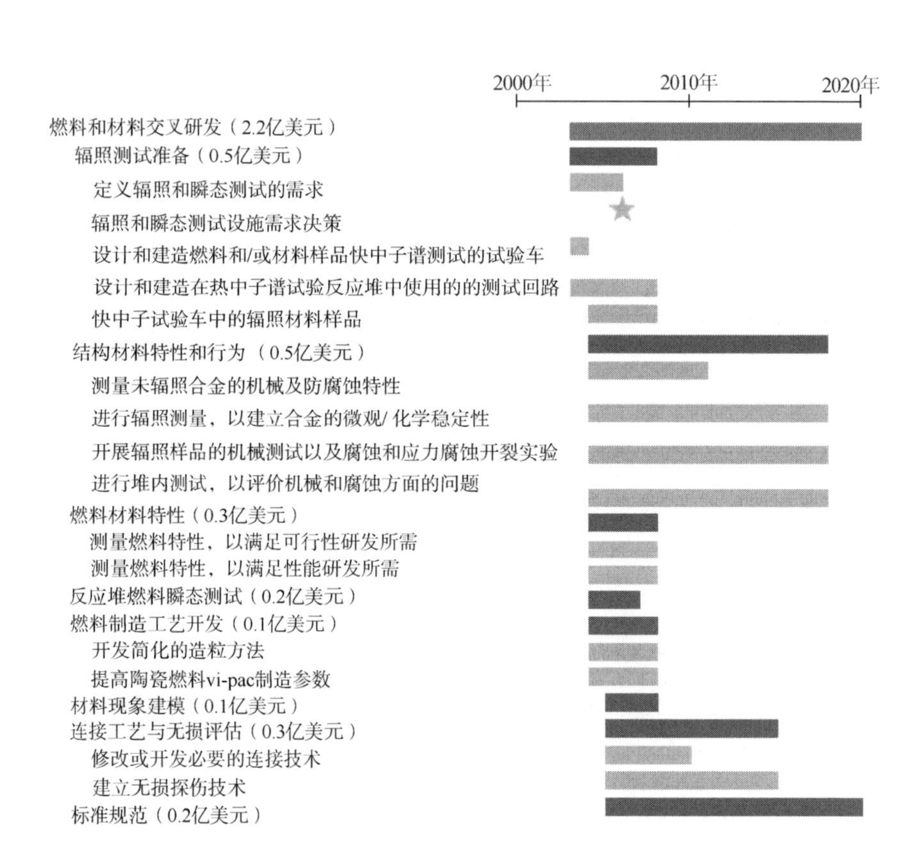

图 7-27 燃料和材料交叉领域研发的日程安排、成本以及决策点示意图

资料来源：DOE and GIF，2002

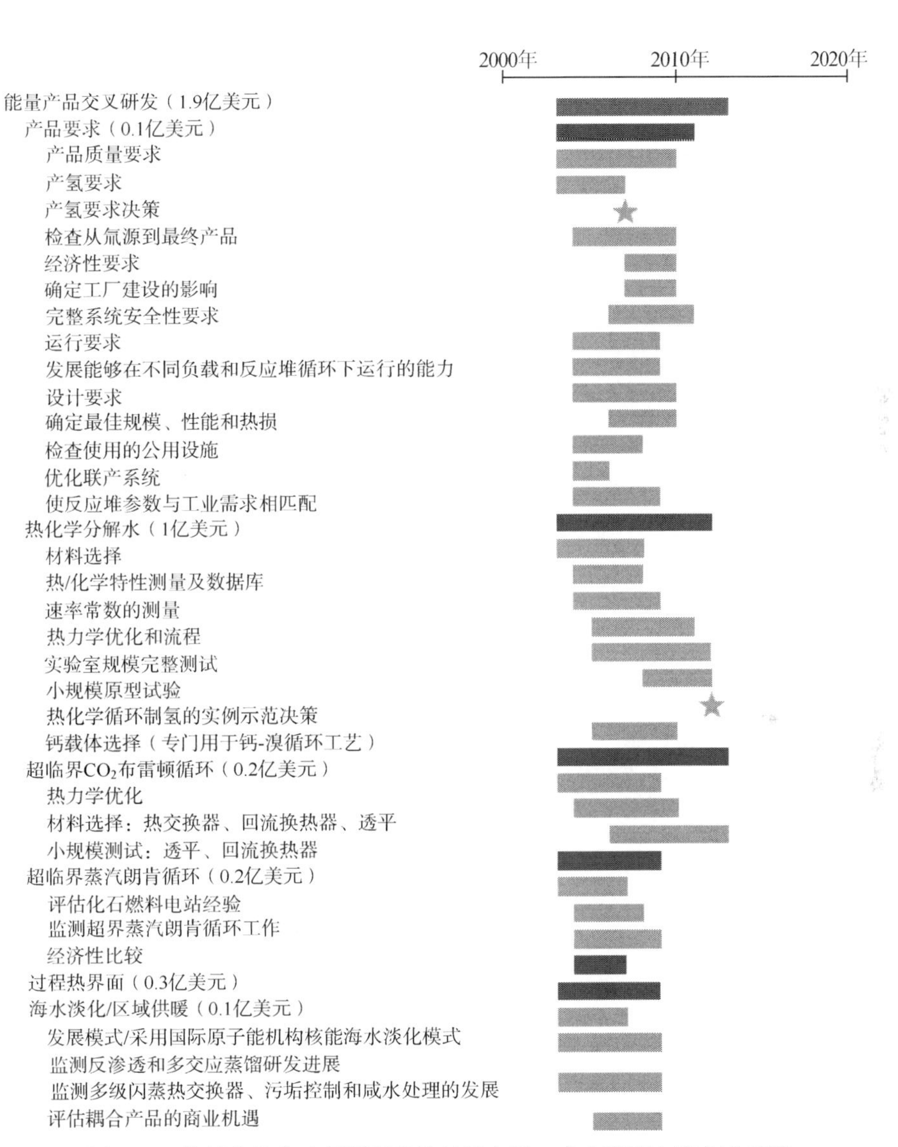

图 7-28　能量产品交叉领域研发的日程安排、成本以及决策点示意图

资料来源：DOE and GIF，2002

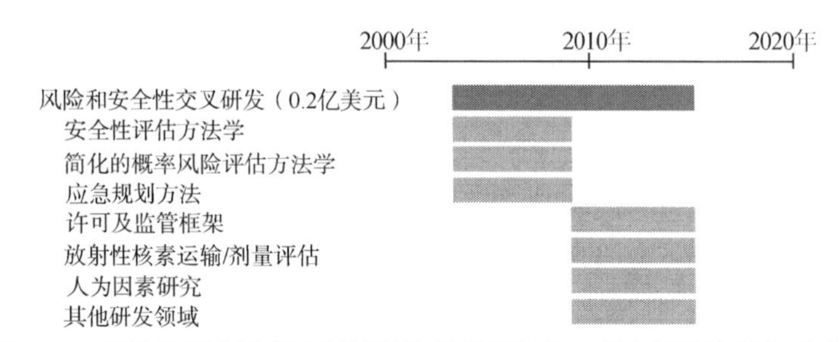

图 7-29　风险和安全性交叉领域研发的日程安排、成本以及决策点示意图

资料来源：DOE and GIF，2002

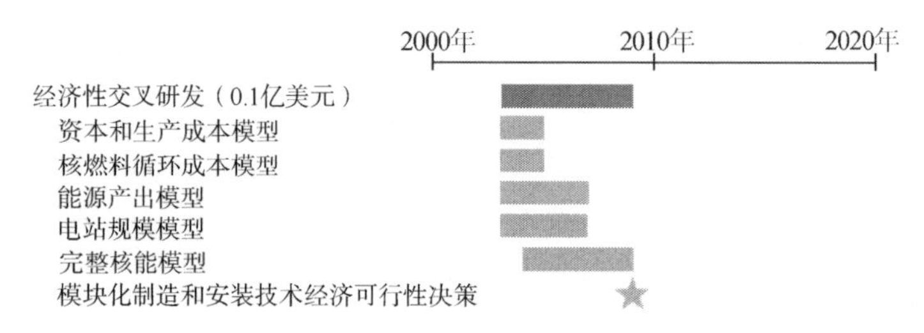

图 7-30　经济性交叉领域研发的日程安排、成本以及决策点示意图

资料来源：DOE and GIF，2002

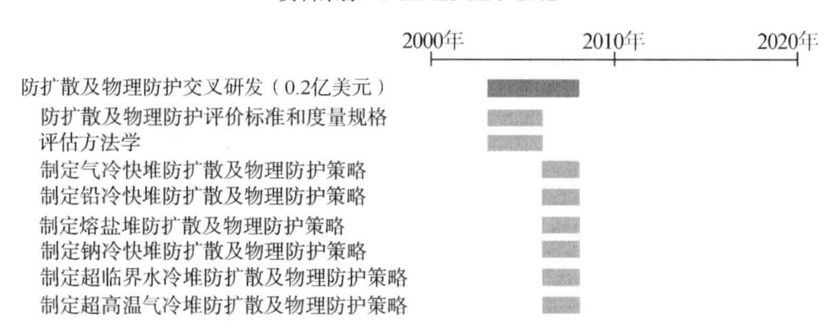

图 7-31　防核扩散与物理防护交叉领域研发的日程安排、成本以及决策点示意图

资料来源：DOE and GIF，2002

四、作用与影响

目前，GIF 对第四代核能系统的技术路线或反应堆概念并没有特定倾向。不论采用哪种概念，都存在许多应解决的技术课题。通过国际合作研发解决上述技术课题，是未来第四代核能系统投入实际应用的关键。GIF 各参与国从自身研发实力和关注领域出发，已就 4 个第四代核能系统概念签订了系统联合研发协定（system arrangements）。为将合作落实到具体项目，自 2007 年起，部分参与国在系统联合研发协定框架下，确定了具体项目合作研发协定（project arrangements）（表 7-9），设

定了详细的研发活动计划，以推动实现第四代核能系统的技术目标。

表 7-9　GIF 参与国已签署的项目合作研发协定

第四代核能系统	项目主题	生效时间	参与国
气冷快堆系统	概念设计和安全性	2009 年	欧洲原子能共同体、法国、瑞士
超临界水冷堆系统	热工水力学和安全性	2009 年	加拿大、欧洲原子能共同体、日本
	材料和化学	2010 年	
钠冷快堆系统	先进燃料	2007 年	欧洲原子能共同体、法国、日本、韩国、美国
	全球锕系材料循环国际示范（GACID）	2007 年	法国、日本、美国
	组件设计和电站平衡部件	2007 年	法国、日本、韩国、美国
	安全性和运营	2009 年	法国、日本、韩国、美国
		2012 年	中国、欧洲原子能共同体、法国、日本、韩国、俄罗斯、美国
超高温气冷堆系统	燃料和燃料循环	2008 年	欧洲原子能共同体、法国、日本、韩国、美国
	制氢	2008 年	加拿大、欧洲原子能共同体、法国、日本、韩国、美国
	材料	2009 年	加拿大、欧洲原子能共同体、法国、日本、韩国、南非、瑞士、美国

资料来源：GIF，2012a

第八章

太阳能发电技术路线图

第一节 概 述

未来太阳能大规模利用的主要形式是发电，包括光伏发电和太阳能热发电。尽管理论上太阳能资源量足以满足人类能源需求，但其低能量密度、不稳定性和间歇性等固有性质，决定了目前迫切需要致力于技术研发以取得重大突破，从而解决太阳能大规模应用难题。国际能源署、欧盟、美国和日本等发达国家均着眼于此提出了太阳能技术中长期发展路线图，本节重点分析了这些路线图的制定方法、核心思想和研究侧重方向，为我国制定和完善符合国情的太阳能发展战略和具有明确议程的太阳能技术路线图提供参考。

2010 年 5 月，国际能源署发布了其 2050 技术路线图系列报告中的太阳能光伏和热发电两份路线图报告。IEA 路线图明确了太阳能技术发展和部署的技术性、经济性和政策性目标，重点探讨了实现技术的全部潜力所必须优先采取的行动，以及在不同时间节点应取得的主要成果。报告预计到 2050 年太阳能发电可能会占到全球发电总量的 20%～25%，届时年均能够减排 60 亿吨 CO_2。两种技术的部署方式互为补充：在许多地方光伏大部分用于并网分布式发电；而太阳能热发电主要来自于日照条件最好的地区，可提供事业规模的调峰电力。离网光伏还可帮助农村偏远地区获得能源。到 2050 年两种太阳能发电方式能够产生 9000TW·h 的电力。

作为低碳经济的急先锋，欧盟非常重视太阳能技术的发展与应用，在光伏和热发电领域均处于全球领先地位。欧盟于 2007 年 11 月提出了综合性能源科技发展战略——欧盟战略能源技术规划（European strategic energy technology plan，SET-Plan），以该计划作为载体，基于欧洲现有研发活动与成就来加速开发并大规模部署低碳能源技术组合，从而帮助欧盟能源与气候变化目标的实现。为配合 SET-Plan 的实施，欧盟在2009年10月公布了作为未来十年具体行动计划的七个低碳能源技术路线图，对每项低碳能源技术均提出了战略目标、技术目标和将在未来10年实施的研究、开发、示范及市场推广行动，同时对于实现上述目标公私部门所需要的投资额进行了预估，并对每项行动提出了需要达成的关键性能指标，以利于考核评估。其中太阳能领域的目标是到2020年时，太阳能技术（光伏和CSP）产生的电力达到欧盟电力的15%，十年间公私投资总额将达到160亿欧元。

美国是最早开展太阳能光伏技术研究的国家，据DOE统计，在21世纪头10年，DOE已在太阳能研究上投资超过10亿美元，吸引了可观的私人资金以支持总计超过20亿美元的太阳能研究和开发项目，投资带来的科技创新使得太阳能光伏成本自1995年以来下降了60%，并产生了一系列重大突破。为从国家层面来指导未来太阳能光伏技术的研究，开发具有成本效益的光伏技术，在美国能源部太阳能技术计划框架下，2007年，国家可再生能源实验室、桑迪亚国家实验室的研究人员及大学和私营企业的专家合作完成了太阳能光伏技术路线图草案。该技术路线图明确了晶体硅光伏技术、薄膜硅光伏技术、碲化镉（CdTe）薄膜光伏技术、铜铟镓硒（CIGS）薄膜光伏技术、有机光伏技术、染料敏化光伏技术、中间带隙光伏技术、多重激子产生效应光伏技术、纳米结构光伏技术等目前的研究现状（2007年）以及未来的发展目标（2015年），并确定了优先研发内容。

日本出于本国能源战略和自身优势的考虑，早在20世纪70年代就开始支持光伏产业的发展，从研发、生产、应用等各个环节给予扶持，使得日本的光伏产业迅速发展，生产量和应用量均位居世界领先地位。日本基于确保其在光伏产业上长期的全球竞争力，在2004年6月出台了《日本面向2030年光伏路线图》文件，从技术、成本、部件等方面为光伏产业的未来发展提供了比较清晰的思路，同时制定了直到2030年的远景目标。目前日本太阳能光伏的技术研发、市场推广都是围绕上述目标而进行的。

第二节　国际能源署太阳能技术路线图

一、产生背景

2010年5月，国际能源署发布了其2050年技术路线图系列报告中的太阳能光伏和CSP两份路线图报告。报告预计到2050年太阳能发电可能会占到全球发电总量的 20%～25%，届时年均能够减排 60 亿吨 CO_2（图 8-1）。两种技术的部署方式互为补充：在许多地方光伏大部分用于并网分布式发电；而 CSP 主要来自于日照条件最好的地区，可提供事业规模的调峰电力。离网光伏还可帮助农村偏远地区获得能源。到 2050 年两种太阳能发电方式能够产生 9000 TW·h 的电力。

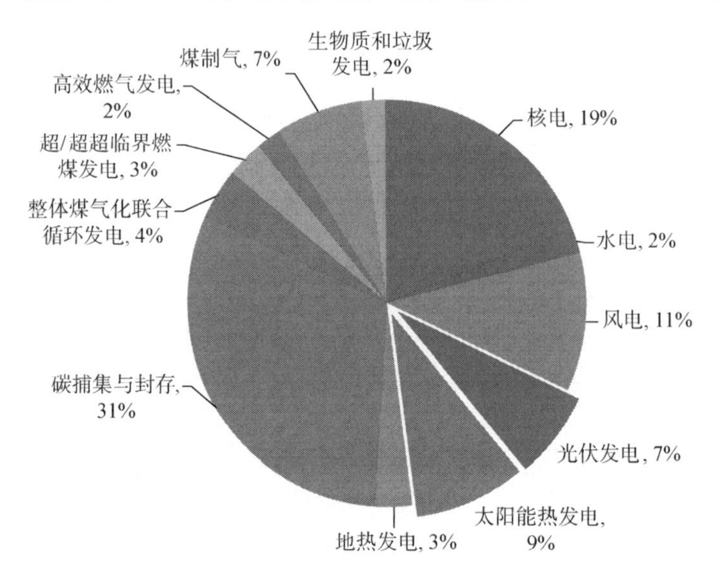

图 8-1　各关键技术对 CO_2 减排的贡献

到 2050 年来自电力行业的 CO_2 减排总量达到 140 亿吨

资料来源：IEA，2010d

二、制定过程与方法

路线图是一种重要的战略规划工具，已有许多国家政府、行业组织和其他团体制定了相关太阳能技术路线图，包括欧盟战略能源技术规划与欧洲太阳能产业倡议、美国太阳能倡议、日本光伏路线图、中国太阳能发展规划、印度太阳能倡议、澳大利亚太阳能旗舰倡议等。IEA 太阳能技术路线图工作建立在这些路线图的基础之上，吸收了来自光伏业界、电力部门、研发机构、金融机构以及政府部门利益相关方的参与，并通过召开国际性研讨会的方式来集合共识确定太阳能领域的技术问题和部署问题，随后路线图草案经过参与方和外部多轮广泛评议后形成正式文本。IEA 路线图确定了未来太阳能光伏技术和热发电技术发展面临的主要障碍与机会，明确了太阳能技术发展和部署的技术性、经济性和政策性目标，重点探讨了实现技术的全部潜力所必须优先采取的行动，以及在不同时间节点应取得的主要成果，以便政策制定者和工业界及金融合作伙伴能够加速在国家层面和国际层面的研发、示范与推广工作。

三、主要内容

1. 光伏发电技术路线图

太阳能光伏发电是一项具有商业可行性的可靠技术，这种技术能直接将太阳能转化为电能。自2000年以来，全球太阳能光伏发电装机容量年均增幅超过40%，它几乎在世界所有地区都具有巨大的长期发展潜力。该路线图确定了到 2020 年关键时机的政策行动，以帮助弥合太阳能光伏竞争力的差距。在接下来的 5～10 年，政府和业界应该：①建立长期目标和配套政策，以树立投资于光伏系统生产和部署的信心；②实施有效的、具有成本效益的太阳能光伏激励机制，以推动创新和技术进步，这种过渡型机制应随时间而逐渐减弱；③制定和实施合适的融资计划，特别是针对发展中国家的农村电气化和其他应用；④加大研发力度以降低成本，确保太阳能光伏满足快速部署的需要，同时也要支持长期创新，并与发展中国家交流最佳实践经验。

到 2050 年，全球太阳能光伏发电累计装机容量将达到 3000GW，每年将能提供电力 4500TW·h，届时将占全球发电量的约 11%（图 8-2）。除了每年能减少 23 亿吨的二氧化碳排放之外，它还会为能源供应安全和社会经济发展带来可持续效益。

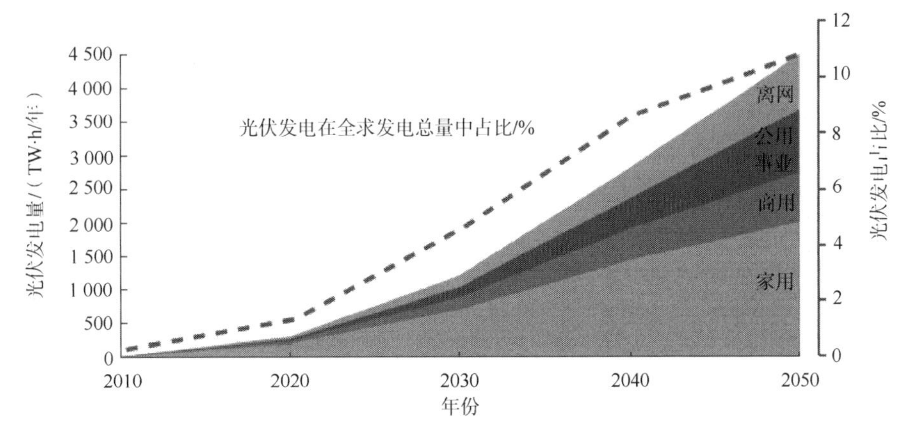

图 8-2　到 2050 年太阳能光伏发电增长路径

资料来源：IEA，2010e

太阳能光伏产业界、电网运营商和公用事业单位需要开发新技术、制定新战略来将大量光伏电力并入到灵活、高效和智能的电网。政府和工业界必须加大研发力度以降低成本，确保太阳能光伏满足快速发展的需要，同时也要支持长期技术创新（表 8-1～表 8-3）。同时，有必要扩大在太阳能光伏研究、开发、产能建设以及融资方面的国际合作，从而加速学习和交流过程，避免重复劳动。

表 8-1　IEA 光伏发电路线图晶体硅太阳电池技术里程碑

项目	2010 ~ 2015 年	2015 ~ 2020 年	2020 ~ 2030/2050 年
效率目标（商业组件）	单晶：21% 多晶：17%	单晶：23% 多晶：19%	单晶：25% 多晶：21%
产业制造方面	硅消耗<5g/W	硅消耗<3g/W	硅消耗<2g/W
研发方面	新型硅材料和加工工艺 电池接触片，发射极和钝化	改善装置结构 生产中的生产率和成本优化	晶片等效技术 具有新颖概念的新装置结构

资料来源：IEA，2010e

表 8-2　IEA 光伏发电路线图薄膜太阳电池技术里程碑

项目	2010 ~ 2015 年	2015 ~ 2020 年	2020 ~ 2030/2050 年
效率目标（商业组件）	薄膜硅：10% 铜铟镓硒：14% 碲化镉：12%	薄膜硅：12% 铜铟镓硒：15% 碲化镉：14%	薄膜硅：15% 铜铟镓硒：18% 碲化镉：15%
产业制造方面	沉积率高 卷对卷制造 封装	简化生产工艺 低成本封装	大型高效生产装备
研发方面	大面积沉积工艺 改进基材和透明导电氧化物	改进的电池结构 改进的沉积技术	先进材料和概念

资料来源：IEA，2010 e

表 8-3　IEA 光伏发电路线图其他太阳电池技术里程碑

技术	聚光光伏	新兴技术	新颖技术
电池类型	高成本、超高效率	低成本、性能中等	效率非常高；全光谱利用
现状和潜力	交流系统展示的效率 23% 可能在中期达到 30%以上	示范级别的新兴技术（如聚合物电池，染料敏化电池、印刷 CIGS） 预计在利基市场中首先应用	实验室水平的多种新转换原理和设备概念 潜在突破性技术家族
研发方面	超高效率达到 45%以上 实现低成本、高性能的聚光和追踪解决方案	提高效率和稳定性，达到首批商业应用所需的水平 有机概念封装	新的转换概念原理验证 特种纳米结构材料和器件加工、特征化及建模

资料来源：IEA，2010 e

主要新兴经济体已经在向太阳能光伏研究、开发和部署工作进行大量投资，但需要付出更多的努力来促进农村电气化和产能建设。多边和双边援助机构应进一步努力，以凸显太阳能光伏在低碳经济发展中的价值。

在头十年，太阳能光伏发电的系统和发电成本预期将降低50%以上。到2020年，很多地区的太阳能光伏住宅系统和商业系统将实现电网平价的第一步，即与零售电价相当。电网平价一旦实现，在政策框架层面应逐步撤销经济激励措施，转向培养可自我维持的市场，但要继续保持电网准入以及支持研发。到2030年，典型的大规模太阳能光伏系统发电成本有望下降到7～13美分/kW·h（表8-4）。随着太阳能光伏发电发展为主流技术，电网集成、管理及储能将成为关键问题。太阳能光伏发电路线图行动里程碑如图8-3所示。

表 8-4　IEA 光伏发电路线图经济里程碑

应用部门	经济性		2008年	2020年	2030年	2050年
家用系统	典型交钥匙系统价格（2008美元/kW）*		6000	2700	1800	1200
	典型发电成本（2008美元/MW·h）	2000kW·h/kW	360	160	100	65
		1500kW·h/kW	480	210	135	90
		1000kW·h/kW	720	315	205	135
商用系统	典型交钥匙系统价格（2008美元/kW）		5000	2250	1500	1000
	典型发电成本（2008美元/MW·h）	2000kW·h/kW	300	130	85	55
		1500kW·h/kW	400	175	115	75
		1000kW·h/kW	600	260	170	110
公用电力系统	典型交钥匙系统价格（2008美元/kW）**		4000	1800	1200	800
	典型发电成本（2008美元/MW·h）	2000kW·h/kW	240	105	70	45
		1500kW·h/kW	320	140	90	60
		1000kW·h/kW	480	210	135	90

*表示假设：利率10%，技术寿命25年（2008年）、30年（2020年）、35年（2030年）、40年（2050年），运行和维护1%；**表示在2009年报道了最低的系统价格，低于3000美元/kW

资料来源：IEA，2010e

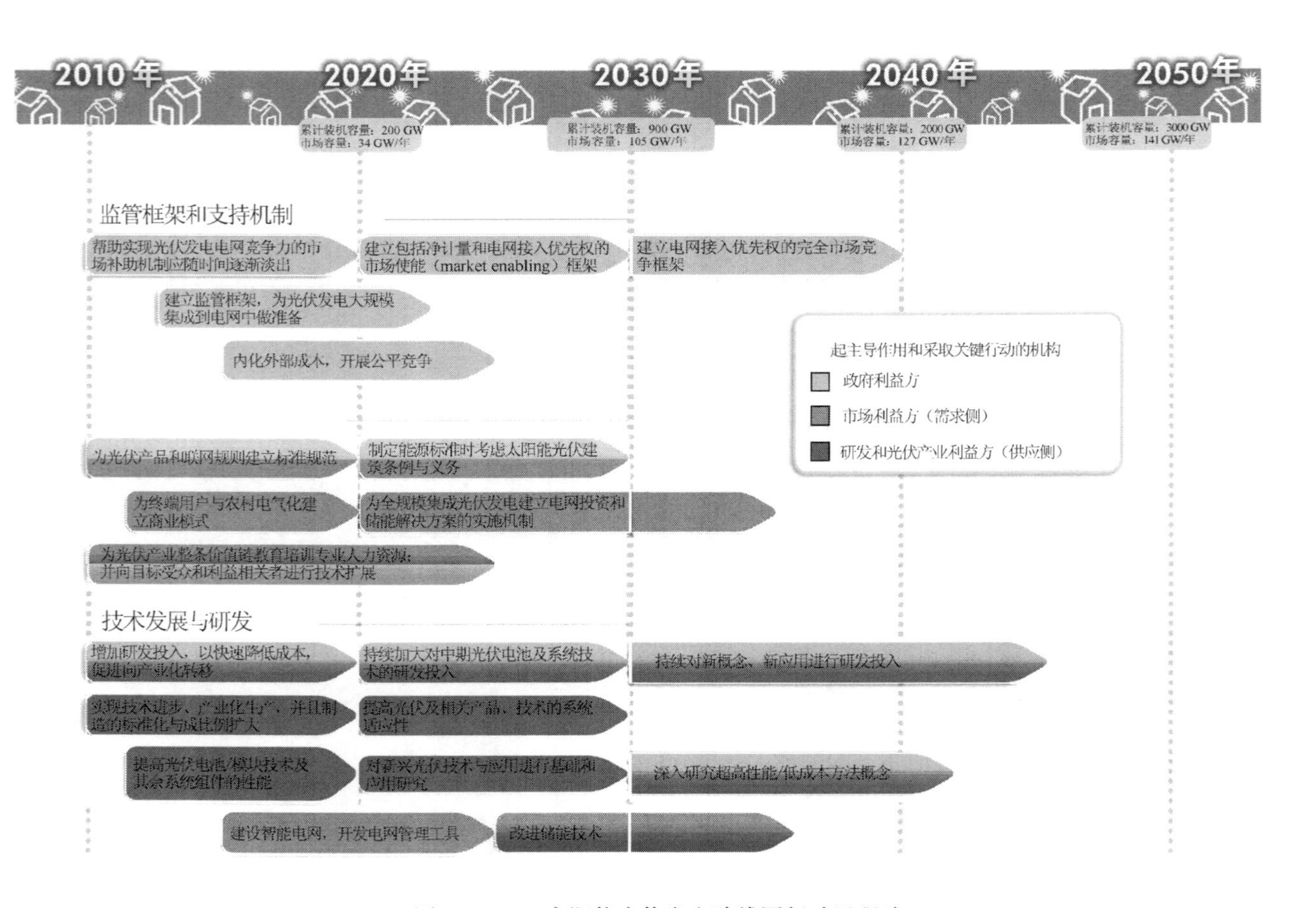

图 8-3　IEA 太阳能光伏发电路线图行动里程碑

资料来源：IEA，2010e

2. 太阳能热发电技术路线图

CSP 通过聚集太阳辐射能量来加热接收器达到高温，然后将这种热量转化为电力。CSP 还具有生产其他能量载体（如太阳能燃料）的发展潜力。CSP 发电可以在很多阳光充足的国家或地区灵活利用，能够加强能源安全。CSP 能够以热能形式廉价和有效地储存太阳能，并利用热来发电，并可通过燃烧燃料（如化石燃料或生物质）来提供补充热能。因此，CSP 能够提供可靠的电力，在需要时可以作为电网的调峰电力。CSP 发电站也可在日落后发电来匹配夜晚的电力需求高峰；或者如果需要它们来满足基本负荷需求的话，甚至可以设计成昼夜发电。

为了能使 CSP 在缓解气候变化中发挥作用，政府特别需要开展以下行动：①确保长期资助研发示范活动；②推动发展全球太阳能资源的测量/建模；③建立长期定向、可预期的太阳能特殊经济激励措施；④在适当的地区需要地方公共事业单位来为 CSP 提供支持；⑤避免在规模化发电站建设以及混合电站建设方面形成不利的限制；⑥简化建造 CSP 发电站的许可程序。

在光照充足国家，到 2020 年 CSP 有望成为一种具有竞争力的峰荷和腰荷电力来源，到 2025～2030 年有望成为具有竞争力的基荷电力来源。如果给予适当的支持，到 2050 年 CSP 能够提供全球 11.3%的电力，其中 9.6%来自太阳热能直接发电，1.7%来自备用燃料发电（化石燃料或生物质）。北美洲将成为最大的 CSP 电力生产和消费地区，其次是非洲、印度和中东地区。由于北非地区太阳能资源非常丰富，足以弥补长距离直流输电带来的损耗和额外成本，有潜力成为主要的电力出口地区（主要向欧洲出口）。IEA 太阳能热发电路线图行动里程碑如图 8-4 所示。

CSP 电站能够集成储热是一个重要特性，拥有后备发电能力。因此，CSP 电站能够为公用事业单位和电网运营商提供稳定、灵活的电力生产，同时能够更加有效地管理并入更大份额的可变性可再生能源（如光伏和风电等）。

CSP 还能够为工业过程提供大量高温热，尤其是可以帮助干旱国家实现海水淡化增长的需求；此外，还能够利用 CSP 设施获得高温热能来生产气态或液态燃料，路线图预计到 2030 年可实现这一技术的竞争力，到 2050 年，CSP 能够利用太阳能产出足够的氢，以取代全球 3%的天然气消费量以及接近 3%的液体燃料消费量。

由于干旱/半干旱的环境非常适合发展 CSP，一个关键的挑战便是评估 CSP 发电站所需要的冷却水。对于水资源有限的地区可以利用干冷或干/湿混合冷却方法。

推广 CSP 发电的主要限制不是适合发电地区的可利用性，而是这些地区和很多大型电力消费中心之间的距离较远，通过发展高效长距离电力传输技术可以解决这一挑战。

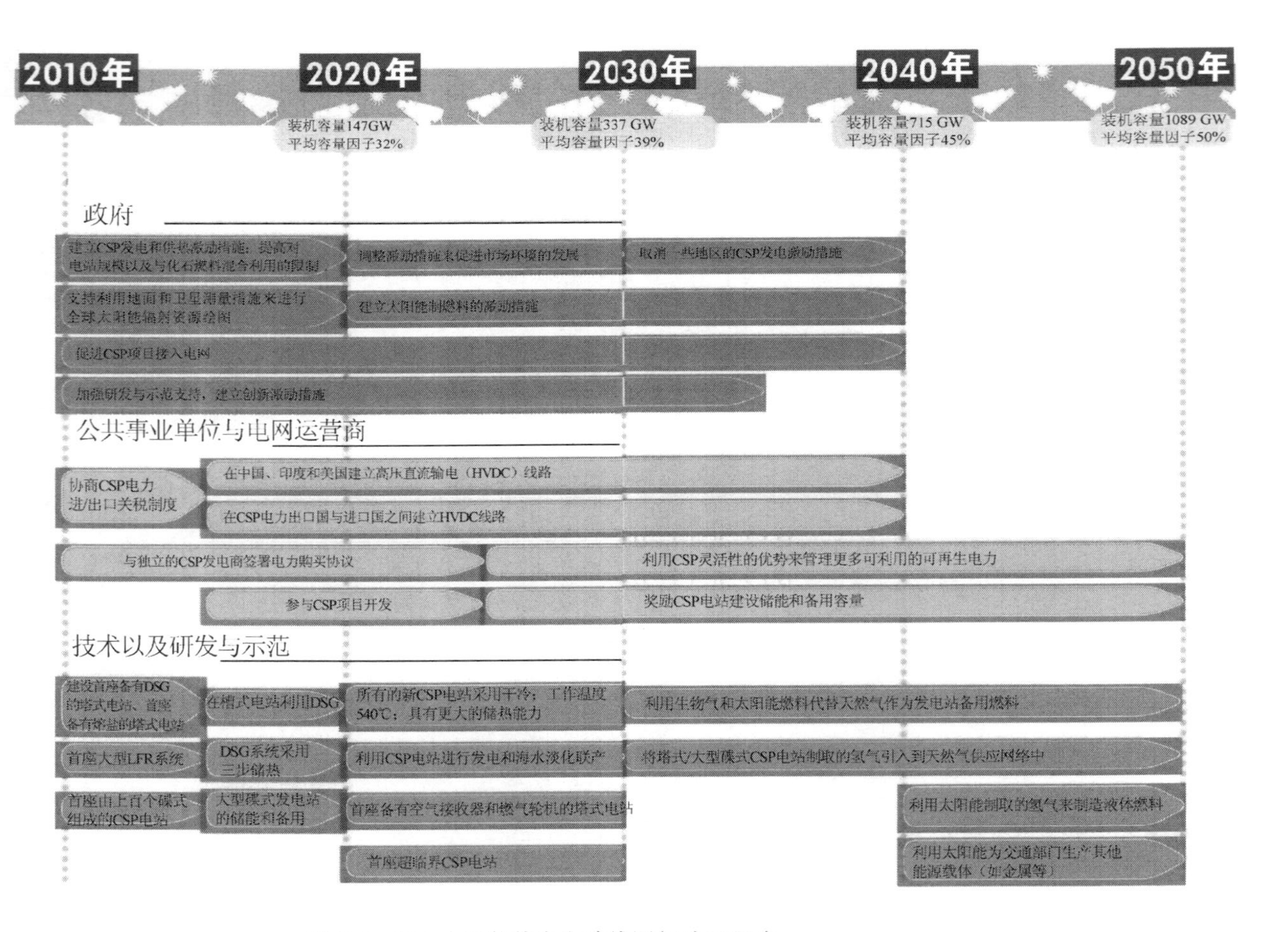

图 8-4 IEA 太阳能热发电路线图行动里程碑

DSG：直接产生蒸汽发电；LFR：线性反射式非涅尔系统

资料来源：IEA，2010e

四、作用和影响

IEA 基于技术发展趋势和市场变化情况，在 2011 年 12 月发布了《太阳能展望》报告，对包括发电、供热和制燃料等多种太阳能技术在现在和未来如何用于不同能源消费部门的前景进行了更新，同时对光伏发电经济里程碑进行了更新（表 8-5）。

表 8-5　IEA 更新的光伏发电经济里程碑

应用部门	经济性		2010 年	2020 年	2030 年	2050 年
家用系统	典型交钥匙系统价格（2010 美元/kW）		3800	1960	1405	1040
	典型发电成本（2010 美元/MW·h）	2000kW·h/kW	228	116	79	56
		1500kW·h/kW	304	155	106	75
		1000kW·h/kW	456	232	159	112
商用系统	典型交钥匙系统价格（2010 美元/kW）		3400	1850	1325	980
	典型发电成本（2010 美元/MW·h）*	2000kW·h/kW	204	107	75	54
		1500kW·h/kW	272	143	100	72
		1000kW·h/kW	408	214	150	108
公用电力系统	典型交钥匙系统价格（2010 美元/kW）		3120	1390	1100	850
	典型发电成本（2010 美元/MW·h）*	2000kW·h/kW	187	81	62	48
		1500kW·h/kW	249	108	83	64
		1000kW·h/kW	374	162	125	96

*表示假设：利率 10%，技术寿命 25 年（2008 年）、30 年（2020 年）、35 年（2030 年）、40 年（2050 年），运行和维护 1%；**表示在 2009 年报道了最低的系统价格，低于 3000 美元/kW

资料来源：IEA，2011b

在所有必要的政策得以快速实施的情况下，太阳能到 2060 年将能够满足全球一半的电力需求、超过三分之一的终端能源需求（图 8-5），同时碳排放将降至极低的水平。

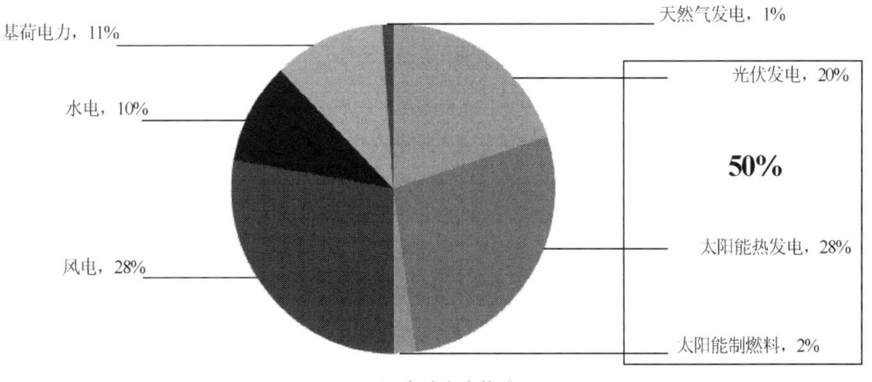

（a）全球电力构成

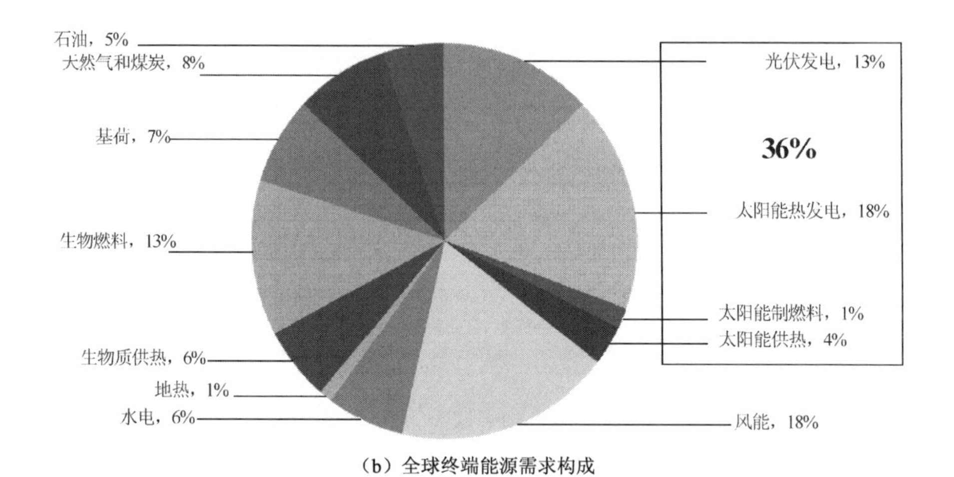

（b）全球终端能源需求构成

图 8-5 到 2060 年全球电力构成和终端能源需求构成

资料来源：IEA，2011b

第三节 欧盟战略能源技术路线图——太阳能

一、产生背景

作为低碳经济的急先锋，欧盟非常重视太阳能技术的发展与应用，在光伏和热发电领域均处于全球领先地位。例如，在太阳能光伏发电方面，欧盟是全球最大的光伏应用市场，2011 年新增并网光伏装机大部分位于欧洲国家，总计达到了约 21GW，占全球总量之比超过 75%，仅意大利和德国就占到全球总增量的近 60%，两国累计装机量已达到全球总量的一半以上（图 8-6）。自 2000 年德国出台《可再生能源法案》全面导入可再生能源固定上网电价（feed-in tariff）制度以来，推动了可再生能源的迅速发展；随即这一制度被其他欧洲国家竞相效仿，有力促进了欧盟光伏产业的发展。在 CSP 方面，截至 2012 年年底，西班牙已投运的 CSP 商业电站装机总量为 1950MW，占到全球总量（2550MW）份额的 3/4 以上。

欧盟在 2007 年 1 月提出的能源与气候变化一揽子方案中提出了“20-20-20”目标，即到 2020 年欧盟温室气体排放削减至少 20%，可再生能源在能源消费中所占份额提高到 20%，能效提高 20%。为了能够在统一的能源政策指导下，整合研究资源，从科学技术层面推动欧洲能源问题的解决，欧盟于 2007 年 11 月提出

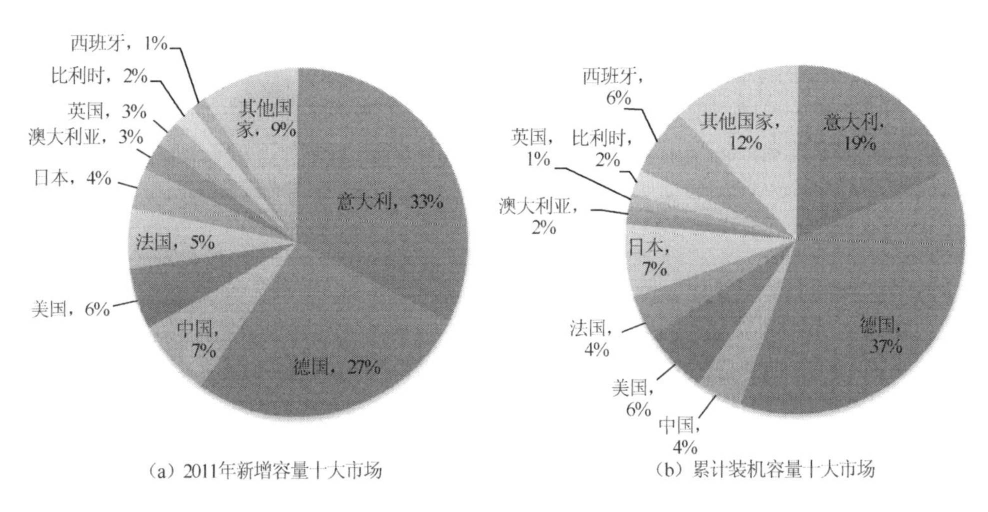

图 8-6 全球前十大光伏应用市场

资料来源：European Photovoltaic Industry Association，2012

了一份综合性能源科技发展战略——欧洲能源技术战略规划，以该计划作为载体，基于欧洲现有研发活动与成就来加速开发并大规模部署低碳能源技术组合，从而帮助欧盟能源与气候变化目标的实现。SET-Plan 提出，欧盟要实现战略目标需要从四个方面采取措施：一是制定欧洲能源产业倡议，加大财力和人力投入，提高能源研究和创新能力；二是建立欧盟能源科研联盟来加强大学、研究院所和专业机构在科研领域的合作；三是改造和完善陈旧的欧盟能源基地设施，建立新的欧盟能源技术数据系统；四是建立由欧盟委员会和各成员国参加的欧盟战略能源技术指导小组，以协调欧盟和成员国的政策和计划。

为配合 SET-Plan 的实施，欧盟在 2009 年 10 月公布了作为至 2020 年具体行动计划的七个低碳能源技术路线图，围绕欧洲能源体系，构建了到 2020 年转型为低碳经济的愿景，以提高技术成熟水平为目的，以使这些技术能在规划期至 2050 年期间达到较大的市场份额。其中对太阳能领域提出的目标是：至 2020 年，太阳能技术（光伏和 CSP）产生的电力达到欧盟电力的 15%。

二、制定过程与方法

技术路线图作为战略规划和制定决策的基础，欧盟委员会基于工业界的提议从 2008 年开始草拟 SET-Plan 关键能源技术路线图。在这一过程中，欧盟委员会与欧洲各能源技术平台、相关行业组织、研究界、成员国以及其他利益相关方开展了持续的讨论、研讨会、多边会议以及专家咨询；并建立了 SET-Plan 信息平台（SETIS），提供有价值的数据，通过技术图报告对目前单个技术的发展现状和技术发展与市场潜力进行分析，通过能力图报告对这些技术领域的公私研发投入进行分析。基于上述工作，欧盟委员会来确定每项关键能源技术的可量测和合适的技术目标，以及需要开展的研究、开发和示范行动，并召开专门研讨会与欧盟战略能源技术指导小组会商以在路线图的范畴和内容方面达成共识。

SET-Plan 路线图对每项低碳能源技术均提出了战略目标、技术目标和至 2020 年实施的研究、开发、示范及市场推广行动，同时对于实现上述目标公私部门所需要的投资额进行了预估，并对每项行动提出了需要达成的关键性能指标，以利于考核评估。路线图将这些行动分成了以下三大类。

（1）研发计划。①基础与应用研究项目，指的是在研究中心、大学、私营部门研究机构中开展的概念与应用研究；②小规模中试项目，主要由新技术最初的小规模实验和实验室研究的扩大化组成，此类工作是要证明技术的可行性并评估子系统与部件的可操作性；③材料、部件的测试设施。这些行动项目涉及的领域包括材料，部件设计、开发与中试试验，能源资源分布图绘制，能源规划、优化和管理工具的开发，支持研究的基础设施（包括技术部件的试验设施、核燃料的制造等）。

（2）示范计划。由技术的实际测试与大规模示范组成，特别是验证技术全规模可行性，包括协调、知识与信息交流措施等，为技术从研究向市场部署转化搭建桥梁并促进转化。

（3）市场推广措施。将产品从示范阶段向市场成功转化，解决创新链条“死亡谷”问题，这类型行动项目涉及对有可能成为未来能源体系支柱的一些关键概念进行可行性示范并积累经验，如可容纳不同电源的虚拟电厂、城市大规模光伏系统及其他节能措施。

需要指出的是，SET-Plan 技术路线图虽然基于最佳可用信息为至 2020 年欧盟在关键能源技术领域的研发活动进行了总体设计，但并不能代替详细的年度实施计划。因此，在启动每项能源技术的欧洲产业倡议之前，需要各成员国、产业界和欧盟委员会联合编制体现共识的操作性强的年度实施计划，根据技术现状和已资助的项目，细化需要采取的优先行动、定义关键性能指标、估计预算、确定现有可用的公私财政资源、确定资助行动所需的参与方和国家，并提出可行的资助机制。

三、主要内容

1. SET–Plan太阳能光伏技术路线图

战略目标。提高光伏技术的竞争力，确保技术的可持续发展，推动光伏技术大规模普及到城市区域，作为离网独立供电或并入电网，到 2020 年占到欧洲电力需求的 12%。

（1）技术目标。

第一，光伏系统提高能源产量、减少成本。①提高转换效率、稳定性和寿命；②进一步开发和示范先进的高产量、高通量制造工艺，包括在线监测与控制；③开发先进概念和新一代光伏系统。

第二，光伏发电并网。①发展和验证创新、经济和可持续的光伏用途；②开发电网接入和储能技术，优化光伏并网。

（2）行动计划。

第一，光伏系统提高能源产量、减少成本。

一项关注于加强光伏系统性能和寿命的技术开发合作计划，对发电成本有直接影响。更好地理解材料行为以及制造出具有特定参数且能够在高效组装工艺中反复生产的工程化设备将推动这一领域的进步。还需要改进系统架构、其他系统部件和运营控制，以提高太阳电池转换效率，并确保提高整体能量输出。该项计划的研究结果能否扩大应用将在中试生产环境中进行示范。

一项关注于制造工艺开发的技术开发合作计划，解决光伏设备创新和大规模生产的双重挑战。需要发展先进的衬底、电池单元与组件、透明导电氧化物和封装高产量制造工艺，实现商业化成熟度。需要发展活性层、柔性衬底卷到卷制造、超薄多晶硅太阳电池的高温衬底和其他薄膜材料体系的高通量沉积等先进应用技术，实现中试生产。这些试验应涵盖特征全范围，能够推动向大规模生产的转化。

一项旨在支持 2020 年后光伏产业发展的长期研究计划。需要调研先进概念并检验其可行性，包括：升/降逆变器、量子和等离子体效应、有机/无机复合结构和多结材料概念以及块状中间带隙材料等。

第二，光伏发电并网。

一项建筑物集成光伏（BIPV）的技术开发示范计划。光伏组件及支撑结构的外形和功能面临着建筑美学和合适性的挑战。需要开发先进的 BIPV 组件，能够实现多功能、自清洁并作为建筑材料。将实施（太阳能城市）示范项目以支持在典型城市环境中大规模部署和在小型分布式社区中应用。

一项独立和大型地基光伏系统技术开发示范计划，包括加速发展以下计划：简化组件支架结构，将逆变器与跟踪电子器件相结合，将最大功率点跟踪和智能跟踪控制相结合，将低成本支撑结构以及线缆与电气连接。多个 50～100 MW 规模的地面光伏电站配套示范项目将验证概念的可行性、成本和利益。

一项并网和先进电力储能设备的技术开发示范计划，利用半导体新材料（SiC、GaN）开发高效逆变器，开发控制器和专业能源管理工具（模型、软件和硬件）。将中试规模的新型储能技术扩大至现场试验，评估其寿命和成本。发展主动分布系统，改进电压调节、功率管理功能并应用分布式储能。

2010～2020 年投资预估：公私投资总额 90 亿欧元，按技术目标分配如表 8-6 所示。

表 8-6　SET-Plan 太阳能光伏技术路线图未来十年投资额预估

技术目标	投资额/亿欧元
光伏系统	55
光伏发电并网	35
总计	90

资料来源：European Commission，2009

关键性能指标如表 8-7 所示。

表 8-7　SET-Plan 太阳能光伏技术路线图关键性能指标

行动计划	关键性能指标
光伏系统	到 2020 年将传统交钥匙光伏系统成本降至低于 1.5 欧元/Wp 到 2020 年将聚光光伏系统成本降至低于 2 欧元/Wp 到 2020 年将光伏（组件）转换效率提高到 23%以上 到 2020 年将聚光光伏转换效率提高到 35%以上 将晶硅和薄膜光伏组件寿命提升至 40 年
光伏发电并网	到 2020 年将逆变器寿命提升至 25 年以上 储能电池成本低于 0.06 欧元/kW·h，寿命大于 25 年

资料来源：European Commission，2009

SET-Plan 太阳能光伏技术路线图如图 8-7 所示。

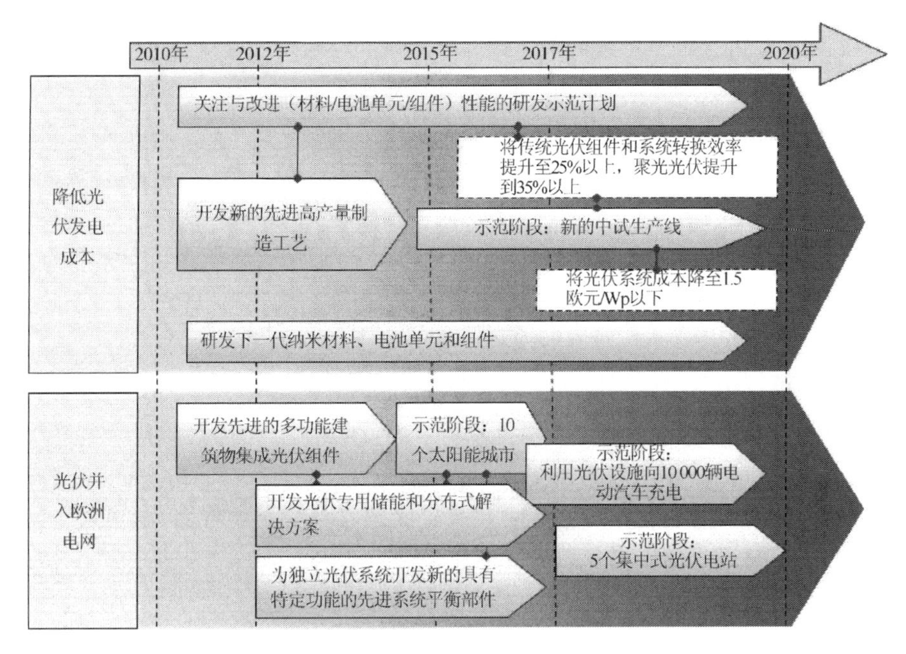

图 8-7　SET-Plan 太阳能光伏技术路线图

资料来源：European Commission，2009

2. SET-Plan 太阳能热发电技术路线图

（1）战略目标。

通过将最有前景的技术扩大至预商业化或商业化规模，示范大规模部署先进CSP 电站的竞争力，到 2020 年占到欧洲电力供应的 3%，如果沙漠太阳能发电行动计划的愿景能够达到，到 2030 年有潜力占到 10%。

（2）技术目标。

第一，减少发电、运营与维护成本，包括：①在系统层面提高转换效率、可靠性和单个部件效率；②开发先进的电站监测与控制技术。第二，提高运营灵活性和能量可调度性，包括：开发和改进储热，以及 CSP 电站与天然气（有可能与生物质能源）的复合发电。第三，改进环境和用水足迹，包括：①开发干冷系统并通过创新设计优化土地利用，利用这一创新性循环来减少冷却用水量；②示范 CSP 与可持续海水淡化工艺耦合。第四，先进概念与设计，包括开发先进的部件、概念和系统。

（3）行动计划。

第一，减少发电、运营与维护成本。

一项研发示范计划，提高单个部件及系统整体转换效率，减少装置及运营维护成本。在全规模电站示范之前，先在中小规模解决一些特定问题，包括：①开发和测试效率和可靠性有所提高的部件（高温接头、新集热器设计、改进吸热管、新的反射镜方案、改进的泵与阀门、改进电源模块和仪表装置）；②减少接收器的热损；③通过提高镜面反射率和接收器吸收率降低光损；④更高效的循环和接收器，如高效空气接收器、高压高效蒸汽接收器；⑤更高温传热流体运营；⑥开发和测试新的更经济的部件（高温接头、吸热管、新的反射镜方案和集热器设计、泵与电源模块和传热流体）；⑦确认、开发和评价替代传热流体，具有更低的成本、更低的环境影响和更广的运营范围；⑧优化和改进监控和通信技术，用以控制、运营和维护 CSP 电站，并制定运营策略和开发预测工具来更好地推动电站并网。

第二，提高运营灵活性和能量可调度性。

一项研发示范计划，解决储热和 CSP 电站与其他能源耦合的问题，以提高 CSP 电力全天满足需求的能力。在全规模电站示范之前，先在中小规模解决一些特定问题，包括：①开发和测试新的和改进的储热与传热系统概念与材料，如传热流体、填充材料、相变系统、熔盐、超级电容器等，并在大规模示范电站中实施；②新工艺设计和运营模式；③太阳能与其他可再生能源（大部分为生物质）的复合发电；④开发控制系统来监控消费曲线。

第三，改进环境足迹。

一项研发示范计划，解决冷却水需求问题，开发干冷系统，与海水淡化和纯化相结合，高效创新使用土地，包括：①通过创新使用有机兰金循环（ORC）与传统蒸汽循环耦合等新方式，来减少耗水量；②开发和示范干冷系统；③开发和示范 CSP 与可持续海水淡化和纯化工艺耦合；④集成低污染材料；⑤通过新的设计策略更好地利用土地。

第四，先进概念与设计。

一项长期研发计划，旨在支持 2020 年后的长期 CSP 产业发展，将关注先进的概念和系统，以及关键部件的创新方法。

2010～2020 年投资预估：公私投资总额 70 亿欧元，按技术目标分配如表 8-8 所示。

表 8-8　SET-Plan 太阳能 CSP 技术路线图未来十年投资额预估

技术目标	投资额/亿欧元
提高效率，降低发电成本	44
提升可调度性	17
改进环境足迹	8
长期研发	1
总计	70

资料来源：European Commission，2009

关键性能指标如表 8-9 所示。

表 8-9　SET-Plan 太阳能 CSP 技术路线图关键性能指标

行动计划	关键性能指标
提高效率，降低成本	将 CSP 太阳能到电力转换效率相对提高至少 20% 相比于 2009 年的一流商业化电站，将装机及运维成本降低至少 20%
提高可调度性	将储热和复合发电性能提高至少 20%
改进环境影响	在性能损失最小的情况下，大幅降低耗水量 大幅减少每兆瓦装机的土地利用量

资料来源：European Commission，2009

欧盟 SET-Plan 太阳能 CSP 技术路线图如图 8-8 所示。

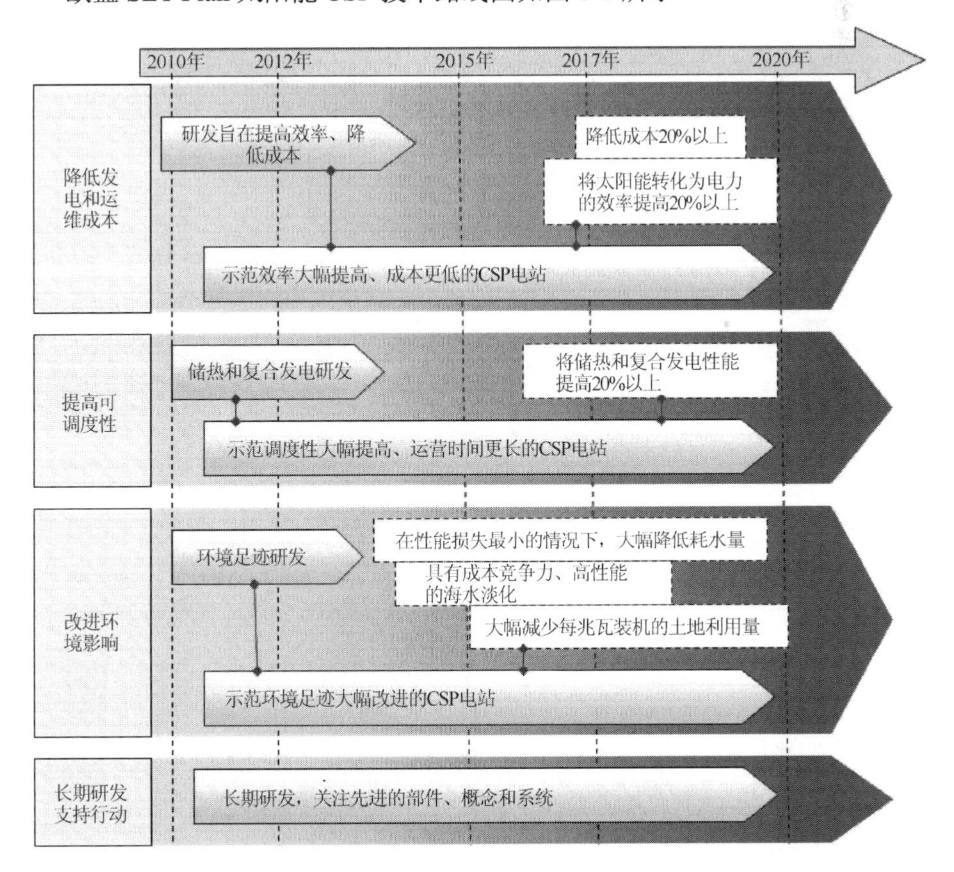

图 8-8　SET-Plan 太阳能 CSP 技术路线图

资料来源：European Commission，2009

四、作用与影响

1. 太阳能产业

为落实 SET-Plan 技术路线图工作，在欧盟委员会和 SET-Plan 指导委员会的监督下，产业界和科学界（欧洲能源研究联盟）联合起草了欧洲产业倡议（European Industrial Initiatives，EIIs）及其工作计划，并于 2010 年 6 月首批启动了欧洲太阳能产业倡议（包括太阳能光伏和 CSP），目的是在整个欧洲层面整合产业界、研究团体、各个国家与欧盟委员会等各方力量，快速发展关键的能源技术，确保欧洲产业有机会成为全球清洁、高效能源技术的领导者，在 2010～2020 年，欧洲产业倡议将着力解决能源方面面临的主要障碍和挑战，而为细化任务需求，落实到具体项目执行层面，欧洲太阳能行业组织（欧洲光伏产业协会和欧洲太阳能热发电协会）在综合各方意见后正式发布了《2010～2012 年度欧洲太阳能光伏产业倡议实施计划》和《2010～2012 年度欧洲太阳能 CSP 产业倡议实施计划》，并作为欧盟太阳能业界在这三年间的“工作指南”，在 2020 年前还将按年度进行更新。2010～2012 年度光伏实施计划中确定了九大研发项目共 46 个课题，公私投资总额预计将达到 12.35 亿欧元（表 8-10）。2010～2012 年度 CSP 实施计划将 SET-Plan CSP 技术路线图前两个技术目标为优先对象，即减少发电、运营与维护成本以及提高运营灵活性和能量可调度性，将资助项目分为三种类型：①在运和在建 CSP 电站，可以更低的成本和更短的时间建造和测试全规模创新部件和系统；②已获许可新电站；③潜在创新项目，有更大的自由度去测试和示范甚至全新的概念。CSP 三年公私投资总额预计将达到 36.05 亿欧元（表 8-11）。

表 8-10　2010～2012 年度欧洲太阳能光伏产业倡议实施计划

研发课题	预计投资/亿欧元
1　电池和组件先进制造工艺	**5**
1.1　晶硅技术	2.25
1.1.1　新的低成本、低能耗硅原料技术	0.5
1.1.2　高质量坩埚及其再利用的硅晶生长工艺	0.25
1.1.3　高效材料利用的先进、低或零损耗切片工艺	0.25
1.1.4　制造先进、高效电池和组件的高产率工艺，包括（硅片/）电池和组件集成过程和工艺设备（高达 17%的多晶硅组件和 20%的单晶硅组件）	0.75
1.1.5　从实验室到工厂：一或两种高效、低成本工艺的中试生产线示范	0.5
1.2　薄膜技术	1.75
1.2.1　高速、大面积沉积工艺，包括过程设备和控制方法（活性层和钝化层）	0.75

续表

研发课题	预计投资/亿欧元
1.2.2　卷到卷电池和组件制造工艺与设备	0.5
1.2.3　从实验室到工厂：一或两种新型高效、低成本技术的中试生产线示范	0.5
1.3　聚光光伏技术	0.7
1.3.1　高效聚光太阳电池的工业制造工艺，包括过程设备和控制方法	0.25
1.3.2　聚光光学器件的工业制造工艺，包括过程设备	0.1
1.3.3　聚光光伏组件高产率、高精度组装技术	0.1
1.3.4　从实验室到工厂：从电池到聚光光伏组件工业制造的中试生产线示范	0.25
1.4　交叉课题	0.3
1.4.1　设备与产品标准化	0.2
1.4.2　低成本构架和支架，无框架结构	0.1
2　性能增强和寿命延长	**1**
2.1　平板光伏技术	0.4
2.1.1　新型低成本、长寿命（一般为40年）封装材料和组件设计	0.1
2.1.2　老化组件和室外性能	0.1
2.1.3　超高效电池设计和工艺（多晶硅组件>17%，单晶硅组件>20%，薄膜组件>12%）	0.2
2.2　聚光光伏技术	0.3
2.2.1　3结以上的电池设计，超高聚光率（一般2500倍）的光和热管理	0.2
2.2.2　大于25年寿期的系统设计和材料	0.05
2.2.3　室外性能评估方法	0.05
2.3　系统平衡部件	0.3
2.3.1　低成本支架结构和电气系统（布线、接头、安全设备等）	0.1
2.3.2　寿命更长的电力电子器件	0.1
2.3.3　低成本、高精度跟踪系统	0.05
2.3.4　高压（>1000 V）运行组件	0.05
3　材料开发和可持续性	**0.5**
3.1　能源和材料	0.3
3.1.1　新型低能耗工艺和可持续发展的替代材料探索和开发	0.25
3.1.2　新型光伏技术生命周期评估，进行改进	0.05
3.2　寿命末期和再利用	0.2
3.2.1　晶硅、薄膜和聚光光伏的重复利用设计方法	0.1
3.2.2　光伏循环利用系统的应用	0.1
4　大规模部署使能技术	**1.3**
4.1　电网界面	0.5
4.1.1　光伏高占比的电力和能源管理策略与商业模式，包括所需硬件的开发和测试、现场试验以及示范	0.25
4.1.2　电力和能源预测模型及其验证，与上述主题结合应用	0.1
4.1.3　“太阳能城市”和“太阳岛”首阶段，旨在多方面示范太阳能在城市及隔离环境中大规模应用的可行性	0.15
4.2　建筑物集成	0.8
4.2.1　开发新型多功能光伏产品	0.25
4.2.2　建筑物集成光伏产品的研究基础设施、试验设施及测试程序	0.25
4.2.3　在一个复杂环境（阴影）中优化能量产出和价值，进行需求侧管理以获得光伏生产的最高价值	0.1
4.2.4　电气安全需求的进一步发展和实施	0.05
4.2.5　“太阳能城市”和“太阳岛”首阶段，旨在多方面示范太阳能在城市及隔离环境中大规模应用的可行性	0.15

续表

研发课题	预计投资/亿欧元
5　大规模光伏电站	**3.2**
5.1　带有跟踪系统的大规模聚光光伏电站（20 MW）建设	1
5.2　大规模铜铟镓硒（CIGS）光伏电站（40 MW）建设	1.2
5.3　大规模叠层/三结晶硅薄膜光伏电站（40 MW）建设	1.2
6　太阳能资源和监测	**0.25**
6.1　欧洲“光伏监测中心”，旨在收集和传播一系列基准监测数据和信息，包括技术、产业、市场和政策方面	0.15
6.2　开发模拟和监测工具（早期故障探测、辅助服务的建模模拟等）	0.1
7　超低成本技术	**0.5**
7.1　一或两种超低成本（可印刷）光伏技术先进中试生产线	0.4
7.2　表征与测试，加速老化试验	0.1
8　超高效方法	**0.5**
8.1　一或两种超高效新型光伏技术概念验证	0.4
8.2　建模与表征	0.1
9　超高占比的并网概念	**0.1**
9.1　超高光伏占比的概念验证	0.1
总计	**12.35**

资料来源：European Photovoltaic Industry Association and European Photovoltaic Technology Platform，2010

表 8-11　2010～2012 年度欧洲 CSP 产业倡议实施计划

研发项目	预计投资/亿欧元
在运和在建 CSP 电站	2.25
已获许可新电站	1.6
潜在创新项目	32.2
总计	36.05

资料来源：European Solar Thermal Electricity Association，2010

2. 相关材料路线图

鉴于材料是能源技术的关键使能技术，欧盟于 2011 年 12 月发布了《低碳能源技术材料路线图》，作为 SET-Plan 所制定的技术路线图的补充和扩展。材料路线图中提出了至 2020 年推进能源技术发展的关键材料的研究和创新活动，作为欧盟研究和创新计划以及成员国能源应用材料领域开展研发活动的项目指南。针对太阳能领域，SET-Plan 材料路线图制定了光伏材料（图 8-9）和 CSP 材料路线图（图 8-10）。

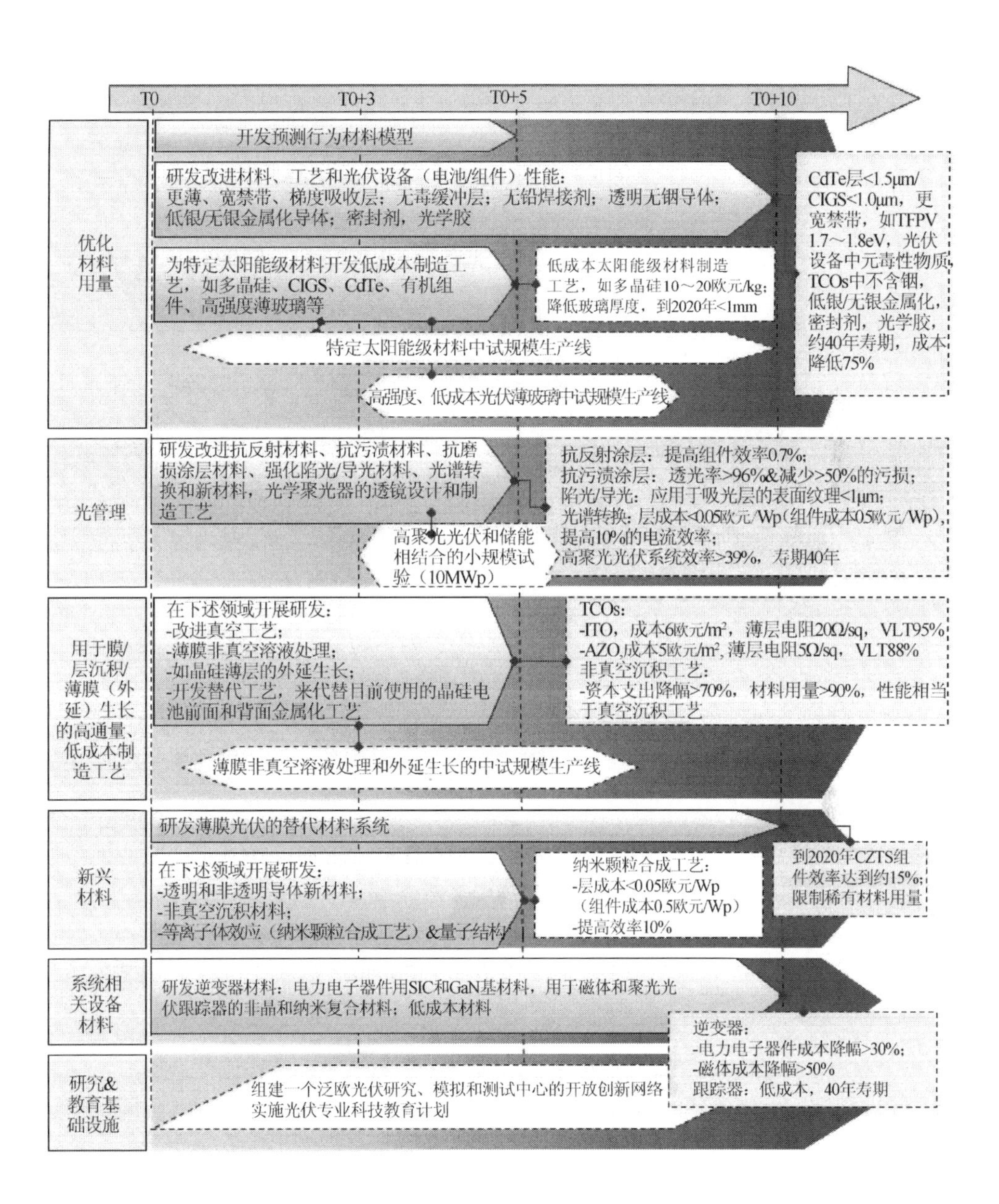

图 8-9　SET-Plan 光伏材料路线图

资料来源：European Commission，2011a

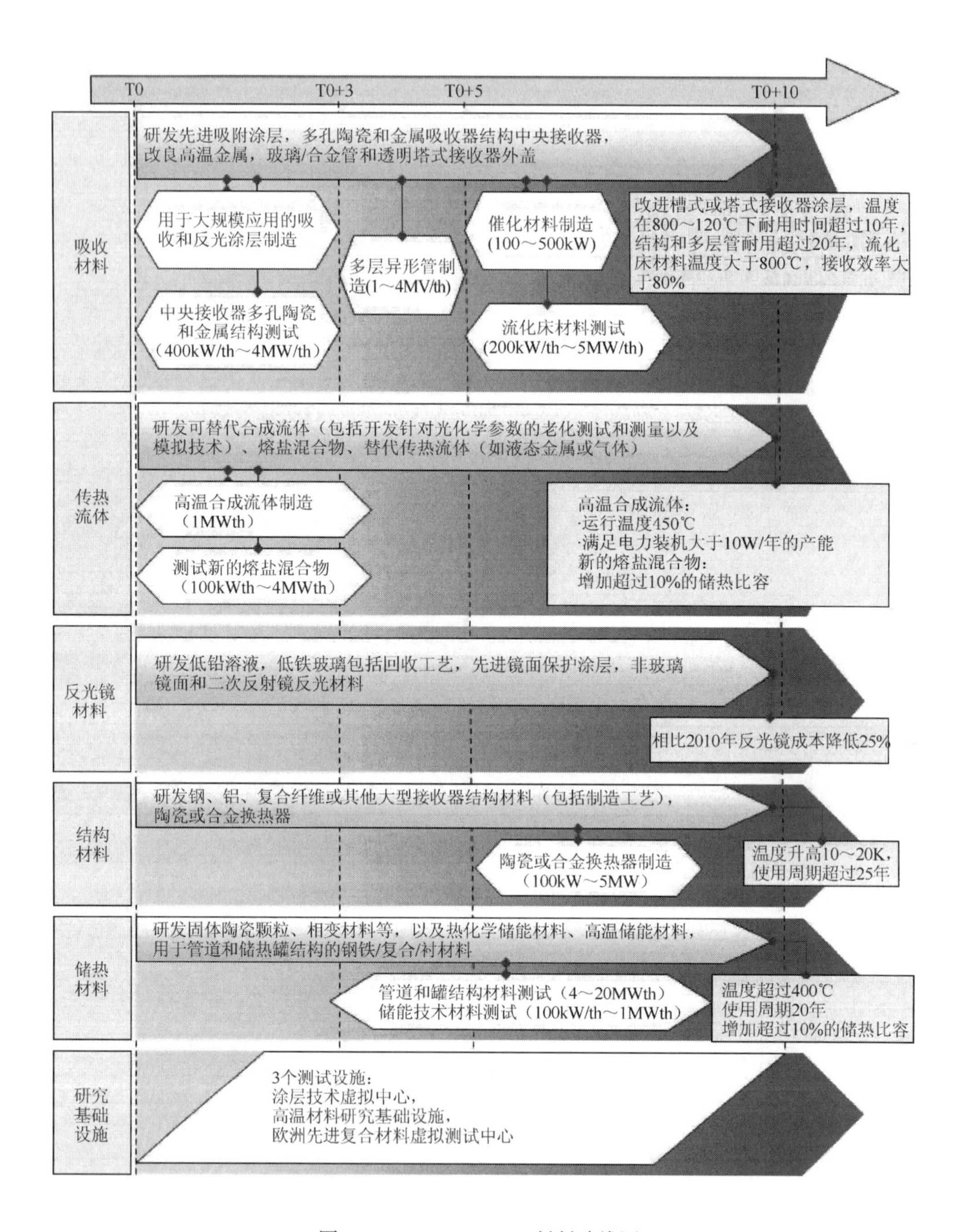

图 8-10　SET-Plan CSP 材料路线图

资料来源：European Commission，2011a

光伏材料路线图提出了一套综合研究开发计划：通过对微观至纳米尺度量子设备的精确模拟优化材料用量；改进无机和有机太阳电池及组件的组成材料固有性能并降低厚度；开发特定太阳能级材料的替代制造工艺；开发更薄、强度更高、保形的和更低成本的玻璃以及柔性、轻量化、低成本、长寿期和高阻隔性密封剂和光学胶。路线图还关注：光管理材料，包括抗反射材料、抗污渍材料、抗磨损涂层材料、陷光/导光材料、光谱转换和光学聚光器材料等；为膜/层沉积/薄膜（外延）生长开发高通量、低成本制造工艺；为逆变器和跟踪器等系统相关设备开发新材料以及研究新兴材料和工艺。为使材料开发扩大到工业规模，路线图提出了3 个制造中试项目，即新太阳能级材料、非真空沉积工艺和光伏高性能、高强度薄玻璃；1 个现场试验项目，在现实市场环境下测试新材料/设备设计，并示范小规模地区电网中高聚光光伏和储能相结合解决方案的成本效率。这些项目与提议组建一个泛欧光伏研究、模拟和测试中心的开放创新网络互为补充。此外，还需要强化实施光伏专业教育计划，以保证研究界和产业界都有充足的科技人才队伍。

CSP 材料路线图提出了一项适用于更高温度的低成本、光谱选择性、高机械性能稳定材料的全面研发计划；同时开发具有成本竞争力、可持续发展的更高反射率和/或镜面反光材料。重点如下：针对传热介质，通过改进熔盐和液态金属来发展替代合成液体，以允许较高的温度、更好的热转移和较好的化学稳定性；发展更可持续、成本更低、耐腐蚀的结构材料，如钢铁、铝、纤维复合材料，发展储能材料（蓄热材料和热化学储存材料）以提高性能和扩展工作温度高达 600℃。为了发展工业规模的材料，路线图中计划开展 5 个工业试点项目，来生产吸收涂层、多层异型管、高温合成传热液、陶瓷或合金催化剂材料和换热器；5 个技术试点项目来测试和验证储存技术领域（用于中央接收器、流化床材料以及管道和水箱结构的熔盐混合物、多孔陶瓷或金属等）实际市场条件下的材料性能。路线图在基础设施研究框架内提出需要发展 3 个试验设施（涂覆技术、高温研究以及先进复合材料）。

第四节　美国光伏技术路线图

一、产生背景

美国是最早开展太阳能光伏技术研究的国家，早在 1954 年美国贝尔实验室即研制成功了光电转换效率为4.5%的实用型单晶硅太阳电池，为太阳能光伏发电技术的应用奠定了基础。20世纪70年代石油危机爆发后，美国加强了太阳能研究工作的计划性，1972年美国特拉华大学能源转换研究所成立，成为全球首个专门致力于光伏研发的实验室；1977年美国能源部成立了首个国家级太阳能研究所（即国家可再生能源实验室的前身）；1990年启动了光伏产业化发展计划，该计划通过国家可再生能源实验室实施，并成立了国家光伏中心，联合产业界、高等院校和研究机构共同进行攻关，以求大幅度降低成本。据美国能源部的统计，在21世纪头10年，美国能源部已在太阳能研究上投资超过10亿美元，吸引了可观的私人资金以支持总计超过20亿美元的太阳能研究和开发项目，投资带来的科技创新使得太阳能光伏成本自1995年以来下降了60%，并产生了一系列重大突破。

为从国家层面指导未来太阳能光伏技术的研究，开发具有成本效益的光伏技术，在美国能源部太阳能技术计划框架下，2007年，国家可再生能源实验室、桑迪亚国家实验室的研究人员及大学和私营企业的专家合作完成了《国家太阳能光伏技术路线图草案》。该技术路线图明确了晶体硅光伏技术、薄膜硅光伏技术、碲化镉（CdTe）薄膜光伏技术、铜铟镓硒（CIGS）薄膜光伏技术、有机光伏技术、染料敏化光伏技术、中间带隙光伏技术、多重激子产生效应光伏技术、纳米结构光伏技术等目前的研究现状（2007年）以及未来的发展目标（2015年），并确定了优先研发内容。

二、制定过程与方法

每个光伏技术领域路线图制定工作均由一个主持人（facilitator）来负责规划、推动、协调和管理工作的进程，参与专家涵盖DOE、国家实验室、大学和工业界等政产学研各方面利益相关方，通过召开多次技术研讨会来达成共识。

在具体路线图的制定流程中，首先界定技术涉及的范畴、发展阶段和目标应用领域；之后提出技术进步的衡量标准，即技术关键参数2015年需要达成的目标，同时也作为具体的考核标准；以此目标为导向，由产（工业界）、学（大学）、研（国家实验室）各界专家分别提出需要开展的优先研发内容，并给出研发将会产生的重要意义作为选择理由，经过会商之后最终确定每个技术领域为达成目标应该开展的优先研发工作。

三、主要内容

1. 晶体硅光伏技术

晶体硅光伏技术是目前占主导地位的商业化光伏技术，而且至少在未来 10 年内（到 2017 年）很可能会继续保持主导地位。就目前来看，晶体硅光伏电池拥有最低的成本，并已拥有最好的可靠性。

晶体硅光伏技术目前的研发重点是降低成本，主要通过下列途径：①降低原料成本，特别是硅衬底；②提高转换效率；③改进制造工艺，提高生产能力；④提升可靠性（减少晶圆破损，更严格的性能分布）。

具体任务包括以下几个方面。①吸收层：研究改进杂质和缺陷工程学；使用更薄、更大面积的晶圆，更有效地利用硅原料；开发新的表面与体钝化技术。②电池和电极：开发低成本、高产出的电池工艺；开发新型电池电极方案；开发新型器件结构，如异质结电池；改进捕光与抗反射。③互联：创新改进电池和互联的制造性能。④封装：通过创新减少光损失；开发新型封装材料以降低组件成本，保持可靠性；继续完善加速寿命试验，以预见实际应用中可能出现的故障；开发低聚光光学器件以及相应组件设计的改变。⑤制造业：加快研发进程，快速向商业产品转化；开发与实施实时诊断。

路线图提出了高效单晶硅和低成本多晶硅太阳电池的优先研发内容（表 8-12、表 8-13），其中关于组件制造的某些研发内容是具有共性的（表 8-14）。

表 8-12　高效单晶硅太阳电池的优先研发内容

研发内容	意义
更薄的晶圆及相应工艺	硅材料是组件成本的最大组成部分。更薄的晶圆可以降低成本，而且有望带来更高的效率
表面钝化	要将电池效率提升到 25%以上，低表面复合是必需的
薄电池光管理	更薄的电池需要非常高效的捕光及降低金属遮蔽
低复合电极	高效率需要低复合电极的金属化方案
原料成本	开发成本更低的适用于光伏的原料生产方法

资料来源：National Renewable Energy Laboratory et al.，2007a

表 8-13 低成本多晶硅太阳电池的优先研发内容

研发内容	意义
体缺陷工程学与钝化	确定现有晶硅原料制成的电池性能受限的机制，将提供一种利用更低成本的原材料来获得更高效率的新途径
更薄的晶圆及相应工艺	更薄的晶圆可以降低成本，而且有望带来更高的效率。但是，随着晶圆变薄，晶圆破损率大幅上升，因此需要开发晶圆先进处理技术和“温和工艺”
太阳能级原料	在不降低效率的前提下，降低太阳电池中硅原料的成本
光管理——抗反射涂层	需要对整个组件的光管理进行研究
低成本电极	示范低成本金属化工艺：更低遮蔽及更低的 Si-M 电极面积百分比；无掩模金属化；新的金属方案；前接触与背接触同步成型

资料来源：National Renewable Energy Laboratory et al.，2007a

表 8-14 高效单晶硅与低成本多晶硅太阳能光伏组件/系统共性优先研发内容

研发内容	意义
互联、封装、可靠性	降低硅组件、系统平衡元件（BoS）与安装的成本，太阳能系统中非电池部分通常占总成本的一半
制造诊断与过程建模	效率和产量的优化需要单独和全面理解每一个工艺步骤，这可以通过诊断和过程建模实现
减少硅废料	确定减少每瓦产出所需硅原料的切实可行的途径，硅材料成本占了组件成本的最大部分（约 25%）

资料来源：National Renewable Energy Laboratory et al.，2007a

2. 薄膜硅光伏技术

薄膜硅光伏技术中至少有两种正处于开发中的技术路径，第一种技术路径非晶硅太阳电池，其成本面积显著降低，同时效率也有适度提升。如果非晶硅的产量继续按目前的速度增长，到 2020 年将达到 2 GW/年。在这样的产量水平下，工艺简化与高产量将带来巨大的规模经济。

第二种高风险、高收益技术路径是利用在玻璃、玻璃-陶瓷、冶金级硅或不锈钢等候选低成本衬底上制作的晶体硅薄膜光伏。晶体硅的这种替代技术有望在维持非晶硅薄膜低成本结构的同时将效率提升到可与多晶硅技术相竞争的水平。需要进一步研究活性材料的高沉积速率工艺和制备单晶硅、大颗粒、双向织构晶粒及良好钝化的颗粒晶界的机制。

路线图提出了非晶硅和晶体硅薄膜光伏技术的优先研发内容，如表 8-15、表 8-16 所示。

表 8-15　非晶硅薄膜光伏技术的优先研发内容

研发内容	意义
提高非晶硅的光稳定化电子质量，改善 a-Si：H 电池低带隙密度	实现更宽光谱范围的转化，提升稳定效率
提升所有 a-Si、a-SiGe 层的生长速率，同时保持高的电子质量	提高生产能力，降低资本成本
开发纳米晶硅的高生长速率方法，同时保持高的电子质量	提高效率和稳定性，降低成本
理解和控制 a-Si：H 组件的光致退化	提高效率，理解效率的内在限制
开发原位在线过程监测	提高产量
改善光管理策略	提高效率
改善透明导电氧化物	提高效率
开发低成本封装	降低成本
理解与改进低成本封装的可靠性	降低成本，提升长期性能
实现大型非晶硅制备的自动化与规模升级，扩大组件尺寸	降低成本

资料来源：National Renewable Energy Laboratory et al.，2007b

表 8-16　晶体硅薄膜光伏技术的优先研发内容

研发内容	意义
开发大颗粒或单晶高品质晶体硅薄膜的低成本生长工艺和应用于低成本衬底的材料	效率高于非晶硅，而成本低于晶圆硅
开发在低成本衬底上生长高品质外延晶体硅薄膜成型的晶种技术	提高效率
开发弱吸收晶体硅薄膜的光管理策略	提高效率
为晶体硅薄膜开发低成本、高温（>600℃）衬底	降低成本
开发晶体硅薄膜的低成本、低温工艺	降低成本
开发薄膜硅表面、界面、晶界的低温钝化技术	提高效率
开发晶体硅薄膜的制造设备，并实现自动化与规模升级	降低成本，增加产量
开发原位在线过程监测	增加产量
开发改进的晶体硅薄膜表征技术，并建立质量的关键衡量标准	加快技术开发
开发低成本封装	降低成本
理解与改进低成本封装的可靠性	降低成本，提升长期性能
设计制造性好的器件结构和组件设计	方便部署

资料来源：National Renewable Energy Laboratory et al，2007b

3. 碲化镉薄膜光伏技术

对于平板组件来说，薄膜光伏技术与硅晶圆相比，消耗更少的昂贵半导体，而且更适合于高水平的自动化生产。CdTe 薄膜光伏产业的主要机遇显然在于提高功率组件的转换效率，从而有助于提升 CdTe 薄膜光伏在大型光伏系统中的份额，并进入住宅屋顶市场。CdTe 太阳电池的开路电压（Voc）比具有类似能带隙的Ⅲ-Ⅴ族太阳电池低 20%。提高 CdTe 薄膜光伏器件的 Voc 以及适当改进短路电流密度（Jsc）是达到更高的电池和组件效率最可行的途径之一。转换效率提高之前，有必要通过新型的吸附层工艺过程增加认知。

目前玻璃-玻璃封装的 CdTe 薄膜光伏组件的可靠性媲美于传统的硅基技术。随着越来越多的新技术推动效率提升，测试手段也需加速发展以保证不以牺牲可靠性为代价。持续的测试、老化机制的识别以及开发可信的加速测试都有利于市场接纳 CdTe。环境、安全和健康仍然是技术开发的重要方面，应加以不断更新、研究。还要提高公众对 Cd 的认识。

路线图提出了 CdTe 薄膜光伏技术的优先研发内容，如表 8-17 所示。

表 8-17　CdTe 薄膜光伏技术的优先研发内容

研发内容	意义
提高器件效率： 了解并示范控制限制器件效率和可靠性的关键参数 对缺陷、晶界和新材料的根本性了解 开发过程潜能的方法和量测标准 吸收层厚度降至 0.7 μm	确定技术基准和潜能； 夯实基础、测试改进组件效率和可靠性的途径； 减少制造过程中的材料消耗
缩小组件和器件之间的效率差距： 开发、测试生产一致性过程以及提高组件效率的材料 覆盖层（玻璃、透明导电氧化物、缓冲层、抗反射涂层）	提高“W/m^2”； 将组件效率从>9%提高至 13%
降低组件成本： 开发、测试生产一致性过程以及降低组件成本的材料 先进封装 在线过程控制	减少“美元/m^2”成本； 将电力平准化成本降至 2015 年的目标； 提高产量
提高可靠性： 测试整体器件以确定老化机制并建立详尽的加速老化试验	满足 2015 年 0.75%的组件老化目标； 降低新技术的可靠性风险
其他过程： 开发测试有应用潜力的材料、器件设计以及工序（非当前组件生产的部分工序）	扩张市场潜力； 新的合金/材料有望在现有技术基础上显著提高组件性能
环境、安全和健康	工作场所及环境安全性，提高公众意识

资料来源：National Renewable Energy Laboratory et al.，2007c

4. 铜铟镓硒薄膜光伏技术

实验室规模的铜铟镓硒薄膜太阳电池效率接近 20%，提高 CIGS 组件性能，优于其他薄膜光伏技术，能够使其组件成本以及电力平准化成本最低。CIGS 光伏技术的最终效果可能受制于铟的可用量。各种估算差异很大，但根据当今铟的使用和供给情况，CIGS 组件年产量将有可能限定为 2000～10000 MWp。要突破该限制，就需减小 CIGS 器件中的吸收层厚度（现在一般为 1.4～3μm）；同时，这也将提高制造产量，因为层越薄，沉积时间越短。开发薄的吸收层还要求不能降低效率、处理强度以及组件可靠性。此外，黄铜矿材料也可用于新型吸收层，在相似的效率前提下，两者的物性相当；更重要的是，不需使用铟，能够转移到不同的能带隙，提高了处理强度并提供了更为有效控制性质的途径。

为了实现这些目标，具体任务包括以下几个方面：①提高组件效率；②改进组件制造工艺；③开发其他的替代方法和新材料；④评估与互动（包括建模开发、量测标准修正）。

路线图提出了 CIGS 薄膜光伏技术的优先研发内容，如表 8-18 所示。

表 8-18　CIGS 薄膜光伏技术的优先研发内容

研发内容	意义
提高组件效率、降低组件成本	
对 CIGS 器件的生产与高性能进行比较评估	组件效率从 10%提高至 15%，能降低成本至<1 美元/W_p，而“美元/m^2”生产成本不变
CIGS 材料及器件物理研究：复杂缺陷、带偏移、界面、晶界以及黄铜矿非均匀性的实验及理论研究	了解器件吸收和传输的物理性质，能够提高性能和产量
改善 CIGS 层外方案（如栅格、互联、透明导电氧化物、衬底、封装材料）	了解必要材料、器件以及工艺改进，以提高效率、产量和可靠性
提高速率和/或减少厚度	速率提高至低设备退化率真空工艺所要求的 30 μm/h 及以上
开发替代制造过程（如替代缓冲层、CIGS 沉积方案、低温 CIGS 沉积）	通过低成本、高性能的过程减少生产成本
评估各种器件工艺方案的价值及扩大化潜力	确定了解各过程对于成本效率的最终性能限制
科学、工程基础：开发新的替代方法	
表征、设计 CIGS 材料以及器件物理，确定 CIGS 材料和电池生长途径及动力学	了解电池和组件性能的限制因素；改进制造工艺的工程基础
开发、改进原位诊断工具	改进过程监控
开发、表征、了解替代器件结构和新材料，以提高能带隙和 V_{oc}，减少铟的使用	开发新的方法以改善器件性能，减少铟的使用，达到更优的电池特性（如高 V_{oc}）
评估和互动	
制定评估 CIGS 组件可靠性的规则	通过提高结果可信度实施改进的或新的工艺
提供 CIGS 产业界、高校和实验室研究人员进行互动的平台	符合制造商的动力性能保证和消费者的期望，强化结果共享（避免重复犯错）

资料来源：National Renewable Energy Laboratory et al.，2007d

5. 有机光伏技术

有机光伏的优势在于该技术的成本极低，可实现持续生产，并能在柔性衬底上进行应用。它的制造过程与传统彩色胶片的生产类似，本质上甚至更为简单。现在，已证实的电池效能约为 5%；封装在玻璃中的有机光伏器件的老化率低于5%/千小时（按曝晒时间计算）。人们已大致了解对其光电转换效能造成制约的因素（如过高的光能隙，施主与受主的能带偏移不佳，电荷的转移、输运与复合不佳等），但尚不理解这些问题的本质。对有关器件老化的问题（如光致氧化、界面不稳定和剥落，相互扩散以及形态变化等）了解得更少。有机光伏技术若想取得更大成功，关键在于了解高性能所需的基本条件。最后，各个部件的设计（从分子到器件再到组件）都必须达到在综合环境下进行有效、稳定操作的要求，而且必须保持有机光伏的最大优势——低成本。有机光伏的长期目标是实现大规模发电，但在短期内，其低成本和柔性特点也能实现一些其他应用。

路线图提出了有机光伏技术的优先研发内容，如表 8-19 所示。

表 8-19　有机光伏技术的优先研发内容

研发内容	意义
根本性理解器件物理性质——激子，电荷输运、复合，能带结构，界面等。	界定出哪些基本性质是必要的，何种性能目标是可以达到的
界面黏合与界面电相干，有点类似无机太阳电池多层膜中的晶格失配问题	这些性质深刻影响到电池的效能和稳定性
发现新的具有良好光吸收、能带结构以及电荷输运性质的施主与受主材料	开发/确定能够以良好的基本性质提升电池效能的分子与材料
控制施主与受主形态，形成有关活性层形状的新思维	搭配施主与受主材料，找到适宜的形态
优化器件的整体结构，包括活性层、缓冲层以及电极和透明导电氧化物材料	开发完整的器件结构，用以控制活性层捕获的能量
高产制造技术，用于扩大大面积器件的规模	开发大面积、高速的制造技术，同时保留实验室级别电池的效能
研究可靠性和长期老化机制	确定老化的途径，进而改进分子与器件的设计
与理论上能够突破 Shockley-Queisser 极限的第三代光伏技术相结合	短期而言，或对研发有所帮助，长期而言，该方法则是必要的

资料来源：National Renewable Energy Laboratory et al.，2007e

6. 敏化纳米结构光伏技术

敏化纳米结构光伏技术包括无机电池和有机/无机杂化电池。敏化电池中的一个主要成员是20世纪90年代开发的基于液体电解液的染料敏化太阳电池。敏化电池同样可以是完全固态的。

尽管对于染料电池的稳定性和光转化机制的了解还不够深入，已经得到确认的有：①染料电池对于材料几乎没有限制；②效率为10%的组件已经实现；③能源回收期比起其他光伏技术短，在能源价格不断攀升的趋势下具有重大的意义。近来的测试显示，无论是处于黑暗中在热应力（80ºC）的作用下，还是热应力（60ºC）曝光的条件下，转化效率≥8%的染料敏化电池在1000小时后仍能保持98%的性能。户外测试（Toyota/Aisin）结果显示第一代染料敏化电池组件在工作4年后，性能下降不到15%。这些测试结果直接刺激了对染料敏化电池技术研究的投资，几个公司正致力于染料敏化电池技术的商业化。

美国能源部评估显示，在发展染料敏化电池系统的科学基础上，光电转换效率可达20%，为将来超越Shockley-Queisser转换极限32%的纳米结构系统的研究打下基础。要实现这一目标所要面临的挑战是巨大的，并且需要进一步加深对材料作用以及物理加工处理对器件的性能、稳定性影响的理解。

路线图提出了敏化纳米结构光伏技术的优先研发内容，如表8-20所示。

表8-20　敏化纳米结构光伏技术的优先研发内容

研发内容	意义
完成材料作用以及物理加工处理对器件的性能、稳定性影响的基础研究，确定最有潜力的电池材料以及结构以达到最佳的转化效率和稳定性	基础研究是了解该技术潜力的最有效途径
开发下一代敏化纳米结构电池	提高效率和稳定性
研究带有液体、准固体和固体物质的染料敏化光伏电池的密封材料	提高稳定性
研究廉价的导电玻璃或替代材料	降低特殊用途导电衬底的成本（如光伏窗户、屋顶和便携器材）
对一系列课题的研究以适应大规模制造	开发廉价加工方案
在户内/户外实现特殊用途的组件转化效率和稳定性的测试	为进一步的技术开发提供转化效率以及稳定性等的数据反馈
实现系统分析以了解应用需求（如电力生产/节能窗户以及其他建筑集成光伏组件）	弄清楚实际应用系统的需要和成本
设计染料敏化电池的制造系统	设计大规模制造具有一定效率和稳定性器件的制造系统

资料来源：National Renewable Energy Laboratory et al.，2007f

7. 中间能带光伏技术

中间能带太阳电池是一种单结电池，其理论上转化效率与三节太阳电池相当。在导带和价带之间引入额外的中间能带来吸收次能带光子以提高转换效率。现在技术上面临的挑战是设计一个拥有中间能带并且拥有合适光吸收性的材料系统。通过在半导体材料的禁带上引入中间能带，通过一个分为两步的吸收过程（跃迁 1 和跃迁 2）可以从价带上把电子激励到导带上。另外，正常的价带-导带的跃迁（跃迁 3）也将产生一些电子一空穴对。然而，如果要太阳电池正常工作，电池输出电压就必须只取决于价带和导带之间的带宽 E_g，而与跃迁 1、跃迁 2 无关。根据入射太阳光的光谱能量分布，可以对 E_g、E_L 和 E_H 进行优化设计，并计算出转化效率的理论最大值。E_L 为导带与中间带之间的带宽，E_H 为中间带与价带之间的带宽。

由于结构简单、转化效率高，该理论引起了广泛的关注。但是该理论忽视了十分重要的损耗机理，可能实际上行不通。显然，要高效率利用光能就必须通过跃迁吸收处于吸收带的每个光子（光子吸收的选择性）。另外，在计算理论最高转化效率的时候假定没有非辐射再结合。迄今为止，由于还没有找到符合条件的材料系统，因此中间带太阳电池可以提高转换效率仍然没有被实验证实过。

中间带太阳电池有望在 2015 年之前被开发出来，其转化效率将超过所有现有的单结光伏电池（约 25%）。为实现此目标，需要：①确定中间带太阳电池的材料系统需求和关系到有效利用中间带太阳电池的各种特性；②测定材料系统/器件光子的选择吸收特性；③确定为最小化非辐射再结合效应而对材料系统/器件的要求；④探索材料系统（如新合金、化合物和量子点阵列等）/器件结构以达到预设要求；⑤发展/整合最有潜力的中间带太阳电池材料系统；⑥在研究发展中间带太阳电池材料系统的过程中实验验证是否达到预设要求；⑦制造中间带太阳电池的样机并对其进行测试；⑧优化中间带太阳电池的材料特性和器件设计以实现更高的转换效率。

路线图提出了中间能带光伏技术的优先研发内容，如表 8-21 所示。

表 8-21　中间能带光伏技术的优先研发内容

研发内容	意义
明确中间带太阳电池的材料系统要求和特性	这是成功利用中间带太阳电池的必要条件
确定材料系统或器件特性以在特定阳光能量谱优化光子吸收率	这是鉴别最佳候选材料系统的前提条件
明确为避免非辐射再结合效应对材料系统/器件的要求	非辐射再结合效应会降低转换效率
审视一个全部满足上述要求的材料系统的可实现性	如果无法实现，停止研究
设计一个满足上述要求的材料系统（新合金、新化合物和量子点阵列）/器件的结构	对避免浪费研发力量来说至关重要

续表

研发内容	意义
发展/整合最有潜力的候选材料系统	对将材料系统进一步器件化来说是必不可少的
对电池材料系统进行测试，看是否具有所需要的特性	在电池器件制造之前，排除不合适的材料
制造并测试中间带太阳电池样机	以证明理论的正确性
优化材料和器件设计以达到最高的转化效率	最大限度提高电池转化效率
如果中间带光伏电池达到预设要求，实现产业化	建立商业化渠道

资料来源：National Renewable Energy Laboratory et al.，2007g

8. 基于多重激子产生效应的光伏技术

多重激子产生效应（MEG）代表了大大提高半导体纳米晶太阳电池转换效率的一种设计思想，各种不同半导体材料量子点中的 MEG 过程已经有实验记载，完全了解 MEG 过程并达到预测能力还需要其他的实验、理论和建模工作，其中许多方面的基础研究将由 DOE 科学局支持。尽管没有器件被证明利用了 MEG 效应，但是基于纳米晶的太阳电池装置的效率可达 1%～3%。几种可能的纳米晶太阳电池设计已经确定，证明从运行的装置中产生多重激子增强光电流的工作已经开始。可能的纳米晶太阳电池方案包括利用染料敏化纳米晶替代金属氧化物的太阳电池、纳米晶代替 C_{60}-PCBM 的混合异质结有机-无机器件或者基于 p-i-n 结构的球形量子点太阳电池。

制造纳米晶高效太阳电池的一个重大障碍是在不失去纳米晶固有量子局限的情况下提取纳米晶的电子和空穴。因此主要的科学挑战是：①充分认识各种介质的界面电荷分离；②通过耦合纳米晶阵列实现高效长距离电荷输运。纳米晶敏化 TiO_2 和纳米导电聚合物块体异质结设计是电荷分离和聚集的两个策略。顾及广延态结构的密集排列的纳米晶阵列能够进行有效的电荷输运。尽管对纳米晶与环境之间基本相互作用的了解还很缺乏，但在这些光伏结构中取得进展还是可以实现的。

合理的进展估计是利用 MEG 效应制造转换效率大于 8%的纳米晶太阳电池，要实现这一目标的关键进步包括：①通过改善材料的表面和界面减少复合损失；②改善相邻球形量子点之间的耦合以方便电荷输运；③改善电池设计以减少电子和空穴的聚集时间，并提高开路电压（V_{OC}）。在这些关键进步的基础上将验证电池原型中与波长有关的 MEG 增强光电流的产生。

路线图提出了基于 MEG 效应光伏技术的优先研发内容，如表 8-22 所示。

表 8-22 基于 MEG 效应光伏技术的优先研发内容

研发内容	意义
从实验和理论上确定驱动 MEG 效应产生的机制	了解能够优化结合了 MEG 效应和带隙的材料选择机制，以促进器件的设计
开发材料设计的理论框架	建立基于参数（例如半导体类型、表面化学和纳米架构）的 MEG 效应量子产率的预测能力，避免随意探索材料
选择材料	开发丰度高、廉价和低毒的半导体纳米晶，展示高效率 MEG 效应
利用 MEG 效应设计电池	高效采集光电流，如 MEG 效应对转换效率的改善
调研接触材料	减少接触损失以提高开路电压（V_{oc}），发挥大规模应用的潜力
纳米晶材料的批量生产	降低成本以进行大规模生产
进行生命周期成本分析	评价 MEG 纳米晶太阳电池的潜在经济效益，确定纳米晶和其他材料的组成成本目标
调研规模化沉积技术	研究可能用于生产的沉积技术（喷射、喷墨、丝网）

资料来源：National Renewable Energy Laboratory et al.，2007h

9. 纳米结构光伏技术

纳米结构太阳能光伏技术目前处于概念阶段或原理验证阶段，潜在目标领域取决于把新概念融入现有技术的可能性。纳米结构的生长可利用更昂贵、但更可控的技术，如分子束外延（MBE）和金属有机化学气相沉积（MOCVD），因此可与现有的聚光光伏（CPV）技术相结合。此外，纳米结构材料还可以利用低成本化学方法合成得到，可与现有薄膜技术兼容，并且更有利于敏化电池或无机-有机杂化太阳电池的发展。

在没有非辐射复合的细致平衡限度内，只要光吸收非零值，太阳电池的效率是由能带隙唯一因素决定。然而事实上，无论是辐射复合还是非辐射复合都会影响性能。除了恰当的能带隙和良好的导电性，强吸收和弱复合是非常理想的，但又是相互冲突的两个要求。直观的解决办法是找到与具有两相邻能带隙（相隔数个 kT）的材料，较高的能带具有很强的吸收性而较低的能带没有光学活性。找到具有这种特性的块状材料确实是有可能的。但是在块状材料中，因为电子和空穴通常在同一区域内活动，所以仍可能非辐射复合。合理设计的纳米材料应能在空间上分离电子和空穴，从而最大限度地减少复合损失。电荷分离是可以实现的，例如，利用具有Ⅱ型能带隙的异质结构或由空间调制的 n 和 p 型掺杂。

目前为止，转换效率达到 5%以上的纳米结构太阳电池还未被证明，很大程度上归因于材料参数没能被优化。事实上，即使概念器件或原理验证器件，甚至电子结构通常并不清楚。因此，为使纳米结构太阳电池达到合理和最有希望的目标，到 2015 年实验室转换效率要达到 15%，需要在以下几个主要方面获得重大进步：①确定材料系统，原则上可以提供可取的材料性能；②证实系统所需的原理验证阶段的太阳电池；③优化材料和器件结构，使每一种方法的实际潜力可以评估；④确定最有前途的纳米结构，并达到效率目标；⑤确定与成熟太阳能技术相结合的可能性，并达到目标应用。

路线图提出了纳米结构光伏技术的优先研发内容，如表 8-23 所示。

表 8-23　纳米结构光伏技术的优先研发内容

研发内容	意义
提出原则上可以提供理想材料性能（创新思想、理论建模和材料合成）的材料体系和器件结构	为进一步探索确定原型系统
调研几个原型系统的电荷产生、释放和输运机制	理解这些现象在纳米尺度下与宏观尺度下的不同，这对于器件设计非常重要
确定最有前途的纳米结构材料、形状和生长方法，并证实原理验证太阳电池	重要的一步是尽可能地缩小材料体系和器件结构的尺寸，避免资源浪费
优化材料和器件结构，进一步评估选定的纳米结构	分离出少数切实可行的材料系统和器件结构
确定最有前途的方法和实现效率目标	确定潜力判断指标
确定与成熟太阳能技术相结合的可能性，并实现应用	要进一步开发和商业化

资料来源：National Renewable Energy Laboratory et al.，2007i

四、作用与影响

不同于 2004 年美国光伏业界提出的产业路线图，这份由政产学研各界参与制定的国家太阳能技术路线图主要侧重于技术层面，提出了一份体现国家意志的技术发展路线图。尽管公开的是一份草案文本并且截至目前并没有正式文本公布，但由于参与路线图工作的均是美国从事光伏技术研究的主要机构，其中针对各光伏技术领域提出的优先研发内容仍可以体现出 DOE 设定的近期光伏技术发展思路。在奥巴马政府上台后，对 DOE 的太阳能技术计划进行了重组，于2010年2月发起了“SunShot”倡议，提出了太阳能中期发展目标：拟到2020年将太阳能光伏系统总成本降低75%，达到每瓦特约1美元（相当于每千瓦时6美分），使得到2020年与其他能源形式相比，大规模光伏系统能在没有资金补贴的情况下具备市场竞争力，以促进全国范围内太阳能系统的广泛部署。倡议愿景文件同时还提出了到2030年光伏发电满足全美11%的电力需求、2050年满足19%电力需求的长期目标，但尚没有提出一份完整的中长期光伏技术发展路线图。为达成目标，DOE将与全国范围内的政府机构、产业界、研究实验室和学术机构等伙伴紧密合作，主要工作将集中在四个方面：太阳电池与阵列技术，优化装置性能的电子设备，提高制造过程效率，太阳能系统的安装、设计和许可过程。

第五节　日本太阳能光伏发电技术路线图

一、产生背景

为了改善能源结构，减轻对石油的依赖，20世纪70年代第一次石油危机以后，日本开始寻找替代能源。凭借其在半导体方面的技术优势和强大的经济实力，日本支持光伏产业发展的基本思路是政府积极扶持，实施一系列有利于太阳能技术发展的法律法规、政策和措施，加上企业主动跟进、全民积极参与，经过十多年的努力，在阳光计划、新阳光计划和一系列其他激励政策的支持下，日本有力地促进了太阳能光伏技术的发展，光伏产业规模不断扩大，光伏发电的成本不断降低，有效提高了光伏产品的竞争力，促进了光伏产品的市场应用和推广，形成了在全球范围内颇具竞争力的光伏产业。

基于制定一份长期的研发战略来巩固和提升日本光伏产业竞争力的考虑，日本新能源与产业技术综合开发机构在2003年11月建立了一个“PV路线图2030”研究委员会，由来自学术界、产业界和政府机构的重要人物组成，并在2004年6月发布了《日本面向2030年光伏路线图》报告（简称《PV2030》），以“到2030年以前将太阳能光伏发电发展成为主要能源之一”为目标，在其后几年作为日本的技术开发指导方针已得到广泛使用。在制定《PV2030》时，日本凭借对住宅用系统的推广补助引领了世界太阳能光伏发电产业和市场，但由于之后德国采用了固定上网电价政策开始迅猛发展，太阳能光伏发电的发展中心转移到欧洲；另外装备产业的正式介入使得以购买生产线方式进军太阳电池产业成为可能，中国等亚洲国家也正是利用了这点得以显著发展；此外在技术开发方面，欧美各国也在不断更新其技术开发计划，努力进行技术创新。因此，太阳能光伏发电由最初日本在技术开发和产业形成上引领世界各国，逐渐转变为全球化发展阶段，使日本的产业地位相对有所下降。

鉴于此，日本政府结合《PV2030》制定后4年间政策、技术、产业和市场的形势变化，以“到2050年前将太阳能光伏发电发展为可承担部分CO_2减排任务的主要技术，为日本乃至国际社会做出贡献”为理念，为进一步扩大太阳能光伏发电的使用和保持日本光伏产业的国际竞争力，2009年对《PV2030》进行了修订，出台了《2009太阳能光伏发电路线图》（简称《PV2030+》）。

二、制定过程与方法

日本政府对《PV2030》的修订目标是在“2030年前将太阳能光伏发电发展成为主要能源之一”的基础上进一步发展，追加了“在2050年前将太阳能光伏发电发展为可承担部分CO_2减排任务的主要技术，为日本乃至国际社会做出贡献”，从以下方向进行了修订：①预计太阳能光伏发电从2030年到2050年不断发展壮大；②设想有助于应对全球变暖的太阳能光伏发电量不断扩大；③在经济性改善上坚持“实现电网平价”的主张；④除技术课题外，以广阔视角探讨系统相关课题、社会系统等问题；⑤考虑由本国产业向国外提供太阳能光伏发电系统；⑥制定具体目标、举措的框架。

相对于《PV2030》《PV2030+》的时间跨度由2030年扩展到2050年，应对全球变暖所需的太阳能光伏发电量目标为：到2050年日本国内一次能源需求的5%～10%由太阳能光伏发电提供，并且可以为国外提供所需发电量的三分之一。为了提高经济效益，“实现电网平价”的理念没有变，发电成本目标提前，《PV2030+》改为2017年商业用电成本达到14日元/kW·h、2025年工业用电成本达到7日元/kW·h，还追加了“2050年实现发电成本低于7日元/kW·h”的目标。此外，《PV2030+》在技术开发上力争在2050年前开发出组件转换效率高于40%的超高效率太阳电池。修订后的《PV2030+》如图8-11所示，相较《PV2030》的修改内容如图8-12所示。

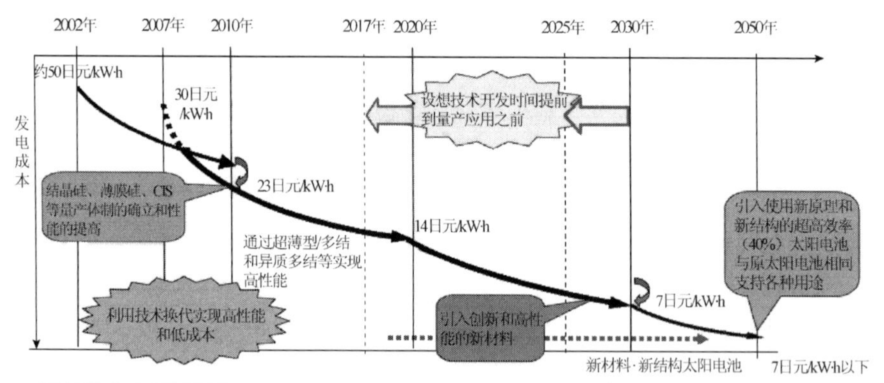

实用时间（开发完成）	2010年以后	2020年（2017年）	2030年（2025年）	2050年
发电成本	相当于家庭用电（23日元/kW·h）	相当于商业用电（14日元/kW·h）	相当于工业用电（7日元/kW·h）	作为通用电源（7日元/kW·h以下）
模块转换效率（研究水平）	家用模块16%（研究单元20%）	实用模块20%（研究单元25%）	实用模块25%（研究单元30%）	超高效率模块40%
日本国内产量/（GW/年）	0.5～1	2～3	6～12	25～35
海外市场/（GW/年）	约1	约3	30～35	约300
主要用途	别墅住宅和公共设施	住宅（别墅、公寓）、公共设施和办公室等	住宅（别墅、公寓）、公共设施、民用消费用和电动车等充电	普遍民用消费、产业用、运输用、农业用、独立电源

图 8-11 日本修订后的光伏发电技术路线图（《PV2030+》）

资料来源：NEDO，2009a

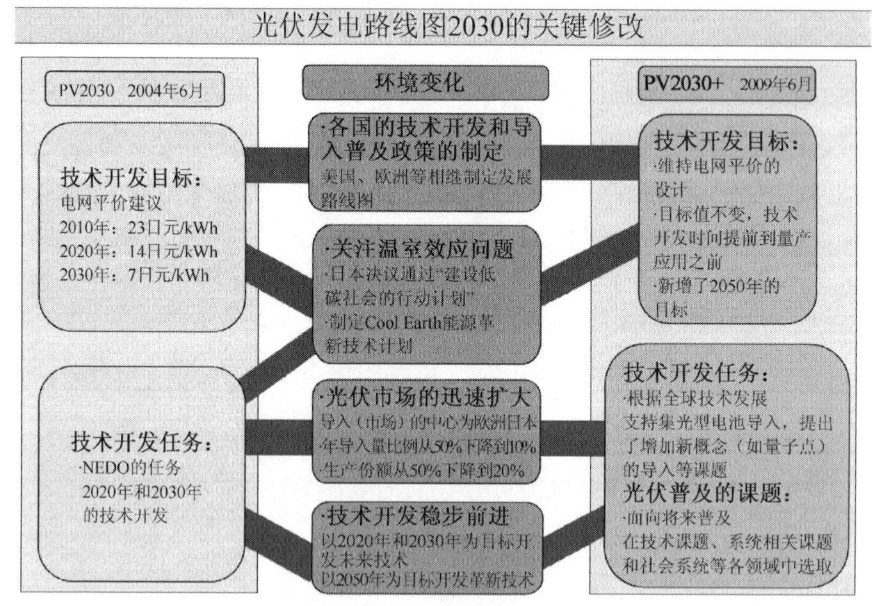

图 8-12 《PV2030+》相较 PV2030 所做的修订

资料来源：NEDO，2009a

三、主要内容

1. 面向 2050 年太阳能光伏发电的目标愿景

《PV2030+》设想根据分阶段电网平价的发展扩大发电量，由家庭用电向用于替代化石能源的能源消费电力化用途扩展（表 8-24）。作为太阳能光伏发电可能使用的新用途，路线图设想在民用领域，包括了商业街和公共设施等的地域能源管理系统等可使用 150～200 GW；在工业领域，除应对生产过程自动化等的电力需求外，农业等独立用途为 150 GW 左右，另外在运输领域，对电动汽车等的燃料转换可提供使用 150～200 GW。这些新用途所需的太阳能光伏发电供给量规模为：2030 年全年 6～12 GW，2050 年 25～35 GW。由此推算出产生的经济效益为，预计到 2050 年面向国内市场的太阳能光伏发电产业可发展到约 4 万亿日元。《PV2030+》修订后的太阳电池和组件的性能、制造成本、寿命的目标如表 8-25 所示。

表 8-24　《PV2030+》中设想的分阶段电网平价和利用形式

阶段（时期）	电网平价对象和主要用途	性能、技术水准	技术开发
萌芽阶段 2010 年之前	电网平价第 1 阶段之前的开发阶段 蓄电池替代用途、普及政策用途	开发阶段	降低成本 提高性能
电网平价第 1 阶段（2010 年以后 ~ 2020 年）	（在 2005 年完成技术开发） 家庭用电（23 日元/kW·h） 住宅联网系统中的使用	研究电池单元转换效率达到 20%、实用模块达到 16% 联网系统技术 光伏系统的可靠性确立	适用于生产 改善技术
电网平价第 2 阶段（2020 ~ 2030 年）	（在 2017 年完成技术开发） 商业用电（14 日元/kW·h） 工业、运输及日常领域的电力使用 带有储能系统的住宅使用	研究电池单元转换效率达到 25%、实用模块达到 20% 自我维护型地域系统技术 广域发电量预测、长寿命系统	实用化 技术开发
电网平价第 3 阶段（2030 ~ 2050 年）	（在 2025 年完成技术开发） 工业用电（7 日元/kW·h） 运输、大型发电站、制氢等 带有储能功能的产业使用等	研究电池单元转换效率达到 30%、实用模块达到 25% 太阳能光伏发电用复合能源系统	关键技术的开发
广泛应用阶段（2050 年 ~）	作为通用电源使用（<7 日元/kW·h） 独立系统	在原有技术的基础上还追加效率在 40% 以上的超高效率模块、可以应对多种用途的通用电源	前沿探索研究

资料来源：NEDO，2009

表 8-25　《PV2030+》太阳电池与组件的性能、制造成本以及寿命目标

太阳电池[a]	2010 年		2017 年		2025 年				2050 年
	组件/%	电池单元/%	组件/%	电池单元/%	组件/%	电池单元/%	制造成本/（日元/W）[c]	寿命/年[e]	组件
结晶硅[b]	16	20	20	25	25	（30）	50	30（40）	40%的超高效率太阳电池（追加开发）
薄膜硅	12	15	14	18	18	20	40	30（40）	
CIS 系	15	20	18	25	25	30	50	30（40）	
化合物系	28	40	35	45	40	50	50	30（40）	
染料敏化	8	12	10	15	15	18	<40		
有机系[d]		7	10	12	15	15	<40		

a 表示电池单元实现的技术指标为实验室中的小面积电池。组件为实用化技术阶段。b 表示结晶硅不区分单晶、多晶等，设定为使用硅基太阳电池。c 表示由于制造成本目标与转换效率、耐久性（寿命）相关，一并计入 2025 年的开发目标。d 表示作为新兴太阳电池的有机系太阳电池也设定了开发目标。e 表示组件的寿命在标准技术中设定为 2025 年达到 30 年，将在 2030 年前开发与普通电力设备同样拥有 40 年耐久性的组件技术

资料来源：NEDO，2009

2. 实现目标需要开展的分阶段工作

为实现上述目标愿景，今后应开展的具体工作内容有改善经济性、扩大用途、完善基础设施及确保国际竞争力等。改善经济性，即降低发电成本是推广太阳能光伏发电使用的最大课题。对此需要开发光伏模块和系统设备等的高性能、低成本制造技术、简化系统设计和降低安装工程成本等，还需要提高系统寿命从而增加其发电量。另外在太阳能光伏发电的使用方面，为消除与系统电力和周边能源系统的连接以及储能功能的使用等所导致的发电和电力需求的供需不平衡，确定系统使用技术也是不可缺少的。其他方面，为推进太阳能光伏发电系统的普及利用和技术开发，完善其作为工业产品的可靠性和建立再回收利用体制等技术性、社会性基础设施也是必不可少的。此外，继续发挥日本过去在太阳能光伏发电发展中所起到的先导作用，积极参与国外市场、培养相关人才也是非常重要的。

《PV2030+》根据以技术开发为目标之一的电网平价水平（经济性的水准）对技术开发内容进行了分阶段筹划。

（1）以电网平价第 1 阶段（23 日元/kW·h）为目标的技术开发主要是产业界分担与实施领域。在这里，对已经开发的制造技术进行工业化和技术改进是中心课题，另外太阳能光伏发电系统的可靠性确定、安装工程的标准化与简化以实现低成本等相关技术的开发也是必需的。

（2）以电网平价第 2 阶段（14 日元/kW·h）为目标的技术开发中，中心课题是低成本高效率太阳电池制造技术（75 日元/W）的技术创新、组件和系统的长寿命化、自我维护型系统的设计与使用技术等。在这里，制定包括成果实用化在内的总体开发计划，组织核心技术的技术开发项目，由产业界、学术界和政府三者合作进行是很重要的。

（3）以电网平价第 3 阶段（7 日元/kW·h）及将来的通用电源为目标的技术开发，以发电成本 7 日元/kW·h 或以下、转换效率在 30%～40%以上的高技术水准为目标，应作为关键技术开发和前沿探索研究的课题，以大学、国立研究所为中心实施。

（4）与基础设施相关的技术开发应在实现电网平价第 2 阶段前完成。另外，作为根基的大学、国立研究所等研究机构进行的基础性技术开发和在国外进行的示范研究，应在国家的主导下进行持续性研究开发。

3. 研发方向

近几年是太阳能光伏发电的推广普及时期，关于太阳能光伏发电的普及推广和确保日本光伏产业国际竞争力的课题，应分成短期课题、中长期课题、超长期课题及基础设施相关课题进行研究。

太阳电池组件制造涉及的主要技术课题有：包含新材料开发在内的高效率电池结构开发、包含削减原材料使用量在内的低成本工艺的开发、组件的耐久性提高等。在结晶硅太阳电池中，制造 100 μm 以下的极薄基板所需的低价切片技术，以及为实现电池单元效率达到 25%所需的极薄高性能太阳电池技术非常重要。在薄膜硅太阳电池中，需要进行多结性能达到 18%以上所需的新材料的开发，增加优化入射光控制等的电池结构的开发，以及大面积高速制膜技术的开发。在 CIS 系太阳电池中，首先，实现在大面积组件条件下与实验室同水准的高性能化是很重要的，应该在此基础上努力实现能与结晶硅太阳电池相媲美的高性能薄膜系太阳电池。除了上述电池制造技术开发外，还需实现组件的低成本化、耐久性提高（从现在的 20 年提高到 40 年）和轻量化等，使用材料和组件结构的修改也是必不可少的。此外，在面向 2030 年以后的更高性能化中，需要对电池结构和材料、制造工艺等进行技术创新，对量子纳米结构材料和目前正在开发的有机系太阳电池等新型太阳电池的可能性进行研究也是十分必要的。在系统使用技术中，需要开发与电力系统和能源供给相协调的太阳能光伏发电系统使用技术，还需要开发与基于发电量预测技术开发和储能功能最优化等使用方式相适应的系统设计和运用技术。此外，确定太阳能光伏发电系统的可靠性对其大量使用是很重要的，有必要明确标示太阳能光伏发电系统的性能、发电量、安全性、耐久性等，因此需要开发相关评估技术和故障诊断、维护技术。

另外，在低纯度硅原料的评估与使用方法、柔性基板等低价材料供给、稀有资源替代材料的开发等周边技术方面，有必要与相关行业共同进行技术开发。要经常在与太阳电池组件制造有关的价值链的基础上进行技术探讨。在审视与国外市场的关系时，对发展中国家的技术指导或对国际标准制定的提案等以技术开发为基础的活动非常重要。

4. 未来技术研发

未来一段时期的技术开发项目如图 8-13 所示。在这里，多样化的举措需由产业界、学术界和政府三者分工或合作同时进行（图 8-14）。

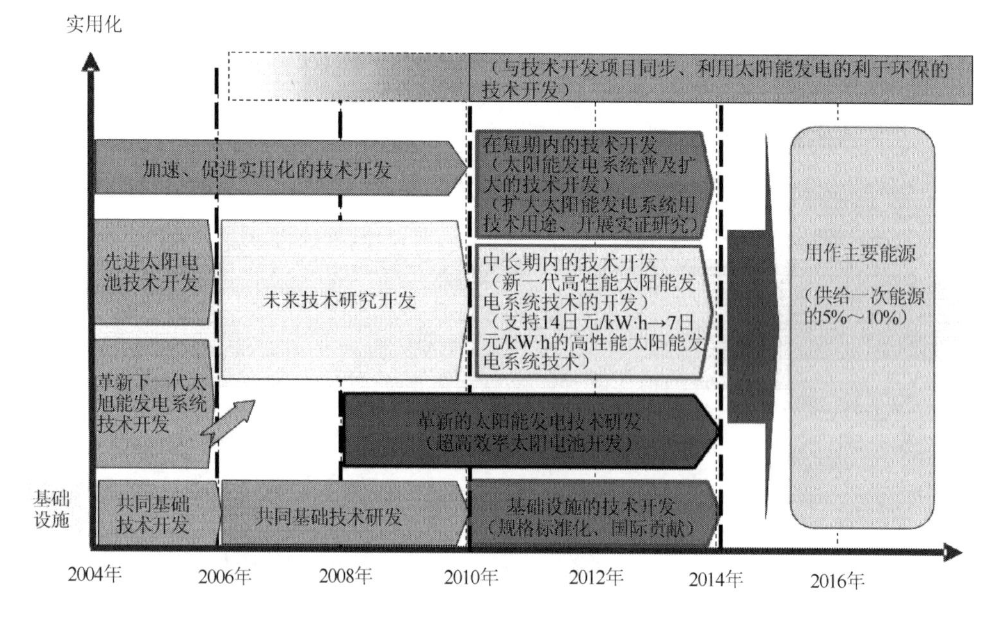

图 8-13　《PV2030+》未来一段时期的技术开发项目

资料来源：NEDO，2009a

举措 1：产业界应以太阳能光伏发电系统的普及推广所需的系统使用技术、系统设备、组件等的技术开发与示范或用途开拓等为目标，主动努力进行短期范围内的技术开发。

举措 2：在中长期范围内进行下一代高性能太阳能光伏发电系统技术的开发（在技术方面确保国际竞争力），其中中长期范围包括电网平价第 2 阶段（14 日元/

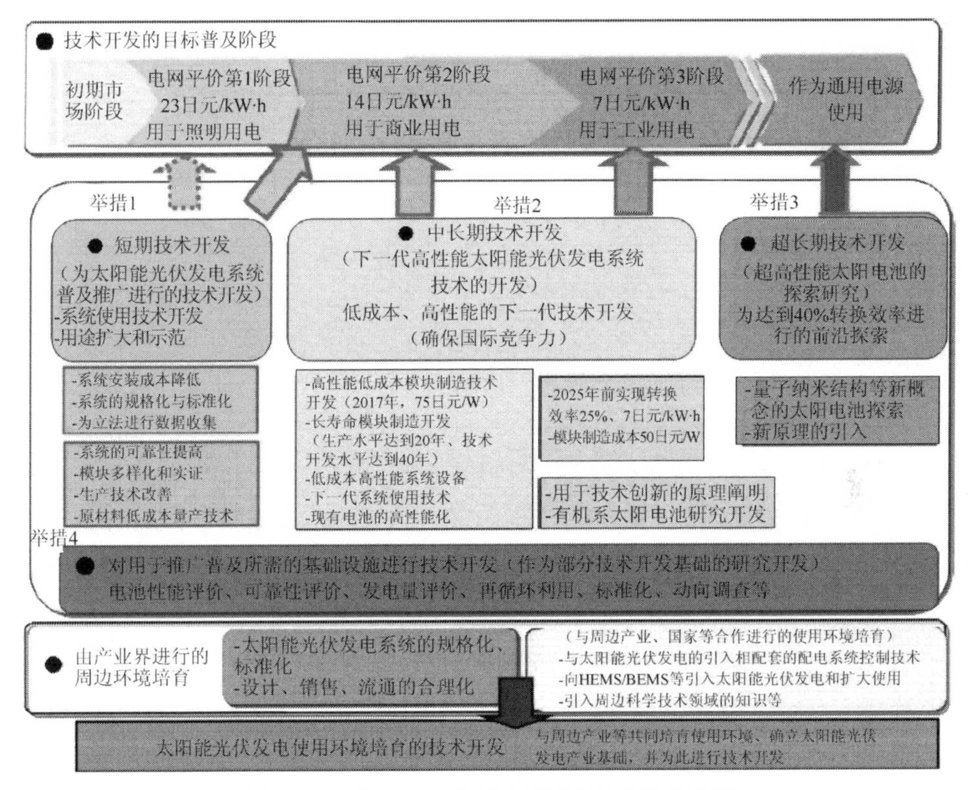

图 8-14　《PV2030+》政产学研的技术开发计划

资料来源：NEDO，2009a

kW·h）的提前实现，和之后的电网平价第 3 阶段（7 日元/kW·h）的实现。

举措 3：在超长期范围内进行前沿探索研究（现在作为创新性太阳能光伏发电技术开发正在进行中），其中超长期范围是指作为太阳能光伏发电的通用电源使用的超高效率太阳电池。

举措 4：以太阳能光伏发电系统的大量使用和技术发展为目的的技术性基础设施（开发基础性技术）、与规格与标准化及国外市场与国际贡献等相关的战略性举措。

四、作用与影响

日本在光伏发电领域的装机容量、市场开发能力和产业知识方面处于全球领先地位，产业活动得到国家光伏发电系统安装计划的支持，光伏发电研发也拥有较多的经费支持。研究重点是系统性地降低成本和提高效率。研究范围从基础到应用，都有工业界参与进行。日本光伏研究活动主要由新能源与产业技术综合开发机构来协调管理，光伏产业实际由几个跨国集团（如夏普）来控制。目前，日本将太阳能光伏发电技术的研究开发重点放在低成本大规模生产技术的开发方面，以促进其实用化的进程。在《PV2030+》的基础上，2010 年 6 月 30 日，NEDO 开始实施为期 5 年的“下一代高性能太阳能发电系统技术开发”国家项目，期望通过企业和大学独立的技术开发与联合攻关，实现晶体硅、薄膜硅、CIS 系、聚光型、染料敏化、有机薄膜等各太阳电池类型的成本降低、效率提高，还要致力于对发电量、可靠性等的评价技术、与太阳能光伏发电系统相关的新材料等技术的研究开发。2011 年 5 月，日本开始与欧盟合作研发世界最高水准（电池单元转换效率超过 45%）的聚光型太阳电池。具体研发项目包括：太阳电池单元和组件的开发及评测、太阳电池新材料和新结构的开发、聚光型太阳电池测量技术相关的标准化活动等。日本和欧盟 6 个成员国的产学研机构将参加此项目：日本方面，丰田工业大学教授 Masafumi Yamaguchi 为研发负责人，夏普、大同钢铁公司、东京大学以及日本产业技术综合研究所等参与开发；欧盟方面，西班牙马德里理工大学教授 Antonio Luque 为研发负责人，德国弗劳恩霍夫太阳能系统研究所，英国伦敦帝国学院，意大利国家新技术、能源和可持续经济发展局，西班牙 BSQ 太阳能公司，德国 PSE 公司以及法国国家太阳能研究所参与开发。研发期限截至 2014 年，日方出资 6.5 亿日元，欧盟出资 500 万欧元（约合 6 亿日元）。

参 考 文 献

安翠翠，张耀明，王军，等. 2007. 国际主要槽式太阳能热发电站介绍. 太阳能，（7）：16-20.

白春礼. 2013. 世界主要国立科研机构概况. 北京：科学出版社.

蔡声霞，张芳，张伟. 2008. 创新型国家产学研合作比较及对我国的启示. 未来与发展，（6）：60-64.

曹毅刚，欧阳武. 2005. 第4代核电系统研究与发展计划. 国际电力，9（4）：35-39.

陈伟，张军. 2010. 聚光型太阳能热发电现状及在我国应用的风险分析. 可再生能源，28（2）：148-151.

陈伟，张军，李桂菊. 2007. 核电技术现状与研究进展. 世界科技研究与发展，29（5）：81-86.

陈勇. 2007. 中国能源与可持续发展. 北京：科学出版社.

创新集群建设的理论与实践研究组. 2012. 创新集群建设的理论与实践. 北京：科学出版社.

单波. 2010. 韩国科技创新体系及评价机制概述. 全球科技经济瞭望，25（11）：24-32.

符晓铭，王捷. 2006. 高温气冷堆在我国的发展综述. 现代电力，23（5）：70-75.

顾忠茂，王乃彦. 2005. 我国核裂变能可持续发展战略研究. 中国能源，27（11）：5-10.

国家能源局，国家可再生能源中心. 2012. 可再生能源“十二五”规划概览. http://www.cnrec.info/zlgj/2012-08-29-1517.html[2013-11-03].

国家能源局能源节约和科技装备司. 2010. 700℃超超临界燃煤发电机组发展情况概述（二）. http：//www.chinaequip.gov.cn/2010-11/01/c_13585438.htm[2013-11-10]

国家能源局能源节约和科技装备司. 2010. 700℃超超临界燃煤发电机组发展情况概述（三）. http：//www.chinaequip.gov.cn/2010-11/03/c_13589053.htm.[2013-11-10]

国家太阳能光热产业技术创新战略联盟. 2013. 中国太阳能热发电产业政策研究报告. http://www. nafste. org/ois/uploadfile/com_content/139701673833951100.pdf[2013-09-25].

黄群，赵颐枫. 2002. 德国非营利科研机构及其管理. 科技政策与发展战略，（4）：11-31.

黄群. 2004. 德国科技体制的特点以及给我们的启示. 科技政策与发展战略，（2）：10-16.

科技部. 2011. 俄罗斯确定今后几年的科技发展优先领域及关键技术. http：//www. most.gov.cn/gnwkjdt/201107/t20110720_88416.htm[2014-01-21].

李安定，李斌，杨培尧，等. 2003. 碟式聚光太阳热发电技术. 太阳能，（3）：25-27.

李斌，李安定. 2004. 太阳能热发电的分析与思考. 电力设备，5（5）：83-85.

李桂菊. 2009. 美国未来零排放燃煤发电项目最新进展. 中外能源，14（5）：96-99.

李满昌，王明利. 2006. 超临界水冷堆开发现状与前景展望. 核动力工程，27（2）：1-4.

李延兵，廖海燕，张金升，等. 2012. 基于富氧燃烧的燃煤碳减排技术发展探讨. 神华科技，10（2）：87-91，96.
刘松涛，张森如，张虹. 2005. 国外超临界轻水反应堆研究. 东方电器评论，19（2）：69-74.
刘莹，张大群，李晓轩. 2007. 美国联邦科研机构的绩效评估制度及其启示. 中国科技论坛，(9)：140-144.
罗运俊，何梓年，王长贵. 2005. 太阳能利用技术. 北京：化学工业出版社.
罗智慧，龙新峰. 2006. 槽式太阳能热发电技术研究现状与发展. 电力设备，（11）：29-32.
马栩泉. 2005. 核电开发与应用. 北京：化学工业出版社.
欧阳予. 2006a. 国外核电技术发展趋势（上）. 中国核工业，1：23-26.
欧阳予. 2006b. 国外核电技术发展趋势（下）. 中国核工业，3：16 ~ 20.
欧阳予. 2006c. 世界主要核电国家发展战略与我国核电规划. 现代电力，23（5）：1-10.
屈明剑. 2011. 试论 NEDO 的研发评估. 科技促进发展，（1）：68-70.
申瑞花，白云生. 2007. 日本利用海外资源发展核电对我国的启示. 中国核工业，3：34-35.
王海兰，蒋顺，王军，等. 2004. 大型增压循环流化床联合循环技术特点及发展趋势. 黑龙江电力，26（5）：350-351.
王军，张耀明，刘德有，等. 2007. 槽式太阳能热发电 DSG 技术. 太阳能，（2）：26-27.
王亦楠. 2006. 对我国发展太阳能热发电的一点看法. 中国能源，28（8）：5-10.
徐銤. 2006. 快堆和我国核电的可持续发展. 现代电力，5：76-81.
许世森. 2005. IGCC 与未来煤电. 中国电力，38（2）：13-17.
严陆光，陈俊武. 2007. 中国能源可持续发展若干重大问题研究. 北京：科学出版社.
杨金凤，杨志平，刘兴. 2013. 俄罗斯核电完胜后福岛时代——访俄罗斯联邦驻华大使馆参赞、俄罗斯国家原子能集团公司驻华首席代表戈金. 中国核工业，（5）：10-13.
杨敏林，杨晓西，林汝谋. 2008. 太阳能热发电技术与系统. 热能动力工程，23（3）：221-228.
杨嵘. 2011. 美国能源政府规制的经验及借鉴. 中国石油大学学报（社会科学版），27（1）：1-6.
姚强. 2005. 洁净煤技术. 北京：化学工业出版社.
于静，车俊铁，张吉月. 2008. 太阳能发电技术综述. 世界科技研究与发展，30（1）：81-84.
袁建丽，林汝谋，金红光，等. 2007a. 太阳能热发电系统与分类（1）. 太阳能，（4）：30-33.
袁建丽，林汝谋，金红光，等. 2007b. 太阳能热发电系统与分类（2）. 太阳能，（5）：29-32.
岳光溪，胡昌华. 2010. 我国大型循环流化床技术的创新与发展. http：//www.stdaily. com/ kjrb/content/2010-01/22/content_148434_2.htm[2013-10-28].
张军，李小春，等. 2008. 国际能源战略与新能源技术进展. 北京：科学出版社.
张梅梅. 2008. 太阳能高温热发电技术. 高技术与产业化，（7）：22-24.
张文进，孙利国，刘晓辉，等. 2006. 太阳能热发电技术现状与前景. 太阳能，（4）：23-25.

张耀明，王军，张文进，等. 2006. 塔式与槽式太阳能热发电. 太阳能，（2）：29-32.

章明耀，吴履琛，赵长遂，等. 2010. 洁净煤发电技术及工程应用. 北京：化学工业出版社.

赵军，李新国，陈雁. 2005. 太阳能热发电技术及其在我国的应用前景. 太阳能，（4）：36-37.

赵玉文. 2008. 太阳能学科发展//中国科学技术协会，中国能源研究会. 能源科学技术学科发展报告 2007-2008. 北京：中国科学技术出版社：134-137.

中国工程院中国能源中长期发展战略研究项目组. 2011. 中国能源中长期（2030、2050）发展战略研究：节能• 煤炭卷. 北京：科学出版社.

中国科学院上海应用物理研究所. 2011. 钍基核能项目简介. http：//www.sinap.cas.cn/xwzx/ttxw/201101/t20110128_3069004.html[2013-11-09].

周胜，王革华. 2006. 国际核电发展态势. 科技导报，6：15-17.

朱书全，戚家伟，崔广文. 2003. 我国洁净煤技术发展现状及其发展意义. 选煤技术，（6）：47-51.

新エネルギー・産業技術総合開発機構. 2011. 世界最高効率の集光型太陽電池を開発へ. http：//www. nedo.go.jp/news/press/AA5_100018.html[2013-08-31].

BMBF. 2006. Report of the federal government on research 2006. http：//www.bmbf.de/pub/bufo_2006_eng.pdf[2012-08-06].

Brumfiel G. 2010. Financial meltdown imperils reactor. Nature，（465）：532-533.

Canmet Energy. 2008. Canada's clean coal technology roadmap. http：//canmetenergy.nrcan.gc.ca/sites/canmetenergy.nrcan.gc.ca/files/pdf/fichier/78734/Canada's_Clean_Coal_Technology_Roadmap_e_（highres）.pdf[2008-12-11].

COAL21. 2008. Reducing greenhouse gas emissions arising from the use of coal in electricity generation: a plan of action for Australia Overview. http://www.coal21.com.au/Media/COAL%20Action%20Summary. pdf [2008-11-29].

Council for Science and Technology Policy. 2010. The 4th science and technology report（FY2011-FY2015）. http：//www8.cao.go.jp/cstp/english/basic/4th-BasicPolicy.pdf[2012-08-20].

DOE，GIF. 2002. A technology roadmap for generation IV nuclear energy systems. http：//nuclear.energy.gov/genIV/documents/gen_iv_roadmap.pdf[2013-08-02].

DOE. 2007. Generation IV nuclear energy systems. http：//www.ne.doe.gov/genIV/neGenIV5.html[2008-12-21].

DOE. 2009. FY 2010 congressional budget request highlights. http：//www.cfo.doe.gov/budget/10budget/Content/Highlights/FY2010Highlights.pdf[2013-06-09].

DOE. 2010a. Nuclear energy research & development roadmap：report to congress. http：//www.ne.doe.gov/pdfFiles/NuclearEnergy_Roadmap_Final.pdf[2010-09-30].

DOE. 2010b. FY 2011 congressional budget request highlights. http：//www.cfo.doe.gov/budget/11budget/Content/FY2011Highlights.pdf[2013-06-30].

DOE. 2011a. Fact sheet：department of energy investments in solar energy. http：//www.eere.energy.gov/ pdfs/fact_sheet_doe_investments_in_solar.pdf[2013-06-02].

DOE. 2011b. FY 2012 congressional budget request highlights. http：//www.cfo.doe.gov/budget/12budget/Content/FY2012Highlights.pdf[2013-06-09].

DOE. 2011c. The history of solar. http：//www1.eere.energy.gov/solar/pdfs/solar_timeline.pdf [2013-06-05].

DOE. 2012a. SunShot vision study. http：//www1.eere.energy.gov/solar/pdfs/47927.pdf[2013-06-09].

DOE. 2012b. FY 2013 congressional budget request highlights. http：//www.cfo.doe.gov/budget/ 13-budget/Content/Highlights.pdf[2013-06-09].

DOE. 2012c. Chu visits site of America's first new nuclear reactor in three decades. http：//energy.gov/articles/chu-visits-site-america-s-first-new-nuclear-reactor-three-decades[2013-02-28].

EIA. 2011. Electricity in the United States. http：//www.eia.gov/energyexplained/index.cfm?page=electricity_in_the_united_states#tab2[2013-08-01].

EIA. 2012. What is the status of the US nuclear industry? http：//www.eia.gov/energy-in-brief/article/nuclear-industry.cfm[2013-11-04].

EIA. 2013. Countries analysis. http：//www.eia.gov/countries/cab.cfm?fips=AS[2013-10-27].

Environmental Protection Agency. 2012. National emission standards for hazardous air pollutants from coal-and oil-fired electric utility steam generating units and standards of performance for fossil-fuel-fired electric utility，industrial-commercial-institutional，and small industrial-commercial-institutional steam generating units. http：//www.gpo.gov/fdsys/pkg/FR 2012-02-16/pdf/2012-806.pdf[2013-01-04].

European Commission Joint Research Centre. 2011. 2011 technology map of the european strategic energy technology Plan. http：//setis.ec.europa.eu/about-setis/technology-map/2011_Technology_Map1. pdf/view[2013-06-09].

European Commission. 2007a. A european strategic energy technology plan（set-plan）. http：//eur-lex.europa.eu/LexUriServ/LexUriServ.do?uri=COM：2007：0723：FIN：EN：PDF[2012-06-22].

European Commission. 2007b. Towards a European strategic energy technology plan. http：//eur-lex.europa.eu/LexUriServ/LexUriServ.do?uri=COM：2006：0847：FIN：EN：PDF[2012-06-22].

European Commission. 2009. Set-plan technology roadmap. http：//setis.ec.europa.eu/about-setis/technology-roadmap/Complete%20report.pdf/view[2012-06-22].

European Commission. 2011a. Materials roadmap enabling low carbon energy technologies. http：//setis.ec.europa.eu/activities/materials-roadmap/Materials_Roadmap_EN.pdf/at_download/file [2013-03-20].

European Commission. 2011b. Aiming at developing the world' s highest efficiency concentrator photovoltaic Cells. http：//ec.europa.eu/research/energy/eu/news/news_en.cfm?news=31-05-2011[2011-10-26].

European Photovoltaic Industry Association. 2012. PV market report 2011. http：//www.epia.org/fileadmin/EPIA_docs/publications/epia/EPIA-market-report-2011.pdf[2013-06-15].

European Photovoltaic Industry Association，European Photovoltaic Technology Platform. 2010. Solar PV European industrial initiative implementation plan 2010-2012. http：//setis.ec.europa.eu/implementation/implementation-plans/Solar_EII_PV_Implementation_Plan_final.pdf/at_download/file[2013-06-09].

European Solar Thermal Electricity Association. 2010. Solar thermal electricity European industrial initiative implementation plan 2010-2012. http：//setis.ec.europa.eu/implementation/implementation-plans/Solar_EII_CSP_Implementation_Plan_final.pdf/at_download/file[2013-06-15].

Federal Ministry of Economics and Technology. 2011. Federal cabinet adopts 6th Energy Research Programme. http：//www.bmwi.de/EN/Press/press-releases，did=428778.html[2013-07-01].

Franco A，Diaz A. 2009. The future challenges for clean coal technologies：joining efficiency increase and pollutant emission control. Energy，34（3）：348－354.

GIF. 2008. Generation IV Systems. http：//www.gen-4.org/Technology/systems/index.htm[2013-08-02].

GIF. 2012a. Project arrangements. http：//www.gen-4.org/GIF/Governance/project.htm[2013-08-03].

GIF. 2012b. System arrangements. http：//www.gen-4.org/GIF/Governance/system.htm[2013-08-03].

Harvard Kennedy School Energy Technology Innovation Policy Research Group. 2010. Governmental energy innovation investments，policies，and institutions in the major emerging Economies：Brazil，Russia，India，Mexico，China，and South Africa. http：//belfercenter.ksg.harvard.edu/files/ETIP_DP_2010-16-V3.pdf[2013-06-28].

Harvard Kennedy School Energy Technology Innovation Policy Research Group. 2011. Transforming US energy innovation. http：//belfercenter.ksg.harvard.edu/files/uploads/energy- report-january-2012.pdf[2013-06-26].

Hotta A，Kauppinen K，Kettunen A. 2012. Towards New Milestones In CFB Boiler Technology-CFB 800MWe. http：//www.fosterwheeler.com/publications/tech_papers/files/TP_ CFB_12_02.pdf[2012-11-28].

IAEA. 2001. Summary of the ITER final design report. http：//www-pub.iaea.org/MTCD/publications/PDF/ITER-EDA-DS-22.pdf[2013-08-02].

IAEA. 2008. Nuclear technology review 2008. www.iaea.org/OurWork/ST/NE/Pess/assets/ntr 2008.pdf[2013-08-02].

IAEA. 2012. Nuclear technology review 2012. http：//www.iaea.org/Publications/Reports/ntr2012.pdf[2013-08-02].

IAEA. 2013a. Nuclear technology review 2013. http：//www.iaea.org/About/Policy/GC/GC57/GC57InfDocuments/English/gc57inf-2_en.pdf[2013-11-01].

IAEA. 2013b. Energy，electricity and buclear oower estimates for the period up to 2050. http：//www.iaea.org/OurWork/ST/NE/Pess/assets/rds1-33_web.pdf[2013-11-16].

IEA. 2005. Roadmapping coal's future-zero emissions technologies for fossil fuels. http：//www.iea.org/textbase/work/2006/gb/papers/roadmapping.pdf[2008-10-30].

IEA. 2007. Energy Policies of IEA Countries：Germany. Paris：Stedi Media.

IEA. 2008a. Energy Technology Perspectives 2008. Paris：Stedi Media.

IEA. 2008b. Energy Policies of IEA Countries：Japan. Paris：Stedi Media.

IEA. 2008c. Energy Policies of IEA Countries：United States. Paris：Stedi Media.

IEA. 2009. Energy Policies of IEA Countries：France. Douains：Soregraph.

IEA. 2010a. Technology roadmaps-concentrating solar Power foldout. http：//www.iea.org/papers/2010/csp_roadmap_foldout.pdf[2013-06-22].

IEA. 2010b. Energy Technology Perspectives 2010. Douains：Soregraph.

IEA. 2010c. Energy Technology Roadmaps - A guide to development and implementation. http：//www.iea.org/papers/roadmaps/guide.pdf[2013-06-22].

IEA. 2010d. Energy Technology Perspectives 2010. Douains：Soregraph.

IEA. 2010e. Technology roadmaps-solar photovoltaic energy. http：//www.iea.org/papers/2010/pv_roadmap.pdf[2013-06-22].

IEA. 2010f. Technology roadmaps-concentrating solar power. http：//www.iea.org/papers/2010/csp_roadmap.pdf[2013-06-22].

IEA. 2010g. Technology roadmaps-nuclear energy. http：//www.iea.org/papers/2010/nuclear_road-map.pdf[2013-08-02].

IEA. 2011a. World Energy Outlook 2011. Douains：Soregraph.

IEA. 2011b. Solar Energy Perspectives. Luembourg：Lmprimerie Centrale.

IEA. 2011c. Power Generation from Coal - Ongoing Developments and Outlook. http：//www.iea.org/publication/freepublications/publication/Power-Generation_from_Coal2011. pdf [2013-08-02].

IEA. 2012a. Energy Policies of IEA Countries：The Republic of Korea. Douains：Soregraph.

IEA. 2012b. Energy Technology Perspectives 2012. Douains：Soregraph.

IEA. 2013a. Technology roadmap_high-efficiency，low-emissions coal-fired power generation. http：//www.iea.org/publications/freepublications/publication/TechnologyRoadmapHighEfficiencyLowEmissionsCoalFiredPowerGeneration_WEB_Updated_March2013.pdf[2013-04-21].

IEA. 2013b. Key world energy statistics 2013. http：//www.iea.org/publications/freepublications/publication/Key World2013.pdf[2013-11-08].

IEA. 2013c. 技术路线图——高效低排放燃煤发电. http：//www.iea.org/media/publications/HELE_roadmap_CN.pdf[2013-10-30].

Japan Coal Energy Center. 2007. Clean coal technologies in Japan. http：//www.brain-c-jcoal. info/cctinjapan-files/english/cct_english.pdf[2013-08-22].

Jäntti T, Nuortimo K, Ruuskanen M, et al. 2012. Samcheok green power 4 x 550 MWe supercritical circulating fluidized-bed steam generators in South Korea. http://www.fwc.com/publications/tech_ papers/files/TP_CFB_12_07.pdf[2012-11-28].

Kondo H. 2008. IGCC，IGFC and CCS in Japan. http：//www.asiapacificpartnership.org/pdf/ CFE/meeting_melbourne/IGCCIGFC&CCSinJapan-Kondo.pdf[2013-10-31].

La Comisi ó n Nacional de Energ í a. 2007. Real decreto 661/2007 . http：//www.cne.es/cne/doc/legislacion/RD_661-2007-RE.pdf[2008-12-29].

Ministry of Economy，Trade and Industry. 2006. Nuclear energy national plan-main points and policy package. http：//www.enecho.meti.go.jp/english/report/rikkokugaiyou.pdf[2008-10-21].

National Renewable Energy Laboratory，Sandia National Laboratories，US Department of Energy，University and private-industry experts. 2007a National solar technology roadmap：Wafer-Silicon PV. www1.eere.energy.gov/solar/pdfs/41733.pdf[2007-1-20].

National Renewable Energy Laboratory，Sandia National Laboratories，US Department of Energy，University and private-industry experts. 2007b. National solar technology roadmap：film-silicon PV. www1.eere.energy.gov/solar/pdfs/41734.pdf[2007-11-20].

National Renewable Energy Laboratory，Sandia National Laboratories，US Department of Energy，University and private-industry experts. 2007c. National solar technology roadmap：CdTe PV. http：//www1.eere.energy.gov/solar/pdfs/41736.pdf[2007-11-20].

National Renewable Energy Laboratory，Sandia National Laboratories，US Department of Energy，University and private-industry experts. 2007d. National solar technology roadmap：CIGS PV. http：//www1.eere.energy.gov/solar/pdfs/41737.pdf[2007-11-20].

National Renewable Energy Laboratory，Sandia National Laboratories，US Department of Energy，University and private-industry experts. 2007e. National solar technology roadmap：organic PV. http：//www1.eere.energy.gov/solar/pdfs/41738.pdf[2007-11-20].

National Renewable Energy Laboratory，Sandia National Laboratories，US Department of Energy，University and private-industry experts. 2007f. National solar technology roadmap：sensitized solar cells. http：//www1.eere.energy.gov/solar/pdfs/41739.pdf[2007-11-20].

National Renewable Energy Laboratory，Sandia National Laboratories，US Department of Energy，University and private-industry experts. 2007g. National solar technology roadmap：intermediate-band PV. www1.eere.energy.gov/solar/pdfs/41740.pdf[2007-11-20].

National Renewable Energy Laboratory，Sandia National Laboratories，US Department of Energy，University and private-industry experts. 2007h. National solar technology roadmap：multiple-exciton-generation PV. www1.eere.energy.gov/solar/pdfs/41741.pdf[2007-11-20].

National Renewable Energy Laboratory，Sandia National Laboratories，US Department of Energy，University and private-industry experts. 2007i. National solar technology roadmap：nano-architecture PV. www1.eere.energy.gov/solar/pdfs/41742.pdf[2007-11-20].

National Solar Energy Centre. 2013. Solar tower array. http://www.det.csiro.au/science/r_h/images/NSEC_Solar%20Tower%20Array.pdf[2013-11-20].

NEDO. 2007. Overview of "PV roadmap 2030(PV2030)". http：//www.nedo.go.jp/english/archives/161027/pv2030roadmap.pdf[2007-01-23].

NEDO. 2009a.「太陽光発電ロードマップ(PV2030＋)」概要版. http：//www.nedo.go.jp/content/100080327.pdf[2013-06-09].

NEDO. 2009b. 技術課題一覧. http：//www.nedo.go.jp/content/100080328.pdf[2013-06-09].

NETL. 2008a. Clean coal technology roadmap. http：//www.netl.doe.gov/technologies/coalpower/futuregen/pubs/CCT-Roadmap.pdf[2008-03-23].

NETL. 2008b. Clean coal technology roadmap“CURC/EPRI/DOE consensus roadmap”, background information. 04/20/04. http：//www.netl.doe.gov/technologies/coalpower/futuregen/pubs/CCT-Roadmap-Background.pdf[2008-10-12].

Nuclear Regulatory Commission. 2012. NRC concludes hearing on vogtle new reactors，first-ever combined licenses to be issued. http：//pbadupws.nrc.gov/docs/ML1204/ML120410133.pdf[2013-08-02].

OECD Nuclear Energy Agency. 2008. Nuclear Energy Outlook. Paris：Jouve.

Official Journal of the European Union. 2010. Directive 2010/75/EU of the European Parliament and of the Council of 24 November 2010 on industrial emissions（integrated poll- ution prevention and control）Text with EEA relevance. http：//eur-lex.europa.eu/LexU- riServ/LexUriServ.do?uri=OJ：L：2010：334：0017：0119：EN：PDF[2013-01-04].

Philibert C. 2008. Case study 1：concentrating solar power technologies. http：//www.oecd.org/dataoecd/25/9/34008620.pdf[2008-12-29].

REN21. 2013. Renewables global status report 2013. http：//www.ren21.net/Portals/0/documents/Resources/GSR/2013/GSR2013_highres.pdf[2013-06-18].

ROSATOM . 2013. Scientific and technical board . http：//www.rosatom.ru/en/about/scienti- fic and technicalboard/[2013-06-08].

Tamme R. 2009. German contribution to the implementation of CSP technology. http：//www.ambitalia.org.uk/MSP_conference/Tamme.pdf[2013-06-09].

The National Solar Energy Centre. 2011. Plugging in the sun：the solar turbine project. http://www.det.csiro.au/science/r_h/images/NSEC_Solar%20Turbine%20Project.pdf[2013-11-09].

Timo Jäntti. 2011-02-15. Lagisza 460 MWe Supercritical CFB － Operation Experience during First Two Years after start of Commercial Operation. http：//www.fosterwheeler.com/publica tions/tech_papers/files/TP_CFB_11_03.pdf[2013-11-21].

White House. 2011. Blueprint for a secure energy future. http：//www.whitehouse.gov/sites/default/files/blueprint_secure_energy_future.pdf[2011-03-31].

МИНИСТЕРСТВО ЭНЕРГЕТИКИ РОССИЙСКОЙ ФЕДЕРАЦИИ. 2009-11-13. Энергетическая стратегия России на период до 2030 года. http：//www.minenergo.gov.ru/ aboutminen/energostrategy[2013-05-03].